信息技术应用创新系列教材

人工智能应用系统开发项目化教程

主　编　杨家慧　周永福　魏育华

副主编　哈　雯　陈宗仁　宋文宇　栾江峰　黄丽霞

主　审　王建华

中国水利水电出版社

www.waterpub.com.cn

·北京·

内 容 提 要

本书以项目为导向介绍人工智能应用系统开发，以华为昇腾为平台，通过"智慧园区系统"项目讲解了利用 AI 技术对智慧园区系统各功能模块进行开发的全流程。

本书共 5 个项目，项目 1 对"智慧园区系统"项目立项进行了整体介绍，项目 2～项目 5 分别讲述了智慧园区视觉模块开发、智能管家语言模块开发、智慧园区系统集成、基于 MindSpore 建模实践，内容涵盖当前主流的 AI 应用技术，帮助读者了解工业级 AI 开发以及人工智能开发流程，让读者完整体会项目开发的全过程并切身感受项目开发带来的乐趣。

本书可作为高等院校电子信息类、计算机类及相关专业本专科"人工智能应用系统开发"课程的教材，也可作为职业培训教材，或供人工智能应用开发人员参考。

本书配有微课视频，扫描书中二维码可以观看。另外还配备了教学课件、习题答案等数字化学习资源，读者可以从中国水利水电出版社网站（www.waterpub.com.cn）或万水书苑网站（www.wsbookshow.com）免费下载。

图书在版编目（ＣＩＰ）数据

人工智能应用系统开发项目化教程 / 杨家慧，周永福，魏育华主编. -- 北京 ：中国水利水电出版社，2023.6
信息技术应用创新系列教材
ISBN 978-7-5226-1542-4

Ⅰ．①人… Ⅱ．①杨… ②周… ③魏… Ⅲ．①人工智能－系统开发－教材 Ⅳ．①TP18

中国国家版本馆CIP数据核字(2023)第104152号

策划编辑：石永峰　　责任编辑：张玉玲　　加工编辑：周益丹　　封面设计：梁燕

书　　名	信息技术应用创新系列教材 人工智能应用系统开发项目化教程 RENGONG ZHINENG YINGYONG XITONG KAIFA XIANGMUHUA JIAOCHENG
作　　者	主　编　杨家慧　周永福　魏育华 副主编　哈　雯　陈宗仁　宋义宇　栾江峰　黄丽霞 主　审　王建华
出版发行	中国水利水电出版社 （北京市海淀区玉渊潭南路 1 号 D 座　100038） 网址：www.waterpub.com.cn E-mail: mchannel@263.net（答疑） 　　　　sales@mwr.gov.cn 电话：（010）68545888（营销中心）、82562819（组稿）
经　　售	北京科水图书销售有限公司 电话：（010）68545874、63202643 全国各地新华书店和相关出版物销售网点
排　　版	北京万水电子信息有限公司
印　　刷	三河市德贤弘印务有限公司
规　　格	210mm×285mm　16 开本　14.75 印张　375 千字
版　　次	2023 年 6 月第 1 版　2023 年 6 月第 1 次印刷
印　　数	0001—3000 册
定　　价	45.00 元

前　　言

人工智能是计算机科学的一个分支，是采用人工的方法和技术，通过研制智能机器或智能系统来模仿、延伸和扩展人的智能，实现智能行为。人工智能的长期目标是建立达到人类智力水平的人工智能，智能科学指明了其实现的途径，发达国家都在积极进行探索，我国也在开展类脑智能的研究。

本书内容突出技能性，以"智慧园区系统"项目为导向，以重在实践为原则，将华为昇腾在 AI 应用系统开发中可能要用到的基础知识和基本技能作为主要教学内容。本书以职业技能培养为目标，以案例（项目）任务实现为载体，将理论学习与实践操作相结合，旨在提升学生的综合素质和职业能力。

本书具有以下特色：

（1）注重融入课堂思政元素。运用鲜活案例、科技成果、发展成就等，将"党的领导"相关理论成果和实践成果有机融入到书中，通过项目化教学、情境式教学、沉浸式教学等多种教学方法发挥思政课堂的引领作用，为学生成长铸魂育人。

（2）采用项目驱动教学方法。本书引入实践项目，将项目分成多个任务，每个任务配有详细的实现步骤及步骤说明，以实现任务的方式将知识点贯穿起来，达到学用结合的效果。

（3）依企业需求设置知识点。写作团队深入研究当今企业对 AI 应用开发人员的实际需求，并根据市场需求设计本书内容，力求打造一本贴近企业需要的精品书籍。

（4）应用新颖的 AI 开发技术。华为昇腾 AI 技术作为现今热门的技术，拥有广泛的受众群体，而目前关于华为昇腾的教材非常少。本书主要介绍华为昇腾 AI 应用系统开发的综合运用，涵盖的知识新颖全面，如昇腾芯片软/硬件架构、ModelArts 开发流程等知识。

（5）配套完善的数字化资源。本书配有电子课件、微课等数字化资源，包含了 AI 应用系统开发各方面的知识和技能，帮助学生做到理论和实践相结合。

本书将"智慧园区系统"项目开发拆分成 5 个项目 17 个任务细化讲解，构建了一个较为合理的结构。每个任务均由任务描述、任务目标、知识链接、任务实施、任务小结、考核评价六部分组成，对进一步改进课堂教学、充分发挥教师的主导作用和学生的主体作用、培养学生的素质和能力及提高教学质量都有着十分重要的意义。

本书由杨家慧、周永福、魏育华任主编，哈雯、陈宗仁、宋文宇、栾江峰、黄丽霞任副主编，王建华任主审，李景华、杨一冬、王兰丰参与编写，杨家慧负责全书统稿工作。本书由企业昇腾认证培训专家和高校资深教师联合倾力打造，是编者多年研究成果和经验的结晶。

在本书编写过程中，编者参阅并引用了华为云官网、学术期刊、专业书籍和互联网资源，在此表示衷心感谢。

由于编者水平有限，书中难免存在疏漏和不足之处，敬请读者批评指正。

编　者

2022 年 12 月

目　　录

项目 1　智慧园区系统项目概述

项目导读

在数字化转型升级浪潮中，传统的园区也在寻求新的发展方向，从传统园区向智慧园区甚至未来园区不断演进，随着国家"数字中国""中国智造""新基建"等战略的部署，智慧园区也迎来了新的发展机遇，园区的数字化、网络化、智能化是大势所趋。在推动智慧园区的发展中，华为依托新的 ICT（Information and Communication Technology，信息与通信技术），从园区基础设施层、园区平台、园区软件支撑平台到客户端多层次打造园区产品组合方案，重新定义园区，最终实现终端互联、数据融合、业务汇聚。

教学目标

- 了解智慧园区同类产品的基本情况。
- 掌握可行性分析报告的基础知识和编写技能。
- 掌握智慧园区中使用的硬件规格。
- 掌握智慧园区中使用的软件规格。
- 领会信息技术与生产、生活的关系。

任务 1　项目需求调研

【任务描述】

智慧园区集成服务旨在为客户智慧园区项目实施阶段提供应用场景集成设计、集成验证、集成实施服务，以及园区数字平台规划、实施和集成项目管理等服务，依托华为智慧园区最佳实践经验和专业化的集成服务，快速、高质量地帮助客户建设智慧园区，协助客户进行数字化转型。智慧园区项目需求调研首先要了解当前在 AI（Artificial Intelligence，人工智能）应用中的主要技术以及这些技术之间的关联及发展方向。只有充分了解智慧园区的社会、经济、技术、人力等要求，在遵循项目需求调研过程的规范和方法中才能写出有效并可执行的调研报告，在调研报告的基础上开展可行性分析，并最终形成可行性报告。而在智慧园区建设前需要明确各项软硬件需求规格，作为用户和软件开发者达成的技术协议书，作为设计工作的基础和依据，作为测试和验收的依据。

【任务目标】

- 掌握智慧园区的相关概念。
- 认识华为人工智能的解决方案。

- 掌握产品调研报告的指标及编写规范。
- 掌握可行性研究报告的作用及编写规范。
- 掌握不同芯片的特点及差异。
- 掌握需求规格说明书的内容及编写规范。

【知识链接】

1. 同类产品调研

（1）智慧园区概述。

1）智慧园区的发展背景。互联网的应用和发展已经给人们的生活带来了巨大的便利，实现了人、流程、数据信息的网络化，提高了人们的生活与工作效率。在 2000 年之后，"物"开始被加入到互联网系统中，通过各类网络接入实现物与物、物与人的泛在连接，实现对物品和过程的智能化感知、识别和管理。互联网基础上的万物相连延伸和扩展了网络的空间，是新一代信息技术的重要组成部分，称为泛互联。万物互联将信息转化为行动，给企业、个人和国家创造新的功能，并带来更加丰富的体验和前所未有的经济发展机遇。实现任何时间、任何地点，人、机、物的互联互通让网络连接变得更加相关，更有价值。

物联网技术在我国已有初步的应用，在智慧园区的建设中，利用物联网技术构建一个统一的数据平台，将数据汇集到数据服务平台，由平台提供数据应用服务，实现高效、便捷的集中式管理，降低运营成本。利用物联网开放性的特点实现网络连接，从根本上解决"信息孤岛"问题。

在人们希望 IT（Information Technology，信息技术）能像使用水、电那样方便的想法的驱动下，通过使计算分布在大量的分布式计算机上，使用虚拟化技术集成为统一的资源池，提供按需服务，使得企业或用户能根据需求访问计算机和存储系统资源的云计算技术逐渐进入人类社会。云计算是一种按使用量付费的模式，这种模式提供可用的、便捷的、按需的网络访问，进入可配置的计算资源共享池（资源包括网络、服务器、存储、应用软件、服务等）。这些资源能够被快速提供，只需投入很少的管理工作或与服务供应商进行很少的交互。

云计算技术为智慧园区的各类应用服务提供计算和存储资源，支持按需使用、灵活扩展、绿色高效的智慧园区基础设施使用模式，为园区及入驻企业提供一站式服务平台及可靠整合的信息资源。

随着数据的膨胀，已经无法在可承受的时间范围内用常规软件工具进行捕捉、管理和处理解决这些"海量数据"，需要采用新处理模式才能获得更多智能的、深入的、有价值的信息，以期得到更强的决策力、洞察力。这种新的技术称为大数据技术。大数据是以容量大、类型多、存储速度快、应用价值高为特征的数据集合。大数据技术在海量信息资源中快速获取有用信息，并对信息进行专业化处理。

智慧园区大数据技术的应用主要体现在为园区提供大数据平台和工具，在云平台上集成了园区管理和服务相关的各个系统，这些系统在云平台上聚集了海量的数据，对聚集资源进行整理分析，便于园区管理与运营。数据中心作为智慧园区的基础设施，是园区智慧的基础，为园区提供全面、统一的自动化服务。它能实现各部门间、各级产业服务机构、园区和企业间的数据交换共享，为园区提供大数据处理、数据挖掘和数据服务，是园区大数据管理与决策的支持中心。

物联网、云计算、大数据等技术的应用与相互融合共同推动了智能化的发展。智能化是当前一个比较明确的科技发展的大趋势，在产业结构升级的大背景下，智能化成为推动产业领域发展的新动能。智能世界快速发展，前所未有的变革成为当今社会的最大趋势。在行业的角度看，变革主要体现为：速度在变，新技术带来生产力的极大提升；赛道在变，从"实体"到"虚拟"；模式在变，如地产从"卖房子"到"卖服务"；边界在变，"跨界，各种重新定义"；格局在变，互联网公司跨界融合。从客户角度来看，变革体现在：新理想主义，空间和体验并重；新个人主义，渴望自由，厌恶束缚；新实用主义，消费更理性。而在技术方面，变革体现在：云计算、人工智能、大数据等技术的成熟和市场规模的扩大，为 AI 应用奠定了技术基础；移动终端及移动网络发展迅猛，手机从单纯的通信工具演变为功能繁多的智能机；中国物联网产业及 AI 服务器市场规模不断扩大。从这些数据来看，当前的智能化趋势不仅是科技发展的必然，也是产业发展的必然。

2）从园区到智慧园区。从 20 世纪 80 年代末开始，随着国家对外开放步伐的加快，开发区在全国范围内出现了扩张趋势，为园区的发展开辟了新的战场。园区一般指专门设置某类特定行业、形态的企业、公司的区域，以达到统一管理和资源利用最大化的目的，通常由政府和企业规划建设。园区包括工业园区、产业园区、物流园区、都市工业园区、科技园区、创意园区等。这些不同类型的园区相当于城市的基本单元，成为智能社会的重要入口和载体。随着科学技术的发展，园区引入更多科技因素向智慧园区发展。智慧园区是指以新一代通信技术和数字技术应用于园区管理和运营为理念，以信息采集、高速信息传输和快速信息计算的综合应用能力为基础，融入社交、移动、大数据和云计算，以提高园区产业集聚能力、企业经济竞争力、园区可持续发展为目标，实现园区内及时、互动、整合的信息感知、传递和处理，形成社群价值关联、圈层资源共享、土地全时利用的功能复合型城市空间区域。综合智慧园区涉及智能建筑、智能物业、智能招商、智能监控、可视化管理等众多数字领域。现在智慧园区的重点是强调智能化、数字化和节能，即将现代科技要素融入园区建设之中，因此也称为智能园区。这个概念在不断变化。

在园区的智慧化过程中，低水平和同质化是大多数所谓智慧园区的宿命。主要的问题表现如下：信息技术发展迅速，项目周期长，建成即"落后"；业务能力"我有他有"，同质化现象严重，竞争力不足；业务系统未统筹规划，头痛医头、脚痛医脚。因此，智慧园区业务领先一步还不够，需要从规划和业务迭代上保持持续领先，园区应成为业务开放、能力内生的有机体。

园区要从传统模式走向信息化需要具备感知、智能、智慧三个元素。感知是指园区透彻感知，准确感应物体属性和精确检测用户行为；智能是指全面互联，系统之间互联互通、集中控制、集中管理；智慧是指深入智慧，系统、流程都与通信能力集成具有深入的智能化。园区信息化的规划需要遵循一定的原则，具体如下：

- 整体性：整体工程一体化规划，系统平台统一管理，具有扩展性和灵活性。
- 创新性：结合园区主题引入创新的理念，成为信息时尚的表率。
- 生态性：注重节能减排、绿色环保，与园区环境友好结合。
- 个性化：针对不同的用户群体提供适合的信息化服务，以用户体验为中心。
- 特色化：强调园区的主题特色，能体现出与其他园区的区别，树立园区形象。

智慧园区解决方案围绕平台使能、开放架构、聚合生态开展。底层是 ICT 基础设施，利用物联网技术实现园区泛在连接，依托敏捷网络构建云数据中心实现各子系统的融合。中间层为智慧园区以数据中台（数据集成、数据模型、数据治理）构建数字化平台，统一数据底座，以业务中台（微服务库）为基础能力平台化、定制化需求开发更快速。顶层进行园区统一运营，面向运营者提供统一入口，状态全可视、业务全可管、事件全可控，提升运营效率，提供一揽子应用，满足共性和个性需求。智慧园区解决方案总体逻辑是通过技术协同实现数据和业务的融合。

智慧园区不是简单的技术加建筑物，而是一个多维的综合体。首先是全连接的园区，通过全光（纤）接入、全场景 Wi-Fi、全场景 IoT（Internet of Things，物联网）将各种不同的终端连起来，让园区成为感知和永远在线的"生命体"；其次是全融合的园区，利用园区统一的数据服务将多种业务子系统数据汇聚，形成融合共享的数据底座，从数据融合到业务融合，使能园区创新；最后是全智能的园区，借助访客全程自助通行、周界智能形态检测误报率、视频智能分析（以特征搜人）等智能技术打造极致服务体验和管理效率。

智慧园区按业务场景可分为化工园区、产业园区、物流园区。化工园区聚焦化工园区的安全生产、能耗管理、环境监管、日常办公、园区运营、车辆管理、人员管理等业务场景，依托华为云平台、业务支撑平台，联合生态合作伙伴，提供安全、绿色、多维度监测、全方位治理等一体化的智慧化工园区综合解决方案。产业园区聚焦产业园区的安防管理、办公服务、政务服务、产业服务、招商引资、便捷通行等业务场景，依托华为云平台、业务支撑平台，提供便捷、高效、健康、开放等一体化的智慧产业园区综合解决方案。物流园区聚焦物流园区的仓储管理、运输管理、综合安防、快捷通行等应用场景，连接园区内的人、车、货、场地等管理对象，依托华为云平台、业务支撑平台、边缘计算一体机等智能化基础设施，赋能园区管理和服务，提升效率。

智慧园区在不断地改变着我们的生活和经济活动，也在改变和重新定义我们的传统认知。以超越数字化方式重新定义智慧模式；以突破物理空间和资源限制重新定义空间；从计划到按需，"可视、可管、可控"重新定义运营模式；以统一数据底座，提升一揽子新业务开发效率重新定义创新模式；以统一标准与生态及业务能力快速复制重新定义多园区/业态管理模式；以弹性、敏捷适应业务的需求进化，为持续领先夯实基础重新定义园区竞争力。

智慧园区是以社会需求及信息技术的发展为需求基础的。首先是园区管委会诉求，政务公开、综合管理、园区企业服务、节能环保这些都需要借助信息化的智慧管理之力。其次是园区入驻企业诉求，企业在技术、管理、资金、人才、运营上源源不断的需求离不开信息化的升级改造。再次园区内企业云主机、云存储、云应用部署不足的现状与智慧园区要求的矛盾也为运营商提供更多的需求空间。在各种服务和技术的提升过程中，智慧园区将会有更多的无限可能。

3）智慧园区的发展。在世界上的其他角落，被世人频频称道的高科技产业园，像美国硅谷科技园、印度班加罗尔软件园、法国安蒂波利斯科城、英国剑桥科技园、日本筑波科学城等，都是国内发展高科技产业园区值得学习和比照的对象，这些园区成功的要素主要有雄厚的技术基础、积极的创新氛围、特色的园区管理、充足的人才储备等发展特点，总结他们的经验对我国目前高科技园区建设具有现实的借鉴意义。表 1-1 展示了国外高科技园区的发展经验。

表 1-1　国外高科技园区的发展经验

依托高校	鼓励创新	优惠政策	风险投资
硅谷拥有 8 所大学、9 所专科学院和 33 所技工学校，这些高校与硅谷在业务上联系密切。斯坦福研究园依靠斯坦福大学吸引各种企业机构入园，英国剑桥科技园依托剑桥大学发展，日本技术园区的发展也依托高校和科研机构	硅谷的独特文化最突出的就是创新精神。它的创新文化体现在鼓励尝试，容许失败。在这种宽松环境下，诞生了许多企业家、发明家和创业者。它的创新不仅包括科学技术，而且包括行为模式、思维模式、交往模式等各个层面	美国政府通过立法建立创业投资基金和完善知识产权保护制度；英国政府出台一系列鼓励中小企业发展、大学与企业共同发展的计划和政策；日本筑波有健全的立法保障和大量的优惠政策	各园区所在国家及地方政府对风险投资从政策、资金等方面给予了大力支持，对园区风险投资发展起到了重要的引导作用。风险投资和硅谷地区的发展形成了一种相互促进的良性循环机制

　　1979 年，我国第一家产业园区——深圳蛇口工业区的建立拉开了我国产业园区建设的序幕。早期的传统园区建设者对于园区建设只做到九通一平，即水电气、交通、建筑等基础设施建设，信息化、智能化都由入驻企业自行完成，企业自身投入和维护成本高。各信息系统相互独立，形成"信息孤岛"，缺乏相应的集成与互联机制，无法支持园区管委会和企业之间的业务流程。缺少支持园区管理的基础性信息化应用，更缺乏个性化的企业信息化应用。2011 年，"十二五"规划发布标志着园区转型升级时代的到来。时至今日，在供给侧改革、脱虚向实的大背景下，传统房企纷纷开始寻求转型，从而避开了国家的调控政策，为经济转型、产业结构调整提供载体的产业地产成为热门首选，产业园区重新成为热门选择。我国园区发展历程如表 1-2 所示。

表 1-2　我国园区发展历程

阶段	第一阶段：试验起步阶段（1983—1988 年）	第二阶段：初步发展阶段（1989—1999 年）	第三阶段：稳定发展阶段（2000 年至今）
特点	土地廉租，税收优惠，廉价劳力，政府主导，劳动密集，关联性弱	配套支撑，企业聚集，政府主导，创新能力弱，配套围绕产业，偏重生产	产业链完善，突出绿色环保，人才竞争，企业发展，技术密集，创新、高科技

　　4）智慧园区的建设平台。智慧园区建设平台主要包含两大模块：智慧园区管理平台、智慧园区的服务平台。

　　智慧园区管理平台主要包括智能化应用、管理系统，主要是为园区及企业管理者推出的，研究园区内各单位部门的运行状况与管理需求，为园区提供"一站式"智慧管理解决方案，满足园区管理方监控管理、招商管理、物业管理、协同办公管理等一系列管理需求。其服务对象主要为园区的管理使用方、园区投资方、物业运营方。管理平台满足智慧园区对运营管理全方位信息的需求，对在企业管理中存在各方面问题等提供可靠的信息化支持，提高园区的管理效能。

　　智慧园区的服务平台主要分为园区对内服务与对外服务，服务对象主要为个人用户与企业用户。对内服务适用于综合园区，针对园区内的企业与商户提供包含政务服务、资讯服务、金融服务、网络资源服务、物业服务等，为园区入驻企业发展提供高质量的服务支撑；对外服务主要针对与园区内企业交流合作的用户，使企业与外来访客间的交流更加便捷与舒适，增加互动性。

　　智慧园区的技术架构体系由多个子系统构成互联互通的整体系统。基于物联网技术智慧园区的技术架构体系主要由感知层、网络层、数据平台层、应用服务层 4 个层级构成，以及完善的标准体系和安全体系。由感知层感应采集信息，通过网络层的网络信息技术在数据平台层进行数据集中处理，最后至应用服务层，实现园区所需系统应用。

智慧园区的技术架构体系是智慧园区建设的技术根本，支撑园区各项需求功能的平稳运行，影响园区功能的应用，因此，智慧园区的建设依靠合理科学的规划技术架构体系。

5）智慧园区的功能设计。智慧园区主要的服务可分为三类：数字安防、智能办公、智能物管。数字安防技术包括视频监控、门禁控制、电子巡更、广播对讲、停车管理、联动告警。智能办公包括统一通信、融合会议、车辆监控、信息驿站、客服外包、中小企业应用集成。智能物管包括控制中心、访客管理、设施管理、交通管理、一卡通服务。

智慧园区的具体功能建设理念主要体现在以人为本、以服务为中心，以实现园区功能需求为目标，以企业管理为核心，实现园区规划科学、建设有序、设施安全的需求。

智慧园区的建设是一个系统的建设工程，不是一蹴而就的，它并不是简单地升级改变基础设施建设与网络信息技术。它以园区自有的定位与要求为基础，根据园区的产业定位发展与需求，从园区管理和运营的全局角度出发，架构统一平台。通过整体设计，不断地完善和发展，保证园区建设的可持续性，建设合理可靠的智慧园区。

（2）华为人工智能发展战略。

1）认识人工智能。我国《人工智能标准化白皮书（2018 版）》中对人工智能的解释是利用数字计算机或数字计算机控制的机器模拟、延伸和扩展人的智能，感知环境、获取知识并使用知识获得最佳结果的理论、方法、技术及应用。大数据是人工智能发展的原料，而高质量的数据输入是人工智能精准性的基础。人工智能算法模型不断完善，而差异化让算法更多样，并且通过数据集不断训练从而归纳出识别逻辑。通过把算法融入领域知识和业务场景应用将人工智能工程化实现价值功能。

人工智能概念的提出始于 20 世纪 40 年代，至今人工智能相对成熟也已开始实现规模化应用。随着技术平台开源化程度的深入，监督学习算法将更加完善，从而推动智能定界如预测、分类等更好地得到应用。目前人工智能在不同领域进行尝试与实践，如深度学习方面的图像识别、语音识别、自然语言等，以及强化学习方面的策略控制与优化、自动性维护等。人工智能从专用智能向通用智能发展。可以预见，在未来 5～10 年会产生革命性突破，非监督学习将会更广泛应用，如感知发现、类脑学习等将不断深化人工智能；而像根因分析、因果推理、知识图谱等知识推理也会越来越成熟，智能感知向智能认知方向迈进。

任何技术只有定位准确才会充分发挥其价值。给人工智能技术进行合理的定位，是我们理解和应用此技术的基础。之所以强调人工智能是一种通用技术，是希望大家重视人工智能对未来的巨大影响和价值。人工智能作为一种通用技术，可以使我们以更高的效率解决很多没有解决的问题。是否具备真正的人工智能思维，是否以人工智能的理念和技术解决现在和未来的问题，是我们能否在未来构筑领先竞争力的关键。首先，自然语言处理技术利用计算机对自然语言的形、音、义等信息进行处理，对计算机和人类的交互方式有许多重要的影响。据相关统计，我国自然语言处理技术市场规模持续增长。其次，语音识别率已进入商用产品的规模复制期，虽然目前大多数商业系统都是基于单一语言，在未来开发人员能够构建任何人都能理解任意语言的应用程序，真正向全世界释放语音识别的力量。最后，计算机视觉逐步成熟，国内有 35% 的 AI 企业聚集计算机视觉领域，2020 年市场规模近千亿元，在所有领域中占比最高，是目前最具商业化价值的

AI 赛道。当然，还有很多我们目前还没看到的技术在将来会出现。表 1-3 所示为各国人工智能发展战略的对比。

表 1-3　各国人工智能发展战略的对比

国家	重点研发领域	重点应用方向
美国	重点研发美国历史上第一个指定人工智能和自主、无人系统，对国土安全、军事国防、医疗给予重点支持	国土安全领域；人脸识别；可穿戴报警系统；医疗影像；国防军事
德国	人机交互；网络物理系统；云计算；计算机识别；智能服务；数字网络；微电子；大数据；网络安全；高性能计算机	智能交通（陆海空）；健康护理；农业；生态经济；能源；数字社会
英国	硬件 CPU；身份识别	水下机器人；海域工程；农业；太空宇航；矿产采集
法国	超级计算机	生态经济；性别平等；数字政府；医疗护理
日本	机器人；脑信息通信；声音识别；语言翻译；社会知识解析；创新性网络建设；大数据分析	生产自动化；物联网；医疗健康及护理；空间移动（无人配送等）
中国	关键性技术体系"1+N"计划："1"为新一代 AI 重大科技项目，聚焦基础理论和关键性技术；"N"为 AI 理论研究、技术突破和产品研发应用	AI+（制造、农业、金融、教育、家居和医疗等）；行政管理；司法管理；环境保护

当然，当前人工智能在行业普及也面临着一系列挑战。算力供应上存在算力稀缺且昂贵问题；数据协同方面，数据中心、边缘之间的数据无法有效互通，更无法有效协同，数据的价值无法发挥到最大，数据中心缺乏对边缘节点的数据训练，边缘节点无法及时获得数据中心最新的训练模型等。场景部署中行业的实际应用场景复杂多样，基本上不太可能有当前数据中心这种恒温恒湿无粉尘的极佳运行环境，极寒极热多粉尘等环境非常常见。专业技术人才不足，AI 技术的学习曲线非常长，门槛高，人才稀缺，一般的行业客户缺乏 AI 技术人员来落实 AI 应用。

2）华为 AI 发展。华为 AI 有着清晰的发展思路，首先是建立基础理论研究体系，其中具有代表性的是通过诺亚方舟实验室、罗素实验室、诺曼实验室、香农实验室分别开展人工智能、大数据、地图、算法的研究。而内部实践中 GTS（华为全球技术服务部）向智能勘察、智能审核、网络设计、智能客服等迈进；在供应链中引入智能装车、路径优化、智能仓储等技术；对终端公司加入智能相册、风控、推荐、翻拍识别等功能；在流程 IT 中运用智能运维、机器翻译等方法。外部赋能（EI 企业智能）加强异构计算在 CPU、GPU、专用 AI 芯片等中的应用；开展视觉、语音等通用服务；夯实机器学习、深度学习、图计算等基础平台；以智能物流、智能问答、智能推荐等为行业赋能。总的发展思路就是从内向外，先把自己做好，内部孵化，赋能给外部企业，结合云、终端和芯片的能力，华为的发展方向是端云结合，软硬件结合，做出差异化的人工智能。

华为轮值董事长徐直军在 2018 华为全联接大会（Huawei Connect 2018）的开幕演讲中分享了 AI 技术、人才和产业的十大重要变革方向。这十个改变是：缩短训练模型的时间、充裕经济的算力、人工智能要适应任何部署场景、更高效更安全的算法、更高的自动化水平、模型要面向实际应用、模型更新、人工智能要多技术协同、人工智能要成为由一站式平台支持的基本技能、以 AI 的思维解决 AI 的人才短缺。这十个改变，一定不是 AI 技术、人才、产业发展的全部，但都是未来发展的重要基础，是华为对 AI 产业发展的期望，也是华为制定 AI 发展战略的原动力。基于这十大改变，华为的 AI 发展战略包括以下五个方面：

- 投资基础研究：在计算视觉、自然语言处理、决策推理等领域构筑数据高效（更少的数据需求）、能耗高效（更低的算力和能耗）、安全可信、自动自治的机器学习基础能力。
- 打造全栈方案：打造面向云、边缘和端等全场景的、独立的、协同的全栈解决方案，提供充裕的、经济的算力资源，简单易用、高效率、全流程的 AI 平台。
- 投资开放生态和人才培养：面向全球，持续与学术界、产业界和行业伙伴广泛合作，打造人工智能开放生态，培养人工智能人才。
- 增强解决方案：把 AI 思维和技术引入现有产品和服务，实现更大价值、更强竞争力。
- 提升内部效率：应用 AI 优化内部管理，对准海量作业场景，大幅提升内部运营效率和质量。

3）HUAWEI EI、HiAI。2017 年 9 月，华为发布了面向企业、政府的人工智能服务平台华为云 EI（企业智能）。企业的生产引入人工智能，简称企业智能（Enterprise Intelligence，EI），是企业的数据与算法、算力结合的实践。华为云 EI 是企业智能的使能者，基于 AI 和大数据技术，通过云服务的方式（公有云、专属云等模式）提供一个开放的、可信的、智能的平台，结合产业场景，使企业应用系统能看、能听、能说，具备分析和理解图片、视频、语言、文本等能力，让更多的企业便捷地使用 AI 和大数据服务，加速业务发展，造福社会。华为作为一个企业，不仅涵盖了供应、制造、仓储、物流、报关等大多数制造业的典型过程，而且华为手机的电商平台也覆盖了营销推荐、实时风控等子系统。

企业有供应、制造、仓储、物流、推荐、风控等各个子系统，场景非常复杂，华为的实践就是把 AI 与这些生产系统相结合，发生化学反应，让 AI 单点技术的进步变成促进企业生产系统的进步。因为 AI 本身不是产品，需要与业务场景结合，才是有价值的。在华为云 EI 的实践过程中发现，有两个挑战几乎每个场景都会遇到。挑战一是数据，经过实践发现，有的生产系统，如供应链装箱，用统筹最优解算法最合适；而图片勘察、计算机视觉验收类，用深层网络模型最优。挑战二是深层网络模型本身。模型调优很费力，具体又有两方面：第一是人的要求，要很有耐心、很细致、具有工匠精神的专家；第二是要有随时可以获得的、强大的计算力，尤其在多任务并行时的稳定性、层数到一定深度后，还容易出现内存溢出等。

经过华为自身实践形成了一系列有实际效果的服务，如智能装箱等。这些服务，现在以华为云服务的方式开放出来，让更多的企业可以站在华为实践过的肩膀上，直接调用相应的服务 API。

2018 年 4 月，华为发布了面向智能终端的人工智能引擎 HiAI。HiAI 是面向移动终端的 AI 能力开放平台，构建三层 AI 生态：服务能力开放、应用能力开放和芯片能力开放。"芯""端""云"结合的三层开放平台为用户和开发者带来更多的非凡体验。

- 芯：优化原生特性，芯片能力开放，轻松获得 NPU 加速让性能最佳。
- 端：APP 智能化，应用能力开放，让 APP 更加智慧强大。
- 云：提供按需服务，服务能力开放，让服务主动找到用户。

图 1-1 展示了 HUAWEI HiAI 能力开放全景图。

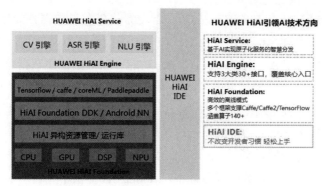

图 1-1　HUAWEI HiAI 能力开放全景图

4）华为全栈全场景 AI 解决方案。全栈是技术功能视角，是指包括芯片、芯片使能、训练和推理框架及应用使能在内的全堆栈方案。华为全场景是指包括公有云、私有云、各种边缘计算、物联网行业终端和消费类终端等部署环境。全栈全场景解决方案是对华为云 EI 和 HiAI 的强有力支撑。基于这个解决方案，华为云 EI 能为企业、政府提供全栈人工智能解决方案；HiAI 能为智能终端提供全栈解决方案，且 HiAI Service 是基于华为云 EI 部署的。这其中，Atlas 作为华为全栈全场景 AI 解决方案的基石，基于昇腾 AI 处理器提供了模块、板卡、服务器等不同形态的产品，满足客户全场景的算力需求。

华为全栈全场景 AI 解决方案具体包括 ModelArts、MindSpore、CANN、Ascend、Atlas。应用使能中提供全流程服务（ModelArts）、分层 API 和预集成方案。MindSpore 支持端、边、云独立的和协同的统一训练和推理框架。CANN 是芯片算子库和高度自动化算子开发工具。Ascend 是基于统一、可扩展架构的系列化 AIIP 和芯片，包括 Max、Mini、Lite、Tiny 和 Nano 五个系列。华为昇腾 910（Ascend 910）是目前全球已发布的单芯片计算密度最大的 AI 芯片，Ascend 310 是目前面向边缘计算场景最强算力的 AI SoC。Atlas 作为华为全栈全场景 AI 解决方案的基石，基于昇腾 AI 处理器提供了模块、板卡、服务器等不同形态的产品，满足客户全场景的算力需求。华为全栈全场景 AI 解决方案如图 1-2 所示。

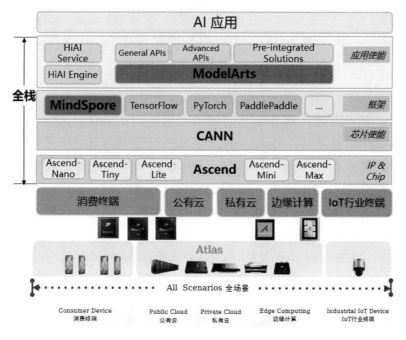

图 1-2　华为全栈全场景 AI 解决方案

ModelArts 是面向 AI 开发者的一站式开发平台,提供海量数据预处理及半自动化标注、大规模分布式训练、自动化模型生成及端—边—云模型按需部署能力,帮助用户快速创建和部署模型,管理全周期 AI 工作流。自动学习功能可以根据标注数据自动设计模型、自动调参、自动训练、自动压缩和部署模型,不需要代码编写和模型开发经验。端、边、云分别指端侧设备、华为智能边缘设备、华为云。在线推理是对每一个推理请求同步给出推理结果的在线服务(Web Service)。批量推理是对批量数据进行推理的批量作业。Ascend 芯片是华为设计的高计算力低功耗的 AI 芯片。ModelArts 内置 AI 数据框架,通过自动预标注和难例集标注相结合,提升数据准备效率。ModelArts 提供华为自研 MoXing 高性能分布式框架采用级联式混合并行、梯度压缩、卷积加速等核心技术,大幅降低了模型训练耗时。ModelArts 支持将模型一键部署到端、边、云各种设备和场景下,可以同时满足高并发、端边轻量化多种需求。ModelArts 支持数据和模型共享,可帮助企业提升团队内 AI 开发效率,也帮助开发者实现知识到价值的变现。ModelArts 平台匠心打造全流程管理,提供数据、训练、模型、推理整个 AI 开发周期全流程可视化管理,并且支持训练断点重启、训练结果比对和模型溯源管理。ModelArts 全周期 AI 工作流如图 1-3 所示。下面分别介绍华为全栈方案的具体内容。

图 1-3　ModelArts 全周期 AI 工作流

在当今智能化时代,端—边—云场景的各种 AI 应用蓬勃发展,但人工智能技术仍然面临巨大的挑战:高技术门槛、高开发成本、长部署周期,这些问题阻碍了全产业 AI 开发者生态发展。全场景 AI 计算框架 MindSpore 应运而生,它主要基于三个理念来设计:开发友好、运行高效、部署灵活。MindSpore 提供自动化的并行能力,针对专注于数据建模和问题解决的资深算法工程师和数据科学家,只需简单几行描述就可以让算法跑到几十乃至上千 AI 运算节点上。MindSpore 框架架构上支持可大可小,适应全场景独立部署,支持昇腾处理器,也支持 GPU、CPU 等其他处理器。

CANN 作为华为面向深度神经网络和昇腾处理器打造的芯片使能层,是芯片算子库和高度自动化算子开发工具。它具有最优开发效率、深度优化的通用算子库和丰富的 API 接口;实现算子融合,最佳匹配昇腾芯片性能。CANN 主要包括四大功能模块:①FusionEngine,是算子级融合引擎,主要作用是进行算子融合,减少算子间内存的搬移,提升性能 50%;②CCE 算子库,华为公司提供的深度优化后的通用算子库,可以满足绝大部分主流视觉和

NLP 神经网络的需求；③TBE，全称为 TensorBoost Engine，即高效高性能的自定义算子开发工具，该工具将硬件资源抽象为 API 接口，客户可以快速构建所需的算子；④最底层的编译器，实现极致性能优化，支持昇腾处理器的全场景应用。

Ascend 310 AI 处理器本质上是一个片上系统（System on Chip，SoC），主要可以应用在和图像、视频、语音、文字处理相关的应用场景。其主要的架构组成部件包括特制的计算单元、大容量的存储单元和相应的控制单元。该芯片大致可以划分为芯片系统控制 CPU（Control CPU）、AI 计算引擎（包括 AI Core 和 AI CPU）、多层级的片上系统缓存（Cache）或缓冲区（Buffer）、数字视觉预处理模块（Digital Vision Pre-Processing，DVPP）等。芯片可以采用 LPDDR4 高速主存控制器接口，价格较低。目前主流 SoC 芯片的主存一般由 DDR（Double Data Rate）或 HBM（High Bandwidth Memory）构成，用来存放大量的数据。HBM相对于 DDR 存储带宽较高，是行业的发展方向。其他通用的外部设备接口模块包括 USB、磁盘、网卡、GPIO、I2C 和电源管理接口等。

华为 Atlas 人工智能计算平台基于华为昇腾系列 AI 处理器，通过模块、板卡、小站、服务器、集群等丰富的产品形态打造面向"端、边、云"的全场景 AI 基础设施方案。同时，还通过全场景部署打通云边端协同，让 AI 能力赋能各环节。Atlas 人工智能计算平台全景图如图 1-4 所示。

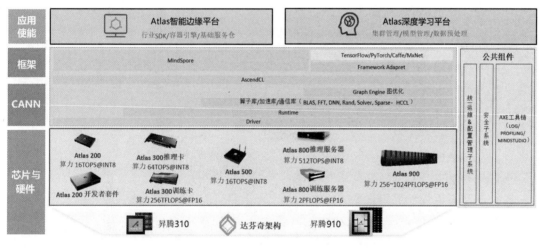

图 1-4　Atlas 人工智能计算平台全景图

总体来说，华为人工智能的发展战略是以持续投资基础研究和 AI 人才培养打造全栈全场景 AI 解决方案和开放全球生态为基础。面向华为内部，持续探索支持内部管理优化和效率提升。面向电信运营商，通过 SoftCOM AI 促进运维效率提升。面向消费者，通过 HiAI，让终端从智能走向智慧。面向企业和政府，通过华为云 EI 公有云服务和 FusionMind 私有云方案为所有组织提供充裕经济的算力并使能其用好 AI。同时也面向全社会开放提供 AI加速卡和 AI 服务器、一体机等产品。

（3）产品调研报告。

1）认识产品调研报告。产品调研是指为了提高产品的销售决策质量，解决存在于产品销售中的问题或组织根据特定的决策问题运用科学的方法，有目的地收集、统计资料及报告调研结果的工作过程。产品调研报告是针对以上调研过程中所得的材料和结论加以整理而写成的书面报告。

产品调研的作用主要体现在以下三个方面：一是收集并陈述事实（获得市场信息的反馈，可以向决策者提供当前市场信息）；二是解释信息或活动（了解当前市场状况形成的原因和一些影响因素）；三是预测功能（通过对过去市场信息推测可能的市场发展变化）。

2）开展调查研究。衡量产品调研报告质量的指标是多方面的，按照不同行业与不同时期，都有其各自的要求。一般可以参考四个方面的指标。其一，内容真实，观点要正确。其二，体现行业及同类产品市场信息。其三，具有对典型产品迭代和运营路径的分析。其四，客观阐明机会与风险。

在开展调查研究的过程中，要做到：树立正确的立场和明解的目标；要有饱满的热情、艰苦深入的作风和实事求是的态度；讲究调查方法，不要盲目蛮干；调查后还要整理、核实材料，发现遗漏疑问的地方再作调查补充；分析、思考，提炼出材料的内部联系，发现事物的本质；要给出明确的结论及可行的建议。

3）产品调研报告模板。产品调研报告中要列明项目概况、产品调研分析、投资及收益分析，层次关系分明。

产品调研报告模板

1　项目概况

1.1　基本情况

2　产品调研分析

2.1　市场需求分析

2.2　同类产品调研结果

2.3　本产品的优势特点

2.4　市场前景以及规模

3　投资及效益分析

3.1　研发投入

3.2　产品成本分析

3.3　效果预测

拟制：	年	月	日
审核：	年	月	日
会签：	年	月	日

2. 可行性分析报告

（1）认识可行性分析。可行性分析报告的编写目的：明确产品研发立项之前的市场、技术、财务、生产等方面的可行性；论述为了实现产品研发目标而可能选择的各种方案以及各种潜在的风险因素；论证所选定方案的可行性。产品的可行性需要从三个方面考虑：技术可行性、经济可行性和社会可行性。

在分析产品技术可行性时要逐项分析产品技术指标。首先，竞争对手功能比较，研究同行业的相关产品，产品的核心功能、异同点。其次，技术风险及规避方法，对可能使用到的技术进行全面的分析，特别要有规避技术上解决不了的问题的替代方案。再次，对产品的易用性、用户群体分析，指出产品可能存在的使用难度。然后，分析产品的环境依赖性，指出产品是否依赖于第三方平台、环境及其解决方案。最后，立足于企业自身的开发环境和开发人员技术情况，选用的技术尽可能采用成熟技术，慎重引入先进技术。

在分析经济可行性时主要考虑产品在调研、研发等阶段的费用支出和产品将来可能带来的经济、社会效益。产品支出分析有：①人力成本，产品在调研、分析、设计、开发、测试、运维等阶段需要的成本；②软件、硬件成本，产品生产及上线后需要购买的软件及硬件等产生的成本；③市场开拓、广告、运营成本，产品投放市场后的推广、营销方式，需要的推广、营销成本，广告成本等；④后期维护升级成本，产品不断升级需要的人力、资源等成本；⑤其他支出，公司运营的成本，办公成本、工位成本等。产品收益分析有：①一次性销售，产品的销售收益；②服务费收益，有的产品是按平台服务费进行收益的，像许多 SAAS 平台、教育平台等；③投资回报周期，多长时间能收回收益，每个月的收益率，可能产生的收益波动等；④产品生命周期，任何产品都分起步期、发展期、成熟期、衰退期，我们需要分析产品的整个生命周期，通过生命周期分析出产品的收益时间；⑤使用人数、用户规模，产品使用人数及规模代表着产品的未来发展潜力，产品的覆盖率，通过现有的竞品和人群来分析将来可能的用户规模；⑥通过产品的开发可能带来的隐性价值，如口碑、好评、行业地位、政绩等。

社会可行性从广义的角度分别在道德、法律、社会方面展开分析。道德方面，产品是否符合道德标准，符合大众审美。法律方面，产品不能触犯法律，否则产品不会走远。解决社会层面的问题，产品一定是要解决某类社会存在的问题，并能带来社会价值。社会影响力，通过产品的推广，产品将会给公司带来哪些社会效益，增加多少社会影响力。自有资源，公司具备哪些优势，通过这些资源在市场环境下能带来多少效益。

（2）可行性分析报告模板（如模板 1-1 所示）。

3. 硬件需求规格说明

（1）芯片。

1）芯片概述。集成电路（Integrated Circuit，IC）或微电路（microcircuit）、微芯片（microchip）、晶片/芯片（chip），在电子学中是一种把电路（主要包括半导体设备，也包括被动组件等）小型化的方式，通常是在半导体晶圆表面制造。

集成电路的分类方法有很多，按照功能不同，可以分为模拟集成电路、数字集成电路和混合信号集成电路（模拟和数字在一个芯片上）。数字集成电路可以包含任何东西，在几平方毫米上有从几千到百万的逻辑门、触发器、多任务器和其他电路。模拟集成电路，例如传感器、电源控制电路和运算放大器，处理模拟信号，完成放大、滤波、解调、混频等功能。通过使用模拟集成电路，减轻了电路设计师的负担，不需要由基础的一个个晶体管开始设计。集成电路可以把模拟和数字电路集成在一个单芯片上，做出如模拟数字转换器和数字模拟转换器等器件。这种电路提供更小的尺寸和更低的成本，但是对于信号冲突必须要小心。

芯片是信息社会的基石。世界第一台通用电子计算机——ENIAC 于 1946 年诞生，由18800 多个电子管组成，重 30 多吨，占地 170 多平方米。计算机发展过程中的小型化和高性能均得益于芯片的发展。20 世纪 80 年代，电子行业出现了几种新的分工模式，包括 IDM模式、Fabless 模式和 Fundary 模式。在台积电成立以前，半导体行业只有 IDM 一种模式。IDM（Integrated Device Manufacture）模式，即由一个厂商独立完成芯片设计、制造和封装

模板 1-1 智慧校园-可行性
分析报告

三大环节，英特尔、三星和德州仪器是全球最具代表性的 IDM 企业。IDM 模式的优势在于资源的内部整合，以及具有较高的利润率。

2）芯片产业链。芯片设计、芯片制造、芯片封装测试构成了芯片的一条完整产业链。芯片设计在产业链上游，属于知识密集型行业，需要经验丰富的尖端人才。芯片设计主要根据芯片的设计目的进行逻辑设计和规则制定，并根据设计图制作掩模以供后续光刻步骤使用。Fabless（无晶圆制造的设计公司）是指专注于芯片设计业务，只负责芯片的电路设计与销售，将生产、测试、封装等环节外包的设计企业，代表企业有 Intel、高通、三星、联发科、华为海思、英伟达等。

中游芯片制造包括晶圆制造及加工。芯片制造实现芯片电路图从掩模上转移至硅片上，并实现预定的芯片功能，包括光刻、刻蚀、离子注入、薄膜沉积、化学机械研磨等步骤。晶圆制造是半导体制造过程中最重要也是最复杂的环节，其主要的工艺流程包括热处理、光刻、刻蚀、离子注入、薄膜沉积、化学机械研磨和清洗。Fab 即芯片加工的无尘车间，指从事晶圆制造的企业，目前产量全球第一的是台积电（TSMC），此外台联电、IBM、中芯国际、华虹 NEC、华润上华等都是代表性企业。Foundry 即晶圆代工厂，指只负责制造、封装测试的一个或多个环节，不负责芯片设计，可以同时为多家设计公司提供服务的企业，代表企业有台积电、台联电、IBM、中芯国际、华虹 NEC、华润上华等。

下游芯片封装及测试环节基本属于劳动密集型。封装是对制造完成的晶圆进行划片、贴片、键合、电镀等一系列工艺，以保护晶圆上的芯片免受物理、化学等环境因素造成的损伤，增强芯片的散热性能，以及将芯片的 I/O 端口引出的半导体产业环节。半导体测试贯穿了半导体整个产业链，芯片设计、晶圆制造以及最后的芯片封装环节都需要进行相应的测试，以保证产品的良品率。芯片封测完成对芯片的封装和性能、功能测试，是产品交付前的最后工序，代表企业有长电、矽品、宇芯、台湾日月光等。

3）AI 芯片分类。AI 芯片也被称为 AI 加速器，即专门用于处理人工智能应用中的大量计算任务的功能模块。AI 芯片从技术架构来看，大致分为 4 个类型：CPU、GPU、FPGA、ASIC。

CPU（Central Processing Unit）即中央处理器，是一块超大规模的集成电路，是计算机的运算核心和控制核心。它主要包括运算器和控制器，其中还包括高速缓冲存储器及实现它们之间联系的数据、控制及状态的总线。它与存储器（Memory）和输入/输出（I/O）设备合称为电子计算机三大核心部件。其主要功能是解释计算机指令以及处理计算机软件中的数据。早期计算机性能随着摩尔定律逐年稳步提升，主要以增加 CPU 核数，加指令（修改架构），提高频率等方式提升性能，但是当前已经遇到技术瓶颈，提升空间有限，高主频导致芯片出现功耗过大和过热问题成为新的难点。目前 CPU 指令集架构主要分为两大阵营：一个是以 Intel、AMD 为首的复杂指令集（CISC），采用 x86 架构；另一个是以 ARM、IBM 为首的精简指令集（RISC），其中 ARM 公司采用 ARM 架构，IBM 采用 PowerPC 架构。

GPU（Graphics Processing Unit）即图形处理器，又称显示核心、视觉处理器、显示芯片，是一种专门在个人计算机、工作站、游戏机和一些移动设备（如平板电脑、智能手机等）上负责图像运算工作的微处理，是显卡或 GPU 卡的"心脏"。GPU 在矩阵计算和并行计算上具有突出的性能，是异构计算的主力，最早作为深度学习的加速芯片被引入 AI 领域，且生态成熟。NVIDIA 沿用 GPU 架构，对深度学习主要向两个方向发力。其一，丰富生态：推出 cuDNN 针对神经网络的优化库，提升易用性并优化 GPU 底层架构；其二，提升定制性：增加多数据类型支持（不再坚持 Float32，增加 Int8 等），添加深度学习专用模块（如引入并配备张量核的改进型架构，V100 的 TensorCore）。当前主要问题在于：成本高、能耗比低、延迟高。通过如图 1-5 所示的 GPU 指令执行模型可以看出串行运算和并行运算之间的区别。传统的串行编写软件具备以下几个特点：要运行在一个单一的具有单一中央处理器（CPU）的计算机上；一个问题分解成一系列离散的指令；指令必须一个接着一个执行；只有一条指令可以在任何时刻执行。而并行计算则改进了很多重要细节：要使用多个处理器运行；一个问题可以分解成可同时解决的离散指令；每个部分进一步细分为一系列指令；每个部分的问题可以同时在不同的处理器上执行，提高了算法的处理速度。

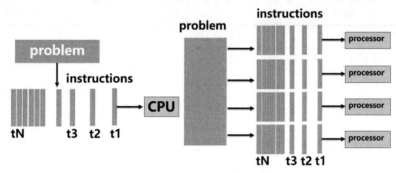

图 1-5　GPU 指令执行模型

　　FPGA（Field Programmable Gate Array）是在 PAL（可编程阵列逻辑）、GAL（通用阵列逻辑）等可编程器件的基础上进一步发展的产物。它是作为专用集成电路（ASIC）领域中的一种半定制电路而出现的，既解决了定制电路的不足，又克服了原有可编程器件门电路数有限的缺点。FPGA 采用 HDL 可编程方式，灵活性高，可重构（烧），可深度定制。可通过多片 FPGA 联合将 DNN 模型加载到片上进行低延迟计算，计算性能优于 GPU，但由于需要考虑不断擦写，性能达不到最优（冗余晶体管和连线，相同功能逻辑电路占芯片面积更大）。由于可重构，供货风险和研发风险较低，成本取决于购买数量，相对自由。设计、流片过程解耦，开发周期较长（通常半年），门槛高。

　　ASIC（Application Specific Integrated Circuit）芯片是供专门应用的集成电路芯片技术，与传统的通用芯片有一定的差异。ASIC 芯片的计算能力和计算效率可以根据算法需要进行定制，在集成电路界被认为是一种为专门目的而设计的集成电路。ASIC 芯片技术发展迅速，芯片间的转发性能通常可以达到 1G/s 甚至更高，于是给交换矩阵提供了极好的物质基础。其优点有体积小、功耗低、计算性能高、计算效率高、芯片出货量越大成本越低；缺点是算法是固定的，一旦算法变化就可能无法使用。谷歌的 TPU 是专用于加速 AI 的专用集成电路。谷歌从 2006 年起致力于将专用集成电路的设计理念应用到神经网络领域，发布了支撑深度学习开源框架 TensorFlow 的人工智能定制芯片 TPU（Tensor Processing Unit）。TPU 利用大规模脉动阵列结合大容量片上存储来高效加速深度神经网络中最为常见的卷积运算。其中脉动阵列可用来优化矩阵乘法和卷积运算，以达到提供更高算力和更低能耗的作用。与图形处理器（GPU）相比，TPU 采用低精度（8 位）计算，以降低每步操作使用的晶体管数量。降低精度对于深度学习的准确度影响很小，但却可以大幅降低功耗，加快运算速度。同时，TPU 使用了脉动阵列的设计，用来优化矩阵乘法与卷积运算，减少 I/O 操作。此外，TPU 还采用了更大的片上内存，以此减少对 DRAM 的访问，从而更大程度地提升性能。

CPU 作为通用处理器，兼顾计算和控制，其处理器系统是 SISD（Single Instruction Single Data）型。GPU 主要擅长做类似图像处理的并行计算，其处理器系统是 SIMD（Single Instruction Multiple Data）型。ASIC 与 FPGA 均为 MIMD（Multiple Instruction Multiple Data）型处理器。FPGA 作为一种高性能、低功耗的可编程芯片，可以根据客户定制来做针对性的算法设计。ASIC 是一种专用芯片，具有体积小、功耗低、计算性能高、计算效率高等优点，但其算法固定，一旦算法变化就可能无法使用。芯片功能对比如表 1-4 所示。

表 1-4　芯片功能对比

芯片	适用场景	优点	缺点
CPU	通用型，复杂计算	灵活、易用、通用	性能较低
GPU	批量数据并行计算	高性能	高功耗
FPGA	不规则数据并行计算	性能好、能效比高	开发周期长、门槛高
ASIC	数据并行计算	高性能、低功耗	专用电路，不可修改

AI 芯片从业务应用来看可以分为 Training（训练）和 Inference（推理）两个类型。

Training 环节通常需要通过大量的数据输入或采取增强学习等非监督学习方法训练出一个复杂的深度神经网络模型。训练过程涉及海量的训练数据和复杂的深度神经网络结构，运算量巨大，需要庞大的计算规模，对于处理器的计算能力、精度、可扩展性等性能要求很高。常用的如 Nvidia 的 GPU 集群、Google 的 TPU 等。

Inference 环节指利用训练好的模型，使用新的数据去"推理"出各种结论，如视频监控设备通过后台的深度神经网络模型判断一张抓拍到的人脸是否属于特定的目标。虽然 Inference 的计算量相比 Training 少很多，但仍然涉及大量的矩阵运算。在推理环节、GPU、FPGA 和 ASIC 都有很多应用价值。

（2）ARM。ARM 的英文全称是 Advanced RISC Machines，总部位于英国剑桥，该公司成立于 1990 年 11 月，是苹果、Acorn 和 VLSI 公司的合资企业。ARM 微处理器体系结构目前被公认为是嵌入式应用领域领先的 32 位嵌入式 RISC 微处理器结构。ARM 也是一种 CPU 技术，有别于 Intel、AMD CPU 采用的 CISC 复杂指令集，ARM CPU 采用 RISC 精简指令集。ARM 目前在全球拥有大约 1000 个授权合作、320 家伙伴，但是购买架构授权的厂家不超过 20 家，我国有华为、飞腾和华芯通（高通）获得了架构授权。

ARM 相对于我们熟知的另一个计算架构 x86 来说有其优点：同样功能性能占用的芯片面积小、功耗低、集成度更高，更多的硬件 CPU 核具备更好的并发性能。支持 16 位、32 位、64 位多种指令集，能很好地兼容从 IoT、终端到云端的各类应用场景。大量使用寄存器，大多数数据操作都在寄存器中完成，指令执行速度更快。指令长度固定，寻址方式灵活简单，执行效率高。当然也有不足之处，如由于采用的精简指令集，对于复杂运算，需要通过多条指令组合完成，造成这类应用的处理效率低。在数据中心领域属于新进入者，与 x86 相比，应用生态存在较大差距，特别是商用软件对 ARM 的支持力度有待加强。这两者的主要指标对比如表 1-5 所示。

表 1-5 x86 和 ARM 主要指标对比

比较指标	x86	ARM
扩展性	重核多核多线程、高主频	轻核、众核
指令集	CISC，通用指令集	RISC，根据负载优化
供应商	只有两家 CPU 供应商，Intel 处于垄断地位	开放的授权策略，众多供应商
产业链	成熟	完善中

ARM 的优势还体现在提供更多计算核心上。首先通过提升芯片工艺，在工艺节点进入 28nm 以下空间时，为了降低设计成本的快速升高，以先进工艺提升性能，从而稳定成本。在工艺、主频遇到瓶颈后，开始转向增加核数的横向扩展来提升性能。一个 ARM 核的面积仅为 x86 核的 1/7，同样的芯片尺寸下，ARM 的核数是 x86 的 4 倍以上。在芯片的物理尺寸有限制，不能无限制增加的制约下，ARM 的众核横向扩展空间优势明显。

（3）华为服务器芯片。新计算发展的成功关键在于构建完善的生态体系。鲲鹏是一个芯片家族，包含鲲鹏处理器（CPU）、昇腾（Ascend）AI 芯片、智能网卡芯片、智能 SSD 控制器芯片、智能管理芯片。涵盖算、智、传、存、管 5 个子芯片家族，其中鲲鹏和昇腾是整个芯片体系的核心，是整个华为服务器生态的算力基石。鲲鹏处理器深谙信息技术发展潮流的那一颗"芯"。在鲲鹏处理器的支持下，向上生长出一个新的计算体系。

鲲鹏 CPU 厚积薄发，持续演进，基于永久授权的 ARM V8 架构，处理器核、微架构和芯片均由华为自主研发设计。目前鲲鹏 CPU 主要分为鲲鹏 916 和鲲鹏 920 两款芯片。鲲鹏 916 是支持多路互联的 ARM 处理器。2019 年 1 月 7 日华为正式向外界发布鲲鹏 920 芯片。鲲鹏 920 是业内首款 7nm 数据中心 ARM 处理器，也是目前性能最强大的 ARM 数据中心端芯片，采用高集成设计，一颗芯片集成 RoCE 网卡、SAS 控制器、南桥、CPU 等 4 种芯片的功能，相比上一代鲲鹏 916 芯片，鲲鹏 920 在 SPECint-rate-base 2006 评估跑分（930+）与最大核数方面均提升一倍，与 AWS Graviton 对比，鲲鹏 920 在主频、工艺、内存、网络能力上全面领先。

达芬奇是华为自行研发的面向 AI 计算特征的全新计算架构，具备高算力、高能效、灵活可裁剪等特性。矩阵乘法运算是整个 AI 计算的核心，典型神经网络模型中 99% 均为矩阵运算，Da Vinci Core 包含核心的 3D Cube、Vector 向量计算单元、Scalar 标量计算单元等多种计算单元，各自负责不同的运算任务，实现并行化计算模型，以实现 AI 计算的高效处理，每个 AI Core 可以在一个时钟周期内实现 4096（$16\times16\times16$）个 MAC 操作，相比传统的 CPU 和 GPU 实现数量级的提升。由于采用可拓展设计，达芬奇架构能够满足端侧、边缘侧及云端的应用场景，可用于小到几十毫瓦，大到几百瓦的训练场景，横跨全场景提供最优算力。

昇腾主要分为昇腾 310（Ascend-Mini）、昇腾 910（Ascend-Max）和 MDC 芯片昇腾 610（训练与推理芯片），均采用华为自主研发的最新达芬奇架构。其中昇腾 310 主要面向端侧推理场景，8 位整数精度下的性能达到 22TOPS，16 位浮点数下的性能达到 11TFLOPS，而其功耗仅为 8W，工艺为 12nm。昇腾 910 主要面向云侧训练场景，集成 32 个立体计算引擎，最大功耗为 310W，8 位整数精度下的性能达到 640TOPS，半精度算力 320 TFLOPS 是业界的两倍，是业内最强算力 AI 芯片。未来华为会保持至少每年一款新产品的迭代速度，推动昇腾芯片持续发展。

4. 软件需求规格说明书

软件需求规格说明书又称软件需求说明书，英文名为 Software Requirements Specification（SRS），是需求人员在需求分析阶段需要完成的产物。它详细定义了信息流和界面、功能需求、设计要求和限制、测试准则和质量保证要求，其作用是作为用户和软件开发者达成的技术协议书，作为设计工作的基础和依据，作为测试和验收的依据。

软件需求说明书应该完整、一致、精确、无二义性，同时又要简明、易懂、易修改。在一个团队中，须用统一格式的文档进行描述，为了使需求分析描述具有统一的风格，可以采用已有的且能满足项目需要的模板，也可以根据项目特点和开发团队的特点对标准模板进行适当的改动，形成自己的模板。由于软件需求说明书最终要得到开发者和用户双方的认可，所以用户要能看得懂，并且还能发现和指出其中的错误，这对于保证软件系统的质量有很大的作用。这就要求需求说明书尽可能少用或不用计算机领域的概念和术语。

软件需求说明书应包含如下几部分内容：

（1）概述。

● 说明开发软件系统的目的、意义和背景。

● 说明用户的特点、约束。

（2）需求说明。

● 功能说明，逐项列出各功能需求的序号、名称和简要说明。

● 性能说明，说明处理速度、响应时间、精度等。

● 输入输出要求。

● 数据管理要求。

● 故障处理要求。

（3）数据描述。

● 数据流图。

● 数据字典。

● 接口说明。

（4）运行环境规定。

● 说明软件运行所需的硬件设备。

● 说明软件运行所需的系统软件和软件工具。

（5）限制。说明软件开发在成本、进度、设计和实现方面的限制。

【任务实施】

1. 同类产品调研报告（如模板 1-2 所示）

（1）收集同类产品的各项分析数据。

（2）进行投资与收益分析。

（3）整理数据，编写报告。

2. 可行性分析报告

（1）进行公司的现状调研（现有设备、财务状况、技术基础、规章制度等）。

（2）进行智慧园区系统平台的调研。

（3）技术方案设计（软件、硬件）。

（4）研制计划与风险评估。

模板 1-2 智慧校园-同类产品
调研报告

（5）整理数据，编写可行性分析报告。

3. 软硬件需求规格说明书（如模板 1-3 所示）

（1）准备调研资料，制订需求分析计划。

（2）从系统角度来理解软件，确定对所开发系统的综合要求，并提出这些需求的实现条件，以及需求应该达到的标准。

模板 1-3 智慧园区-软硬件
需求规格说明书

（3）逐步细化所有的软件功能，找出系统各元素间的联系，接口特性和设计上的限制，分析它们是否满足需求，剔除不合理部分，增加需要部分。

（4）编写软硬件需求规格说明书。

【任务小结】

物联网、云计算、大数据等技术的应用与相互融合共同推动园区的智慧化。智慧园区解决方案围绕平台使能、开放架构、聚合生态开展。人工智能是利用数字计算机或者数字计算机控制的机器模拟、延伸和扩展人的智能，感知环境、获取知识并使用知识获得最佳结果的理论、方法、技术及应用。华为 AI 在建立了基础理论研究体系上推出全栈全场景 AI 解决方案。产品调研是指为了提高产品的销售决策质量，解决存在于产品销售中的问题或组织根据特定的决策问题运用科学的方法，有目的地收集、统计资料及报告调研结果的工作过程。产品的可行性一般从技术可行性、经济可行性和社会可行性展开分析。芯片是信息社会的基石。芯片在设计、制造、封装测试环节中已经构成一条完整的产业链。AI 芯片从技术架构来看大致分为 4 种类型：CPU、GPU、FPGA、ASIC，从业务应用方面可以分为 Training 和 Inference 两类。新计算发展的成功关键在于构建完善的生态体系。鲲鹏芯片家族包含鲲鹏处理器（CPU）、昇腾（Ascend）AI 芯片、智能网卡芯片、智能 SSD 控制器芯片、智能管理芯片，涵盖算、智、传、存、管 5 个子芯片。软件需求规格说明书又称软件需求说明书，是需求人员在需求分析阶段需要完成的产物。

【考核评价】

评价内容	评分项	自评得分	教师考评得分	备注
学习态度	课堂表现、学习活动态度（40 分）			
知识技能目标	智慧园区的相关概念（10 分）			
	华为人工智能的解决方案（10 分）			
	产品调研报告的指标及编写（10 分）			
	可行性分析报告的作用及编写（10 分）			
	芯片的内容及比较（10 分）			
	需求规格说明书的内容及编写（10 分）			
总得分				

任务2　方案与计划

【任务描述】

面对园区数字化转型，如何规划设计以契合未来的诉求，如何快速实施、运营以保障转型成功，是园区营运者、用户面临的挑战。依托华为智慧园区的技术架构体系在项目建设前期，规划硬件及软件设计方案能够更好面向园区提供全产业链支撑服务，帮助园区在信息化工作方面建立统一的组织管理协调架构、业务管理平台和对内对外服务运营平台。在智慧园区项目建设中，为了保证项目能够在合理的工期内，用尽可能低的成本达到尽可能高的项目质量要求，有必要做好开发计划及测试方案。华为智慧园区具有全套的硬件和软件方案，能够将相关资源形成紧密联系的整体，促进园区的管理部门、企业、合作单位间良性互动，获得高效、协同、互动的整体效益。通过华为 AI 基于 IntelliJ 框架的开发工具链平台 MindStudio 的智能开发环境能够方便地对 AI 框架 MindSpore、TensorFlow 进行个性化开发，充实智慧园区搭建方案。

【任务目标】

- 了解智慧园区系统架构。
- 掌握昇腾芯片的软件、硬件架构。
- 认识 HiLens Kit 的基本应用。
- 了解软件设计的流程及设计。
- 了解项目开发计划的流程及编写。
- 掌握 ModelArts 开发流程。
- 掌握 Mind Studio 的基本使用。

【知识链接】

1. 方案设计——硬件选型

（1）系统架构。智慧园区方案采用"纵向解耦、横向融合"的设计原则，构建"端—联接—平台—应用"四层架构，使能园区实现数字化转型，如图 1-6 所示。智慧园区的技术架构体系由多个子系统构成互联互通的整体系统。基于物联网技术智慧园区的技术架构体系主要由感知层、网络层、数据平台层、应用服务层 4 个层级构成，以及完善的标准体系和安全体系。由感知层感应采集信息，通过网络层的网络信息技术在数据平台层进行数据集中处理，最后至应用服务层实现园区所需系统应用。

如图 1-7 所示，系统采用 4 层开发架构，不同层级之间通过接口与接口参数明确通信方式。其中访问层由 PC、移动设备、其他终端组成，每一个终端设备的开发框架依据实现技术又有不同。服务层采用 Java 开发语言技术实现，选择 J2EE 领域的优秀开发框架 Springboot 作为基础架构，服务层开发中又包含控制层、业务层、数据访问层，其中数据访问层用于调用接口完成数据持久化操作。终端与服务器端的交互采用统一的接口，尽可能做到代码的重用，接口以 JSON 数据格式为主，采用 HTTP 传输协议。系统服务器端开发采用 SSM（Spring+SpringMVC+MyBatis）框架集，该框架由 Spring、MyBatis 两个开源框架整合而成（SpringMVC 是 Spring 中的部分内容）。

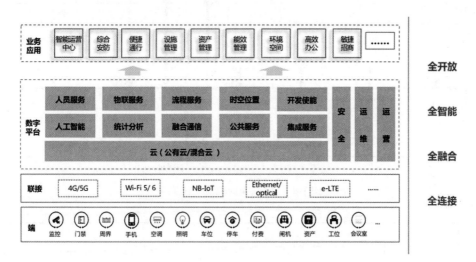

图 1-6　智慧园区四层架构图

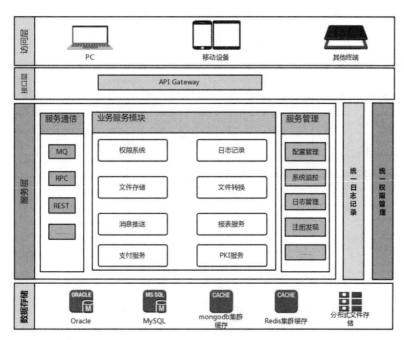

图 1-7　系统开发架构

（2）昇腾 AI 处理器硬件架构。昇腾 AI 处理器的主要架构组成有芯片系统控制 CPU（Control CPU）、AI 计算引擎（包括 AI Core 和 AI CPU）、多层级的片上系统缓存（Cache）或缓冲区（Buffer）、数字视觉预处理模块（Digital Vision Pre-Processing，DVPP）等，其架构关系如图 1-8 所示。

昇腾 AI 处理器的四大主要架构之一 AI 计算引擎中的 AI Core 采用达芬奇架构，因此达芬奇架构这一专门为 AI 算力提升所研发的架构也就是昇腾 AI 计算引擎和 AI 处理器的核心所在。达芬奇架构主要由计算单元、存储系统、控制单元组成。其中计算单元包含三种基础计算资源（矩阵计算单元、向量计算单元、标量计算单元）；AI Core 的片上存储单元和相应的数据通路构成了存储系统；整个计算过程提供了指令控制形成控制单元，相当于 AI Core 的司令部，负责整个 AI Core 的运行。达芬奇架构各单元的运算关系如图 1-9 所示。

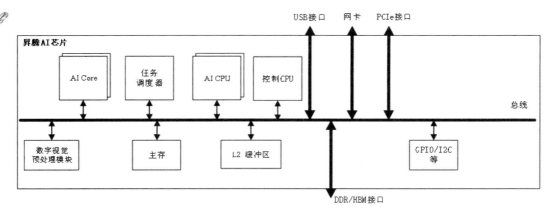

图 1-8　昇腾 AI 处理器硬件架构

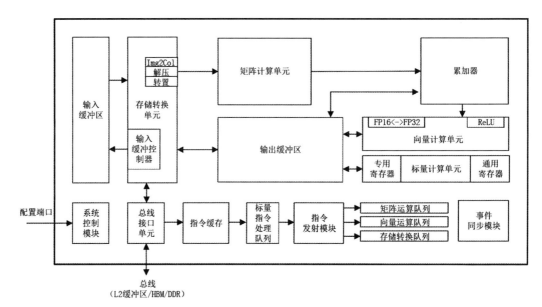

图 1-9　达芬奇架构各单元的运算关系

　　计算单元的三种基础计算资源 Cube Unit、Vector Unit 和 Scalar Unit 分别实现对应矩阵、向量和标量三种常见的计算模式。矩阵计算单元和累加器主要完成矩阵相关运算。一拍完成一个 fp16 的 16×16 与 16×16 矩阵乘（4096）；如果是 int8 输入，则一拍完成 16×32 与 32×16 矩阵乘（8192）；向量计算单元实现向量和标量或双向量之间的计算，功能覆盖各种基本的计算类型和许多定制的计算类型，主要包括 FP16、FP32、int32、int8 等数据类型的计算；标量计算单元：相当于一个微型 CPU，控制整个 AI Core 的运行，完成整个程序的循环控制、分支判断，可以为 Cube/Vector 提供数据地址和相关参数的计算，以及基本的算术运算。

　　存储系统由存储单元和相应的数据通路组成，存储单元由存储控制单元、缓冲区和寄存器组成。存储控制单元通过总线接口直接访问 AI Core 之外的更低层级的缓存，也可以直通到 DDR 或 HBM 直接访问内存。其中还设置了存储转换单元，作为 AI Core 内部数据通路的传输控制器，负责 AI Core 内部数据在不同缓冲区之间的读写管理，以及完成一系列的格式转换操作，如补零、Img2Col、转置、解压缩等；输入缓冲区用来暂时保留需要频繁重复使用的数据，不需要每次都通过总线接口到 AI Core 的外部读取，从而在减少总线上数据访问频次的同时也降低了总线上产生拥堵的风险，达到节省功耗、提高性能的效果；

输出缓冲区用来存放神经网络中每层计算的中间结果，从而在进入下一层计算时方便地获取数据。相比较通过总线读取数据的带宽低、延迟大，通过输出缓冲区可以大大提升计算效率；AI Core 中的各类寄存器资源主要是标量计算单元在使用。数据通路是指 AI Core 在完成一次计算任务时数据在 AI Core 中的流通路径。达芬奇架构数据通路的特点是多进单出，主要是考虑到神经网络在计算过程中输入的数据种类繁多并且数量巨大，可以通过并行输入的方式来提高数据流入的效率。与此相反，将多种输入数据处理完成后往往只生成输出特征矩阵，数据种类相对单一，单输出的数据通路可以节约芯片硬件资源。

控制单元主要组成部分为系统控制模块、指令缓存、标量指令处理队列、指令发射模块、矩阵运算队列、向量运算队列、存储转换队列和事件同步模块。系统控制模块控制任务块（AI Core 最小任务计算粒度）的执行进程，在任务块执行完成后，系统控制模块会进行中断处理和状态申报。如果执行过程出错，会把执行的错误状态报告给任务调度器；指令缓存在指令执行过程中可以提前预取后续指令，并一次读入多条指令进入缓存，提升指令执行效率；标量指令处理队列在指令被解码后便会被导入标量队列中，实现地址解码与运算控制，这些指令包括矩阵计算指令、向量计算指令和存储转换指令等；指令发射模块读取在标量指令队列中配置好的指令地址和参数解码，然后根据指令类型分别发送到对应的指令执行队列中，而标量指令会驻留在标量指令处理队列中后续再执行；指令执行队列由矩阵运算队列、向量运算队列和存储转换队列组成，不同的指令进入相应的运算队列，队列中的指令按进入顺序执行；事件同步模块时刻控制每条指令流水线的执行状态，并分析不同流水线的依赖关系，从而解决指令流水线之间的数据依赖和同步问题。

（3）昇腾 AI 处理器软件架构。昇腾芯片的软件架构包括昇腾 AI 处理器（Ascend 310）软件的逻辑架构、昇腾 AI 处理器（Ascend 310）神经网络软件流、昇腾 AI 处理器（Ascend 310）数据流程图。昇腾 AI 芯片的软件栈主要分为 4 个层次和 1 个辅助工具链，逻辑架构如图 1-10 所示。4 个层次分别为 L3 应用使能层、L2 执行框架层、L1 芯片使能层和 L0 计算资源层。辅助工具链主要提供了程序开发、编译调测、应用程序流程编排、日志管理和性能分析等辅助能力。这些主要组成部分在软件栈中功能和作用相互依赖，承载着数据流、计算流和控制流。

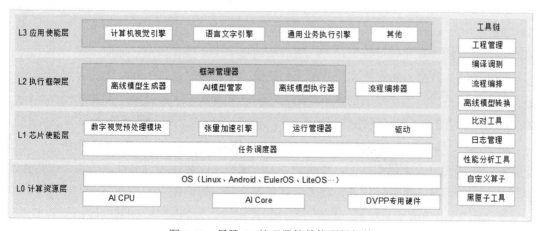

图 1-10　昇腾 AI 处理器软件栈逻辑架构

L3 应用使能层是应用级封装，面向特定的应用领域提供不同的处理算法。为各种领域提供具有计算和处理能力的引擎可以直接使用 L2 执行框架层提供的框架调度能力。通过通用框架来生成相应的神经网络而实现具体的引擎功能。通用引擎提供通用的神经网络推理能力；计算机视觉引擎提供视频或图像处理的算法封装；语言文字引擎提供语音、文本等数据的基础处理算法封装。

L2 执行框架层是框架调用能力和离线模型生成能力的封装。L3 层将应用算法开发完并封装成引擎后，L2 层会根据相关算法的特点进行合适深度学习框架的调用（如 Caffe 或 TensorFlow）来得到相应功能的神经网络，再通过框架管理器生成离线模型（Offline Model，OM）。L2 层将神经网络的原始模型转化成可在昇腾 AI 芯片上运行的离线模型后，离线模型执行器将离线模型传送给 L1 芯片使能层进行任务分配。在线框架使用主流深度学习开源框架（Caffe、TensorFlow 等），通过离线模型转换和加载使其能在昇腾 AI 芯片上进行加速运算。离线框架提供神经网络的离线生成和执行能力，可以在脱离深度学习框架下使得离线模型具有同样的能力（主要是推理能力）。框架管理器包含离线模型生成器（OMG）、离线模型执行器（OME）和离线模型推理接口，支持模型的生成、加载、卸载和推理计算执行。OMG 负责将 Caffe 或 TensorFlow 框架下已经生成的模型文件和权重文件转换成离线模型文件，并可以在昇腾 AI 芯片上独立执行。OME 负责加载和卸载离线模型，并将加载成功的模型文件转换为在昇腾 AI 芯片上可执行的指令序列，完成执行前的程序编译工作。流程编排器向开发者提供用于深度学习计算的开发平台，包含计算资源、运行框架和相关配套工具等，负责对模型的生成、加载和运算的调度。

L1 芯片使能层是离线模型通向昇腾 AI 芯片的桥梁。针对不同的计算任务，L1 层通过加速库给离线模型计算提供加速功能。L1 层是最接近底层计算资源的一层，负责给硬件输出算子层面的任务。张量加速引擎支持在线和离线模型的加速计算，包含标准算子加速库和自定义算子的能力，为 L2 层提供具有功能完备性的算子。运行管理器负责与 L2 层通信，提供标准算子加速库的接口给 L2 层调用，让具体网络模型能找到优化后的、可执行的、可加速的算子进行功能上的最优实现。任务调度器根据具体任务类型处理和分发相应的计算核函数到 AI CPU 或 AI Core 上，通过驱动激活硬件执行。数字视觉预处理模块是一个面向图像视频领域的多功能封装体，为上层提供使用底层专用硬件的各种数据（图像或视频）预处理能力。

L0 计算资源层是昇腾 AI 芯片的硬件算力基础，提供计算资源，执行具体的计算任务。AI Core 为算力核心，负责大算力的计算任务，主要完成神经网络的矩阵相关计算。AI CPU 负责较为复杂的计算和执行控制功能，完成控制算子、标量和向量等通用计算。DVPP 专用硬件负责输入数据（图像或视频）的预处理操作，在特定场景下为 AI Core 提供满足计算需求的数据格式。操作系统的作用是使上述三者辅助紧密，组成一个完善的硬件系统，为昇腾 AI 芯片的深度神经网络计算提供执行上的保障。

昇腾 AI 处理器神经网络软件流是深度学习框架到昇腾 AI 芯片之间的一座桥梁，完成一个神经网络应用的实现和执行，并聚集了流程编排器、数字视觉预处理模块、张量加速引擎、框架管理器、运行管理器、任务调度器等功能模块。流程编排器负责完成神经网络在昇腾 AI 芯片上的落地与实现，统筹了整个神经网络生效的过程，控制离线模型的加载和执行过程；数字视觉预处理模块在输入之前进行一次数据处理和修饰，来满足计算的格式需求；张量加速引擎作为神经网络算子兵工厂，为神经网络模型源源不断地提供功能强大的计算算子；框架管理器专门将原始神经网络模型打造成昇腾 AI 芯片支持的形态，并且将塑造后的模型与昇腾 AI 芯片相融合，引导神经网络运行并高效发挥出性能；运行管理器为神经网络的任务下发和分配提供了各种资源管理通道；任务调度器作为一个硬件执行的任务驱动者，为昇腾 AI 芯片提供具体的目标任务；运行管理器和任务调度器联合互动，共同组成了神经网络任务流通向硬件资源的大坝系统，实时监控和有效分发不同类型的执行任务。

昇腾 AI 处理器数据流程图的一个典型应用就是人脸识别推理应用，因此可以通过人脸识别推理过程来理解昇腾 AI 处理器数据流程图。首先是 Camera 数据采集和处理阶段，从摄像头传入压缩视频流，通过 PCIE 存储于 DDR 内存中；DVPP 将压缩视频流读入缓存；DVPP 经过预处理，将解压缩的帧写入 DDR 内存。然后进入数据推理阶段，任务调度器（TS）向直接存储访问引擎（DMA）发送指令，将 AI 资源从 DDR 预加载到片上缓冲区；任务调度器（TS）配置 AI Core 以执行任务；AI Core 工作时，它将读取特征图和权重并将结果写入 DDR 或片上缓冲区；最后人脸识别结果输出，AI Core 完成处理后，发送信号给任务调度器（TS），任务调度器检查结果，如果需要会分配另一个任务，并返回步骤片内缓冲器；当最后一个 AI 任务完成，任务调度器会将结果报告给 Host。

（4）昇腾芯片的行业应用。Atlas 人工智能计算平台全景见图 1-4。芯片和硬件是底层的部分，主要是基于昇腾 310 和 910 芯片的 AI 处理器通过模块、板卡、小站、服务器、集群等丰富的产品形态形成 Atlas 人工智能计算解决方案，打造面向"端、边、云"的全场景 AI 基础设施方案，覆盖深度学习领域推理和训练全流程。CANN（Compute Architecture for Neural Networks）是华为公司针对 AI 场景推出的异构计算架构，基于昇腾 AI 处理器的芯片算子库和高度自动化算子开发工具，兼具最优开发效率和算子最佳匹配昇腾芯片性能。对 AI 框架来说有各种开发框架如 TensorFlow、PyTorch、Caffe、MxNet 在需要时被使用。而由华为自主研发的"端—边—云"全场景按需协同 AI 计算框架 MindSpore 能够提供全场景统一 API，为全场景 AI 的模型开发、模型运行、模型部署提供端到端能力。应用使能中主要是智能边缘平台、深度学习平台，还包含了一些集群的管理等。

对于 Atals 加速 AI 推理模块方面，华为推出多款基于昇腾 310 AI 处理器的产品。Atlas 200DK 和 Atlas 200 是比较初级的设备，用于一些小型的推理应用，可以在一台笔记本上搭建开发环境，本地独立环境成本比较低，对于一些研究者，可以进行一些本地开发和云端训练；对于创业者，可以提供一些代码级 Demo，基于一些参考架构完成算法的功能，对一些产品进行无缝迁移；Atlas 300 是业界最高密度的 64 路视频推理加速卡，可应用的场景非常多，比如高清视频实时分析、语音识别、医疗影像分析；Atlas 500 是智能小站，可以完成一些实时数据流的处理，Atlas 800 是基于鲲鹏处理器的超强算力的 AI 推理平台。

对 Atals 加速 AI 训练模块方面，华为也推出了多款基于昇腾 910 AI 处理器的产品。Atlas 900 AI 集群是全球最快的 AI 训练集群，算力业界领先，拥有极致散热系统。Atlas 深度学习系统加速 AI 模型训练，以算法模型和数据集为基础，在模拟训练中经过参数调优、计算、模型验证的多次迭代形成训练好的模型，然后进入裁剪、量化、AI 服务的模型部署阶段，最终构建视频分析、基因研究、自动驾驶、天气预测、石油勘探等丰富应用。

Atlas 打造端边云协同，中心侧持续训练，模型远程更新的特有优势。Atlas 智能边缘平台基于达芬奇和 CANN 的统一开发架构，一次开发，端、边、云皆可使用，从而实现统一开发。华为 FusionDirector 是服务器全生命周期智能运维的管理软件，提供智能版本、智能部署、智能资产、智能能效和智能故障五大管理，实现中心边缘设备统一管理，模型推送、设备升级等均可远程完成。在安全方面，通过传输通道安全加密与模型加密双重保障来提升安全。这方面的成功应用场景不断丰富起来。在电力方面改变传统的人工巡检模式，形成业界首创智能无人巡检，作业效率提升 5 倍；在金融中用 AI 改变金融，助力银行营业网点智能化转型；在制造业中，AI 助力生产线智能升级，利用机器视觉形成智能检测，达到了"零"漏检、生产效率高、云边协同、节省人工的效果，从而解决了人工检测中的结果不稳定、生产效率低、过程不连续、用工成本高的不足；在交通中，AI 助力全国高速路网升级，使能收费系统、车道控制系统，提升通行效率 5 倍；在超算中，Atlas 助力鹏城云脑 II，以最强算力、最佳集群网络、极致能效打造国家级人工智能平台。

（5）HiLens Kit 基本介绍。HiLens Kit 是一款具备 AI 推理能力的多媒体终端设备，如图 1-11 所示。具有强大的计算性能、高清摄像头接入、体积小、接口丰富等特点。产品优势主要有：端云协同推理；端云模型协同，解决网络不稳的场景，节省用户带宽；端侧设备可协同云侧在线更新模型，快速提升端侧精度；端侧对采集的数据进行本地分析，大大减少上云数据流量，节约存储成本。产品软硬协同优化，具有统一的 Skill 开发框架，封装基础组件，支持常用深度学习模型。支持 Ascend 芯片、海思 35 系列芯片以及其他市场主流芯片，可覆盖主流监控场景需求。针对端侧芯片提供模型转换和算法优化。技能市场预置了多种技能，如人形检测、哭声检测等，用户可以省去开发步骤，直接从技能市场选取所需技能，在端侧上快速部署。技能市场的多种模型，针对端侧设备内存小、精度低等不足做了大量算法优化。开发者还可通过 HiLens 管理控制台开发自定义技能并加入技能市场。

图 1-11   HiLens Kit 终端设备

从应用场景的维度来看，主要有家庭、园区、商超三种类型的场景。HiLens 在视频分析方案中通过增加端测设备把终端获得的视频帧传到云 API 后，经过技能市场将 AI 技能本地部署传到端测设备。相对于传统的视频方案，它的优势主要有：AI 分析本地运行，方案成本低；云侧海量 AI 能力便捷获取；保护隐私；支持第三方开发技能。有效地弥补了传统方案视频上云带宽成本高、云上分析及存储成本高、全量视频上云涉及隐私的缺陷。

华为 HiLens 支持将 Caffe 等格式的模型转换成可以在 Ascend 310 芯片运行的 OM 模型。开发者在云侧 HiLens 平台导入 ModelArts 或线下训练好的模型，就可以快速开发出在 AI 推理摄像机 HiLens Kit 上运行的 AI 技能。华为 HiLens 为端云协同多模态 AI 开发应用平台，架构分层结构及方案如图 1-12 所示，包括端侧摄像头设备和云侧管理平台。

端侧设备由具备 AI 推理能力的摄像头和云上开发平台组成，提供一站式技能开发、设备管理、数据管理、技能市场等能力，帮助用户开发多模态 AI 应用并下发到端侧设备，实现多场景的智能化解决方案。昇腾 310 系列芯片设备，如 HiLens Kit 和 Atlas500 智能小站，可无线接入 HiLens 管理控制台，线上灵活安装部署技能市场上的技能，使其具备各种 AI 能力。海思 35 系列芯片设备，厂商可根据自身业务需求在 HiLens 管理控制台上为其订制特定技能，使其摄像头设备具备特定的 AI 能力，从而显著提升其产品的竞争力。

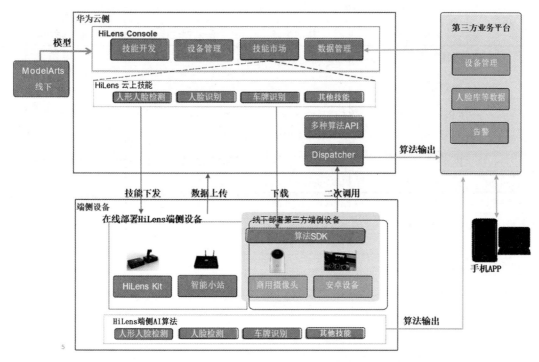

图 1-12　华为 HiLens 架构的分层结构及方案

华为云侧包括技能开发、设备管理、技能市场和数据管理功能。技能开发平台，基于算法模型和逻辑代码配置边缘设备的推理部署包，声明应用参数。其中，逻辑代码开发和调试调用专用的 HiLens Framework 工具包在 HiLens Studio（IDE）上在线开发。设备管理功能提供了已经连接设备的信息展示，方便使用者对设备进行管理，可以对标华为的 FD、K3 编排引擎等。模型管理提供部分模型转换功能，存储可在边设备运行的推理模型，相当于用户私有的模型仓库。技能市场提供可直接在边缘端运行的公共技能仓库，其存储对象是功能完善的推理部署包（模型+逻辑代码），具备独立的业务功能，下发边缘设备直接应用，无需二次开发。帮助用户开发 AI 技能并将其下发到端侧设备。在数据管理中，能够实现数据导入、数据标注等操作，为模型构建作好数据准备。ModelArts 以数据集为数据基础，进行模型开发或训练等操作。

华为 HiLens 提供了简洁易用的管理控制台实现端到端完成对 AI 开发应用平台开发及管理。通过普通浏览器即可连接华为 HiLens 管理控制台，但需要先注册华为云。

华为 HiLens 具有一站式 Skill 开发服务，能够快速定制行业应用。通过 ModelArts Service 把其他离线训练好的模型导入到控制台，控制台负责模型管理、技能开发、技能管理，并且将技能下发到端侧设备中。在这个过程中，技能开发以封装组件、简单易用、模块化开发、一键模型部署等特点实现了快速的行业定制应用。华为 HiLens 还能够通过模型优化框架自动压缩模型，能够转换为目标芯片所支持的模型格式。华为 HiLens 还具有开放的技能市场及预置丰富的 Skill 技能。华为首批发放了家庭、车载、园区、商超及其他相关的 5 类 25 项多的技能集，同时还开放 HiLens 技能开发接口供不同的厂家不断丰富技能市场。

　　在兼容性方面华为云 HiLens 能够支持多种设备类型并且支持第三方设备的接入,具体如表 1-6 所示。

表 1-6　HiLens 支持多种设备类型及第三方设备

名称	华为销售设备		第三方设备	
	HiLens Kit	智能小站	基础智能设备	专业智能设备
适用场景	边缘智能设备,用于室内,如家庭、教室、商超等	边缘智能设备,用于室外	消费类智能摄像头	行业智能摄像头
芯片	CPU:3559A NPU:Ascend 310	CPU:3559A NPU:Ascend 310	基于 HiSilicon 3516/3518EV 系列	3516CV500/3516DV300/3519AV100/3559A 等 NNIE 系列
OS	EulerOS	EulerOS	HiLinux 或 LiteOS	HiLinux
micro SD	1×micro SD	1×micro SD		
网络接口	1×GE	2×GE		
USB 接口	2×USB 3.0	3×USB 2.0		
显示接口	1×HDMI 2.0	1×HDMI 2.0		
Wi-Fi	支持	无		
音频输入	2×MIC	1×MIC	由第三方厂家定制摄像头	由第三方厂家定制摄像头模组
音频输出	1×3.5mm 音频接头	1×3.5mm 音频接头		
摄像头	200 万像素,720P	无		
功耗	20W	25～40W		
供电	12V	9～36V		
工作温度	0～45℃	-30～60℃		
尺寸	155mm×110mm×55.5mm	250mm×200mm×44mm		

　　通过以上的介绍,华为 HiLens 彰显出独特的优势:端云协同推理,端侧对采集的数据进行本地分析,大大减少上云数据流量;简洁易用的 Skill 开发框架,简化开发者的端侧 Skill 开发工作;端侧模型优化,在云侧 Skill 开发阶段,针对端侧模型进行拆分、量化、剪枝等优化,保护隐私;跨平台设计,支持昇腾、海思芯片以及其他市场主流芯片,可覆盖主流监控场景需求;预置丰富的 AI 技能,技能市场预置适用于多种场景的技能,用户可省去开发步骤,在端侧上快速部署;开发者社区,开发者开发出新技能后,可分享给其他开发者作为模板,也能发布到技能市场供用户安装。

　　华为 HiLens 的用户类型可以分为普通用户、AI 开发者和摄像头厂商。用户介绍如表 1-7 所示。

表 1-7　华为 HiLens 的用户介绍

用户角色	典型用户	用户场景
开发者	从事 AI 开发的技术人员 高校学生	开发具备 AI 能力的技能,发布到技能市场,构建良好 AI 开发者生态
厂商	海思 35 系列芯片摄像头产品的厂商	摄像头厂商:赋予中低端摄像头设备 AI 能力

　　在使用华为 HiLens 之前用户需要申请华为云账号并进行实名认证。通过此账号可以使用所有华为云服务。由于华为 HiLens 服务依赖其他服务,所以需要在开始使用华为 HiLens

前获得相关服务的权限，包含 ModelArts、OBS 和 SWR 服务。

2．方案设计——软件设计

（1）软件架构。软件架构（Software Architecture）是一系列相关的抽象模式，用于指导大型软件系统各个方面的设计。软件架构是一个系统的草图，它描述的对象是直接构成系统的抽象组件，各个组件之间的连接则明确和相对细致地描述组件之间的通信。在实现阶段，这些抽象组件被细化为实际的组件，比如具体某个类或对象。在面向对象领域，组件之间的连接通常用接口来实现。

根据关注的角度不同可以将架构分成三种，即逻辑架构、物理架构和系统架构。

1）逻辑架构：软件系统中元件之间的关系，如用户界面、数据库、外部系统接口、商业逻辑元件等。

2）物理架构：说明元件是怎样放到硬件上的。

3）系统架构：系统的非功能性特征，如可扩展性、可靠性、强壮性、灵活性、性能等。

（2）软件设计说明（如模板 1-4 所示）。软件设计即根据软件需求产生一个软件内部结构的描述，并将其作为软件构造的基础，通过软件设计描述出软件架构及相关组件之间的接口，然后进一步详细地描述组件，以便能构造出这些组件。从工程管理的角度来看，软件设计分为概要设计，将软件需求转化为数据结构和软件的系统结构；详细设计，通过对系统结构进行细化得到软件的详细数据结构和算法。从技术角度来看，软件设计包括：数据设计，将实体关系图中描述的对象和关系，以及数据字典中描述的详细数据内容转化为数据结构的定义；体系结构设计，划分软件系统模块及模块之间的关系；接口设计，根据数据流图定义软件内部各成分之间、软件与其他协同系统之间及软件与用户之间的交互机制；过程设计（即详细设计），把结构成分（模块）转换成软件的过程性描述。

模板 1-4 智慧园区-系统设计说明书

软件设计说明书又可称为系统设计或程序设计。编制的目的是对程序系统的设计进行说明，包括程序系统的基本处理流程、系统功能、模块划分、通信接口协议、运行设计、数据结构设计和出错处理设计等。详细设计说明是对一个软件系统各个层次中的每一个程序（每个模块或子程序）的设计考虑。如果一个软件系统比较简单，层次很少，可直接编写系统设计，软件设计说明书可供软件设计师、项目主管及测试人员使用。

3．项目开发计划

（1）项目开发计划概述（如模板 1-5 所示）。编写项目开发计划书，主要是为了项目能按照计划执行，并作为项目执行的监控标准，降低项目风险，提高项目管理质量，顺利完成项目。项目开发计划有利于项目团队成员更好地了解项目情况，使项目工作开展的各个过程合理有序。项目开发计划书以文件的形式将项目生命周期内的工作任务范围、各项工作的任务分解、项目团队组织结构、各团队成员的工作责任、团队内外沟通协作方式、开发进度、经费预算、项目内外环境条件、风险对策等内容以书面的方式描述出来，作为项目团队成员以及项目关系人之间的共识与约定，是项目生命周期内所有项目活动的行动基础，是项目团队开展和检查项目工作的依据。

模板 1-5 智慧园区-系统开发计划

（2）ModelArts 开发流程。AI 是通过机器来模拟人类认识能力的一种科技能力。AI 的核心能力就是根据给定的输入作出判断或预测。AI 开发的目的是将隐藏在一大批数据背后的信息集中处理并进行提炼，从而总结得到研究对象的内在规律。对数据进行分析，一般通过使用适当的统计、机器学习、深度学习等方法，对收集的大量数据进行计算、分析、汇总和整理，以求最大化地开发数据价值，发挥数据作用。

华为面向各行业 AI 应用的开发与研究，提供全流程、普惠的基础平台类服务，支持多种类别的通用 AI 能力（包括但不限于图像、视频、语音、自然语言处理、对话机器人等），能够帮助企业应用开发者迅速集成 AI 能力到业务应用，也可以支持物流、制造等行业解决方案实现。开发架构如图 1-13 所示。

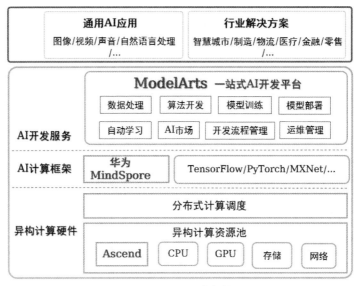

图 1-13　AI 开发架构

异构计算硬件是加速 AI 计算的异构计算资源池，包括高性能的 AI 计算芯片使能的服务器（GPU、华为 Ascend）、高速高性能网络和存储，作为整体平台的硬件基础。

AI 计算框架支持端、边、云独立和协同统一的 AI 领域的训练和推理场景，支持不同的资源部署环境，以统一分布式架构支持机器学习和深度学习，提供跨平台、大规模、高并发的 AI 算法运行软件环境。

AI 开发服务（ModelArts）提供全流程的 AI 开发服务：海量数据处理、大规模分布式训练、自动化模型生成、端—边—云模型按需部署、运维管理，帮助用户快速创建和部署模型、管理全周期 AI 工作流，满足不同开发层次的需要，降低 AI 开发和使用门槛，实现系统的平滑、稳定、可靠运行。

AI 开发的基本流程通常可以归纳为以下几个步骤：确定目的、准备数据、训练模型、评估模型、部署模型。

1）确定目的。在开始数据分析之前，必须明确要分析什么，你的数据对象是谁，要解决什么问题，商业目的是什么。数据分析师对这些都要了然于心，基于商业的理解整理分析框架和分析思路。例如，减少老客户的流失、优化活动效果、提高客户响应率等。不同的项目对数据的要求及使用的分析手段也是不一样的。

2）准备数据。准备数据主要是指收集和预处理数据的过程，按照确定的分析目的有目的地收集、整合相关数据，是 AI 开发的一个基础。此时最重要的是保证获取数据的真实可靠性。而事实上，不能一次性将所有数据都采集全，因此，在数据标注阶段你可能会发现还缺少某一部分数据源，反复调整优化。

3）训练模型。俗称"建模"，指通过分析手段、方法和技巧对准备好的数据进行探索分析，从中发现因果关系、内部联系和业务规律，为商业目的提供决策参考。模型训练的结果通常是一个或多个机器学习或深度学习模型，模型可以应用到新的数据中，得到预测、评价等结果。业界主流的 AI 引擎有 TensorFlow、Spark_MLlib、MXNet、Caffe、PyTorch、XGBoost-Sklearn 等，大量的开发者基于主流 AI 引擎开发并训练其业务所需的模型。

4）评估模型。训练得到模型之后，整个开发过程还不算结束，需要对模型进行评估和考察。往往不能一次性获得一个满意的模型，需要反复地调整算法参数、数据，不断评估训练生成的模型。一些常用的指标，如准确率、召回率、AUC 等，能帮助您有效地评估，最终获得一个满意的模型。

5）部署模型。模型的开发训练是基于之前已有的数据（有可能是测试数据），而在得到一个满意的模型之后，需要将其应用到正式的实际数据或新产生的数据中进行预测、评价，或以可视化和报表的形式把数据中的高价值信息以精辟易懂的形式提供给决策人员，帮助其制定更加正确的商业策略。

繁多的 AI 工具安装配置、数据准备与模型训练慢等是困扰 AI 工程师的诸多难题。为解决这个难题，将一站式的 AI 开发平台（ModelArts）提供给开发者，从数据准备到算法开发、模型训练，最后把模型部署起来，集成到生产环境，一站式完成所有任务。ModelArts 架构如图 1-14 所示。ModelArts 面向应用开发者、公民数据科学家、AI 专家、智能运维（AIOps）等不同的 AI 开发者提供全流程的 AI 开发服务：海量数据处理、大规模分布式训练、端—边—云模型按需部署、运维管理，帮助用户快速创建和部署模型、管理全周期 AI 工作流，满足不同开发层次的需要，降低 AI 开发和使用门槛，实现系统的平滑、稳定、可靠运行。

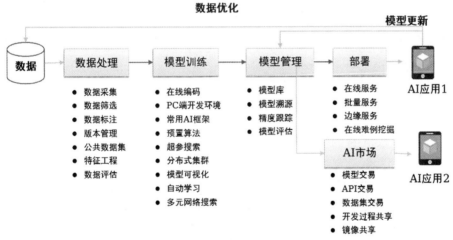

图 1-14　ModelArts 架构

ModelArts 训练中针对不同类型的用户提供便捷易用的使用流程。例如，面向业务开发者，不需要关注模型或编码，可使用自动学习流程快速构建 AI 应用；面向 AI 初学者，不需要关注模型开发，使用预置算法构建 AI 应用；面向 AI 工程师，提供多种开发环境、多种操作流程和模式，方便开发者编码扩展，快速构建模型及应用。

面向业务开发者，采用全程 UI 向导，无需代码自动学习开发工具，零 AI 基础构建模型。AI 要规模化走进各行各业，就必须要降低 AI 模型开发的难度和门槛。ModelArts 自动学习是帮助人们实现 AI 应用的低门槛、高灵活、零代码的定制化模型开发工具。自动学习功能根据标注数据自动设计模型、自动调参、自动训练、自动压缩和部署模型。开发者无需专业的开发基础和编码能力，只需上传数据，通过自动学习界面引导和简单操作即可完成模型训练和部署。模型训练过程支持查看训练详情信息、服务资源消耗情况、配置信息、日志、资源占用情况、模型评估、TensorBoard 可视化、版本比对等，训练过程和质量更可控。

面向 AI 工程师，ModelArts 平台提供了从数据准备到模型部署的 AI 全流程开发，针对每个环节，其使用是相对自由的。AI 工程师可以选择其中一种方式完成 AI 开发。其开发流程如图 1-15 所示。AI 开发中，采用交互式 Notebook 建模，更加开放。Notebook 支持 Python 建模语言；支持多种资源类型和规格灵活选择：CPU/GPU/Ascend；支持自动停止，用户可自定义配置停止时间；内置 MindSpore、TensorFlow、Pytorch、Spark MLlib、Scikit-Learn、XGBoost 等 AI 引擎库，并且支持用户自行安装更多算法库（pip install）。在训练模型中调用预置算法、常用框架、自定义镜像来提升效率，在部署模型中通过在线服务、批量服务、边缘服务实现端—边—云全场景 AI 模型部署。

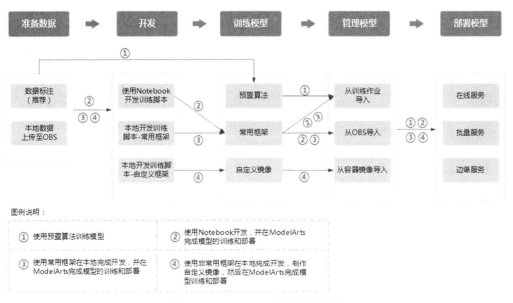

图 1-15　ModelArts 开发流程详解

AI 市场是在 ModelArts 的基础上构建的开发者生态社区，提供模型、算法、HiLens 技能、数据集等内容的共享，为科研机构、AI 应用开发商、解决方案集成商、企业级个人开发者等群体提供安全、开放的共享及交易环节，加速 AI 产品的开发与落地，保障 AI 开发生态链上各参与方高效地实现各自的商业价值。在 AI 市场中，通过提供托管与分享 AI 数字资产的能力，开发者借助可复用的数字资产，减少 50%以上重复的研发工作，让开发者有开源数据集可用，有 Notebook 开发案例可学习，有 AI 挑战赛可以参加/自助举办，有委托任务可以领取/发布，有渠道可以商业变现。华为通过搭建以数据、模型、应用为基础的 ModelArts AI 共享平台帮助企业轻松构筑内外部 AI 生态。

对象存储服务（OBS）是 ModelArts 开发工具中的一款稳定、安全、高效、易用的云存储服务，具备标准 Restful API 接口，可存储任意数量和形式的非结构化数据。OBS 的主要优势如下：

1）数据稳定，业务可靠。OBS 支撑华为手机云相册，数亿用户访问，稳定可靠。通过跨区域复制、AZ 之间数据容灾、AZ 内设备和数据冗余、存储介质的慢盘/坏道检测等技术方案，保障数据持久性高达 99.9999999999%，业务连续性高达 99.995%，远高于传统架构。

2）多重防护，授权管理。OBS 通过可信云认证让数据安全可靠。支持多版本控制、敏感操作保护、服务端加密、防盗链、VPC 网络隔离、访问日志审计和细粒度的权限控制，保障数据安全可信。

3）千亿对象，千万并发。OBS 通过智能调度和响应优化数据访问路径，并结合事件通知、传输加速、大数据垂直优化等为各场景下用户的千亿对象提供千万级并发、超高带宽、稳定低时延的数据访问体验。

4）简单易用，便于管理。OBS 支持标准 REST API、多版本 SDK 和数据迁移工具，让业务快速上云。无须事先规划存储容量，存储资源和性能可线性无限扩展，不用担心存储资源扩容、缩容问题。OBS 支持在线升级、在线扩容，升级扩容由华为云实施，客户无感知。同时提供全新的 POSIX 语言系统，应用接入更简便。

5）数据分层，按需使用。提供按量计费和包年包月两种支付方式，支持标准、低频访问、归档数据、深度归档数据独立计量计费，降低存储成本。

ModelArts 服务软件开发工具包（ModelArts SDK）是对 ModelArts 服务提供的 REST API 进行的 Python 封装，以简化用户的开发工作。用户直接调用 ModelArts SDK 即可轻松管理数据集、启动 AI 训练以及生成模型并将其部署上线。ModelArts SDK 目前只提供 Python 语言的 SDK，同时支持 Python 2.7、Python 3.6 和 Python 3.7。

由于 AI 开发者会使用 PyCharm 工具开发算法或模型，为方便快速将本地代码提交到公有云的训练环境，ModelArts 提供了一个 PyCharm 插件工具 PyCharm ToolKit，协助用户完成代码上传、提交训练作业、将训练日志获取到本地展示等，用户只需要专注于本地的代码开发即可。PyCharm ToolKit 支持 Windows、Linux 和 Mac 版本的 PyCharm。

（3）Mind Studio 基本使用。Mind Studio 是一个基于 IntelliJ 框架的开发工具链平台，不仅提供了应用开发、调试、模型转换功能，还提供了网络移植、优化和分析功能，为用户开发应用程序带来了极大的便利。Mind Studio 功能架构如图 1-16 所示。

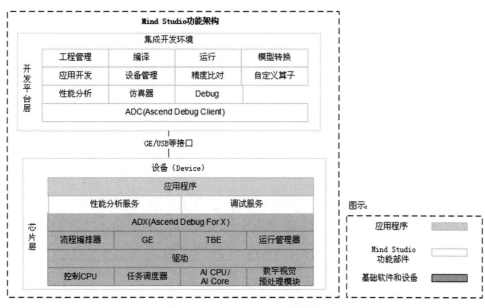

图 1-16 Mind Studio 功能架构

Mind Studio 的主要功能有：

1）针对算子开发。提供全套的算子开发、调优能力。通过 Mind Studio 提供的工具链也可以进行第三方算子开发，降低了算子开发的门槛，并提高算子开发及调试调优的效率，有效提升了产品竞争力。

2）针对网络模型的开发。集成了离线模型转换工具、模型量化工具、模型精度比对工具、模型运行性能分析工具、日志分析工具，提升了网络模型移植、分析和优化的效率。

3）针对计算引擎开发。预置了典型的分类网络、检测网络等计算引擎代码，降低了开发者的技术门槛，加快了开发者对 AI 算法引擎的编写及移植效率。

4）针对应用开发。集成了各种工具如分析器（Profiler）和编译器（Compiler）等，为开发者提供了图形化的集成开发环境，通过 Mind Studio 能够进行工程管理、编译、调试、性能分析等全流程开发，很大程度上提高了开发效率。

Mind Studio 只能安装在 Ubuntu 服务器上，可以在 Ubuntu 服务器上使用原生桌面自带的终端 gnome-terminal 进行安装，也可以在 Windows PC 上通过 SSH 登录到 Ubuntu 服务器进行安装。因为 Mind Studio 是一款 GUI 程序，所以在 Windows PC 上通过 SSH 登录到 Ubuntu 服务器进行安装时需要使用集成了 Xserver 的 SSH 终端（如 MobaXterm）。

界面参数及工程管理说明如下：

- Create New Project：创建新工程，创建后工程保存在 $HOME/AscendProjects 目录中。
- Open Project：打开已有工程。
- Checkout From Version Control：从 Git 等版本控制工具导出工程。
- 启动：以 Mind Studio 安装用户，进入软件包解压后的 MindStudio-ubuntu/bin 目录，执行如下命令启动：bash MindStudio.sh &。
- 关闭：在 Mind Studio 运行界面中直接单击窗口右上角的 × 按钮。

首次登录：在 Welcome to Mind Studio 窗口中单击 Create New Project 按钮。

非首次登录：在顶部菜单栏中单击 File→New→Project。

选择工程类型：

- Create Empty Project：创建一个仅包括开发框架的工程，不含具体的代码逻辑。
- Classification（resnet50）：创建一个以 acl_resnet50 样例为模板的工程。

运行管理：Mind Studio 主界面，在界面右上方选择 Edit Configurations，左侧导航栏选择待修改的运行配置信息，并在右侧修改相应的配置信息。如果想中断运行 UT/ST/整网测试用例，可以单击红色方框按钮 ■，从而查看运行日志并打印。

设备管理：设备管理功能提供了增加、删除、修改等功能，方便用户对设备进行管理：在 Mind Studio 主界面菜单栏中单击 Tools→Device Manager，设备管理各参数说明如表 1-8 所示。

表 1-8　设备管理参数及图标

参数及图标	说明
Host IP	设备侧 IP 地址
ADA Port	ADC 与 ADA 通信使用的端口号，取值范围为[20000~25000]，请确保该端口不被占用。查询端口是否被占用的命令是：netstat -an | grep 端口号（默认 22118）
Alias	设备的别名，在有多个设备时，方便用户管理设备信息
Target	设备类型： EP：ASIC 形态（如 Atlas 200/300/500 等） RC：Atlas 200 DK 开发者板形态

参数及图标	说明
Run Version	设备软件包版本号
Connectivity	Mind Studio 与设备连接状态： YES：连接成功 NO：连接失败
+	增加设备，已经完成设备增加后，可以继续单击该按钮增加多个设备
-	删除设备，选中需要删除的设备，单击该按钮进行删除
✎	编辑设备，选中需要编辑的设备，单击该按钮，修改 Host IP、ADA Port、Alias 信息
↻	检查设备连接状态，修改了设备信息后可以通过单击该按钮刷新设备连接状态、软件版本号及设备类型

ADK 版本管理：ADK Manager 为用户提供了在不重装 Mind Studio 的前提下切换以及更新 ADK 版本的功能。使用该功能之前，请确保已经完成 Mind Studio 和 ADK 的安装。各参数说明如表 1-9 所示。

表 1-9　ADK Manager 参数说明

参数及图标	说明
Package Location	ADK 包的安装路径，默认为$HOME/.mindstudio/huawei/adk/{software version}，通过单击右侧的 📁 图标可以进行多版本 ADK 切换
Install Packages	更新 ADK 包的入口
Component	组件名称
Package Version	ADK 版本号以及各软件包版本号
Host OS Arch	Host 侧操作系统以及架构
Activation	安装的 ADK 以及软件包是否激活，若显示为 Activated，则表示当前安装的 ADK 版本已经激活，ADK 功能可用
Status	ADK 以及软件包的安装状态： Installed：ADK 或软件包已经安装 Not Installed：ADK 或软件包未安装 只有安装且已经激活的 ADK 才可用
🗑	卸载 ADK 按钮 只有该按钮为可编辑状态才允许操作
↻	ADK 激活按钮 只有该按钮为可编辑状态才允许操作 注意：只能有一个版本的 ADK 处于激活状态。只有处于激活状态的 ADK 才可用

模型转换：用户使用 Caffe、Tensorflow 等框架训练好的模型，可通过 ATC 工具将其转换为昇腾 AI 处理器支持的离线模型，模型转换过程中可以实现算子调度的优化、权重数据重排、内存使用优化等，可以脱离设备完成模型的预处理。

- 在菜单栏中单击 Tools→Model Converter。
- 在菜单栏中单击 View→Toolbar，菜单栏下方会出现一行工具栏，单击 🔄 图标。
- 模型可视化：对于已经转换成功的.om 模型文件，可以在 Mind Studio 界面呈现其网络拓扑结构，并可以查看模型所使用的算子。

- 在菜单栏中单击 Tools→Model Visualizer，选择要可视化的模型。
- 依次中单击 resnet50→device，选择模型转换中已经转换成功的 resnet50.om 模型文件，单击 Open 按钮。

精度对比：在模型转换过程中对模型进行了优化，包括算子消除、算子融合、算子拆分，可能会造成自有实现的算子运算结果与业界标准算子（如 Caffe、TensorFlow）运算结果存在偏差。精度比对工具提供比对华为自有模型算子的运算结果与 Caffe、TensorFlow 标准算子的运算结果，以便确认误差发生的算子，帮助开发人员快速解决算子精度问题。目前提供的比对方法是 Vector 比对，包含余弦相似度、最大绝对误差、累积相对误差、欧氏相对距离、KLD 散度、标准差的算法比对。在菜单栏中单击 Tools→Model Accuracy Analyzer，进入比对界面。

Profiling 工具：单算子仿真工程，在执行 ST 测试时设置运行配置参数 Target 为 Simulator_Performance，并运行 ST 测试用例。Profiling 执行成功后，在 IDE 下方控制台会展示执行仿真过程中所生成的 Profiling 性能数据。

右击算子工程名称，选择 View Profiling Result 查看 Profiling 性能数据，主要包括 Perf. Consumption Graph、Perf.Consumption Data、Hotspot Func Analysis、WR BufferInfo、Parallel Analysis。

Profiling 提供针对 APP 工程的硬件和软件性能数据采集、分析、汇总展示，总体流程如下：

- 运行 Profiling 采集。确保 APP 工程可正常执行的条件下，用户在配置界面开启 Profiling 开关。
- Profiling 采集性能数据。Mind Studio 编译当前工程生成可执行文件，并将可执行文件复制到设备侧，Mind Studio 向 Profiling 工具下发数据采集指令，由 Profiling 工具完成设备侧数据采集任务。采集结束后，将生成的数据文件复制到 Mind Studio 侧。
- Mind Studio 查询并解析数据。Profiling 采集结束后，Mind Studio 调用 Profiling 工具接口查询数据，并将数据以 JSON 格式存储在"工程目录/profiling"目录下。
- Mind Studio 展示性能数据。Mind Studio 通过对 JSON 文件进行数据处理生成前端展示视图数据，此时用户可通过右击工程文件名并选择 View Profiling Result 菜单进行数据图形化展示。

日志工具：Mind Studio 为昇腾 AI 处理器提供覆盖全系统的日志收集与日志分析解决方案，提升运行时算法问题定位效率。Mind Studio 提供全系统统一的日志格式，并以图形化的形式提供跨平台日志可视化分析能力及运行时诊断能力，提升日志分析系统的易用性。通过 Log 工具可以进行以下操作：

- 日志管理：在 Mind Studio 窗口底部单击+Log 标签。
- 设置日志级别：选中某个设备，右击并选择 Set Log Level。

4. 测试计划与测试方案设计

（1）测试计划。测试计划是组织管理层面的文件，从组织管理的角度对一次测试活动进行规划。它是对测试全过程的组织、资源、原则等进行规定和约束，并制定测试全过程各个阶段的任务以及时间进度安排，提出对各项任务的评估、风险分析和需求管理。测试计划要能从宏观上反映项目的测试任务、测试阶段、资源需求等。测试计划的内容会因项目的级别、项目的大小、测试级别的不同而不同，所以它可多可少，但是一份测试计划应该包括项目简介、测试环境、测试策略、风险分析、人员安排、资源分配等内容。

编写测试计划的目的主要是让项目经理及测试主管更好地把控项目进度，进行相应资源调配等；其次是测试组成员清楚整个项目计划情况，清楚不同阶段所要进行的工作内容及时间；最后是便于其他成员了解测试组的工作任务安排，更好地进行团队协作。

测试负责人在需求分析阶段之后，在开展具体测试活动之前，主要参考需求规格说明书，以需求和项目计划为输入进行测试计划编写。测试计划属于测试计划阶段。在测试计划编写中要阐明以下内容：进行测试任务划分；进行测试工作量估计；人员和资源分配；明确任务的时间和进度安排；风险估计和应急计划。测试计划编写完成后需要进行评审。

（2）测试方案设计（如模板 1-6 所示）。测试方案一般是对测试计划的进一步细化和明确，是技术层面的文档。它从技术的角度对一次测试活动进行规划工具的设计、测试用例的设计、测试数据的设计。它是描述需要测试的特性、测试的方法、测试环境的规划、测试工具的设计和选择、测试用例的设计方法、测试代码的设计方案。

模板 1-6　智慧校园-测试计划方案

软件测试方案的作用类似于产品设计说明书（即概要设计和详细设计），开发工程师根据产品功能需求和设计说明来编码实现功能，而测试工程师需要基于产品功能需求和测试方案来设计和执行测试用例。测试方案是从测试的角度去分析或者说分解需求，在方向上明确要怎么测，分析结果就是测试点和测试方法。

测试方案属于测试设计阶段，一般由经验丰富的测试人员设计。以需求规格说明书和概要设计说明书为输入。其中包括需求点简介、测试思路和详细测试方法等内容。在测试方案编写中要阐明以下内容：测试策略选取，明确策略；测试子项细分，细化测试特性形成测试子项；将测试计划中描述的方法进行细化，包括要采用的具体测试技术；测试用例的规划；测试环境的规划；自动化测试框架的设计；测试工具的设计和选择。测试方案编写完成后也需要进行评审。

测试方案需要在测试计划指导下进行，测试计划提出"做什么"，测试方案明确"怎么做"，方案是对计划的进一步细化和明确。两者既有联系又有区别，有时候也把计划和方案写在一个文档里面，具体需要根据软件项目规格大小以及实际应用环境来进行评判，测试人员应该具体问题具体分析，按照模板要素和需求设计去分析测试需求，进行测试任务规划，设计测试策略、测试项等，输出合理规范的测试计划和测试方案。

【任务实施】

1. Mind Studio 安装

（1）准备好 Ubuntu 18.04 服务器。

（2）更换 apt 下载源和 pip 下载源（海外用户忽略此步）。

1）命令行模式下使用 root 用户修改 vi /etc/apt/sources.list，或者在 Ubuntu 图形界面下操作，如图 1-17 所示。

2）切换到普通用户（安装 Mind Studio 的用户），执行如下命令配置 pip 下载源：

视频 1-1 AI 开发环境搭建及部署

```
cd $HOME
mkdir .pip
vi .pip/pip.conf
```

图 1-17 Ubuntu 图形界面

3）将下列三行添加到其中，添加完成后按 Esc 键退出编辑状态，输入 wq!保存退出。

[global]
trusted-host = mirrors.aliyun.com
index-url = http://mirrors.aliyun.com/pypi/simple/

4）执行如下命令更新下载源：

sudo apt update

（3）配置 Mind Studio 安装用户权限。Mind Studio 安装需要下载相关依赖软件，需要使用 sudo apt-get 权限，因此需要给 Mind Studio 的安装用户增加权限。

1）切换到 root 用户，给/etc/sudoers 文件赋予写权限：

su root
chmod u+w /etc/sudoers

2）打开/etc/sudoers 文件，并在# User privilege specification 下面增加如下内容：

username ALL=(ALL:ALL) NOPASSWD:SETENV:/usr/bin/apt-get, /usr/bin/pip, /bin/tar, /bin/mkdir, /bin/rm, /bin/sh, /bin/cp, /bin/bash, /usr/bin/make install, /bin/ln -s /usr/local/python3.7.5/bin/python3 /usr/bin/python3.7, /bin/ln -s /usr/local/python3.7.5/bin/pip3 /usr/bin/pip3.7, /bin/ln -s /usr/local/python3.7.5/bin/python3 /usr/bin/python3.7.5, /bin/ln -s /usr/local/python3.7.5/bin/pip3 /usr/bin/pip3.7.5, /usr/bin/unzip

说明：username 需要替换为安装用户名，请确保/etc/sudoers 文件的最后一行为 #includedir/etc/sudoers.d，如果没有该信息则需要手动添加。

3）按 Esc 键退出编辑状态，执行如下命令保存文件：

wq!

4）执行如下命令取消/etc/sudoers 文件的写权限：

```
chmod u-w /etc/sudoers
```

（4）安装依赖（在 Mind Studio 安装用户下执行）。

1）使用 apt-get 执行如下命令安装依赖：

```
sudo apt-get install -y gcc g++ make cmake unzip zlib1g zlib1g-dev libsqlite3-dev openssl libssl-dev
libffi-dev pciutils net-tools
sudo apt-get install -y xterm firefox xdg-utils fonts-droid-fallback fonts-wqy-zenhei fonts-wqy-microhei
fonts-arphic-ukai fonts-arphic-uming
sudo apt-get -y install libcanberra-gtk-module openjdk-8-jdk
sudo apt install -y git
sudo apt-get install -y qemu-user-static binfmt-support python3-yaml gcc-aarch64-linux-gnu g++
-aarch64-linux-gnu g++-5-aarch64-linux-gnu
```

2）编译安装 Python 3.7.5。

下载 Python 3.7.5 源码包并解压缩。

```
wget https://www.python.org/ftp/python/3.7.5/Python-3.7.5.tgz
tar -zxvf Python-3.7.5.tgz
```

进入解压后的文件夹，执行配置、编译和安装命令。

```
cd Python-3.7.5
./configure --prefix=/usr/local/python3.7.5 --enable-shared
make
sudo make install
```

执行如下命令，将编译后的文件复制到/usr/lib 目录：

```
sudo cp /usr/local/python3.7.5/lib/libpython3.7m.so.1.0 /usr/lib
```

执行如下命令设置相关软链接：

```
sudo ln -s /usr/local/python3.7.5/bin/python3 /usr/bin/python3.7
sudo ln -s /usr/local/python3.7.5/bin/pip3 /usr/bin/pip3.7
sudo ln -s /usr/local/python3.7.5/bin/python3 /usr/bin/python3.7.5
sudo ln -s /usr/local/python3.7.5/bin/pip3 /usr/bin/pip3.7.5
```

若设置软链接时提示链接已经存在，可以先执行如下命令删除原有链接，然后重新执行上一步的命令：

```
sudo ln -s /usr/local/python3.7.5/bin/python3 /usr/bin/python3.7
sudo ln -s /usr/local/python3.7.5/bin/pip3 /usr/bin/pip3.7
sudo ln -s /usr/local/python3.7.5/bin/python3 /usr/bin/python3.7.5
sudo ln -s /usr/local/python3.7.5/bin/pip3 /usr/bin/pip3.7.5
```

安装完成后，执行如下命令查看，若返回相应版本信息，则说明安装成功。

```
python3.7.5 -version
pip3.7.5 -version
```

3）安装 Python 3 开发环境。

```
pip3.7.5 install attrs -user
pip3.7.5 install psutil -user
pip3.7.5 install decorator -user
pip3.7.5 install numpy -user
pip3.7.5 install protobuf==3.11.3 -user
pip3.7.5 install scipy -user
pip3.7.5 install sympy -user
pip3.7.5 install cffi -user
```

```
pip3.7.5 install grpcio -user
pip3.7.5 install grpcio-tools -user
pip3.7.5 install requests -user
pip3.7.5 install gnureadline -user
pip3.7.5 install coverage -user
pip3.7.5 install matplotlib -user
pip3.7.5 install PyQt5==5.14.0 -user
pip3.7.5 install tensorflow==1.15 -user
pip3.7.5 install pylint -user
pip3.7.5 install tornado==5.1.0 --user
```

（5）安装相关套件包。

1）将两个开发套件包存放到 Mind Studio 安装用户家目录下任一路径，包文件名如下所示（20.0.0.B002 表示版本号）：

```
Ascend-Toolkit-20.0.0.B002-arm64-linux_gcc7.3.0.run
Ascend-Toolkit-20.0.0.B002-x86_64-linux_gcc7.3.0.run
```

2）执行如下命令，给软件包赋予执行权限并安装。

```
chmod +x *.run
./Ascend-Toolkit-20.0.0.B002-arm64-linux_gcc7.3.0.run -install
./Ascend-Toolkit-20.0.0.B002-x86_64-linux_gcc7.3.0.run -install
```

说明：开发套件的默认安装路径为${HOME}/Ascend/ascend-toolkit。

（6）安装 Mind Studio。

1）将 Mind Studio 的包上传至安装用户家目录下任一路径中并解压。

```
tar zxvf mindstudio.tar.gz
```

2）进入 MindStudio-ubuntu/bin 目录，执行如下命令开启 Mind Studio 图形化界面。

```
bash MindStudio.sh &
```

3）首次开启 Mind Studio 时需要选择开发套件包的路径，操作图形界面如图 1-18 所示。

图 1-18　选择开发套件包的路径

2. ModelArts 实现端到端

（1）资源环境准备。

1）需要提前配置好资源。创建的实验资源均在"华北-北京四"区域下进行：成功注册华为云官网并通过认证，账号不能处于欠费或冻结状态。区域选择的步骤如下：先登录控制台，左上角会有区域的选择，选择"华北-北京四"。

2）获取访问密钥。登录华为云，鼠标移动至页面右上方的用户名处，在下拉列表中选择"账号中心"。

视频 1-2 ModelArts 端到端

进入"账号中心"页面，在"基本信息"页签中选择"管理我的凭证"。

进入"我的凭证"页面，选择"管理访问密钥"→"新增访问密钥"。

进入"新增访问密钥"页面，输入当前用户的登录密码，通过已验证手机或已验证邮箱进行验证，输入对应的验证码。

单击"确定"按钮，根据浏览器提示保存密钥文件，密钥文件会直接保存到浏览器默认的下载文件夹中。打开名称为 credentials.csv 的文件即可查看访问密钥（Access Key Id 和 Secret Access Key），如图 1-19 所示。

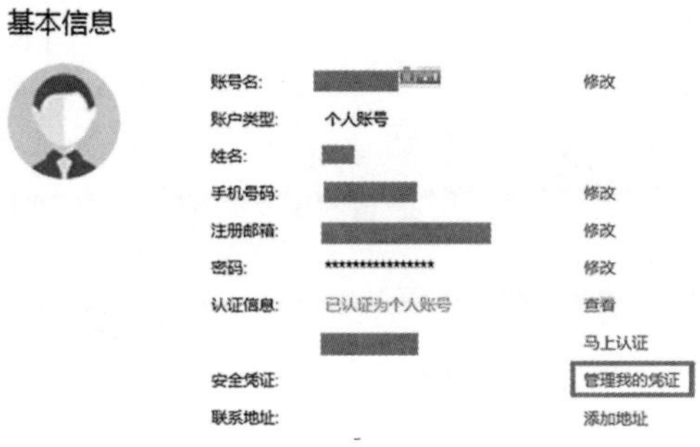

图 1-19　管理我的凭证

3）创建 OBS 桶。登录华为云控制台，进入"对象存储服务"，单击"创建桶"进入"创建桶"界面。

在"创建桶"界面中填写存储桶信息，如图 1-20 所示，"区域"选择"华北-北京四"，在"桶名称"文本框中输入 test-modelarts（可以自定义），"存储类别"选择"标准存储"，"桶策略"选择"私有"，"归档数据直读"选择"关闭"；"多 AZ"选择"开启"，单击"立即创建"按钮完成桶创建。

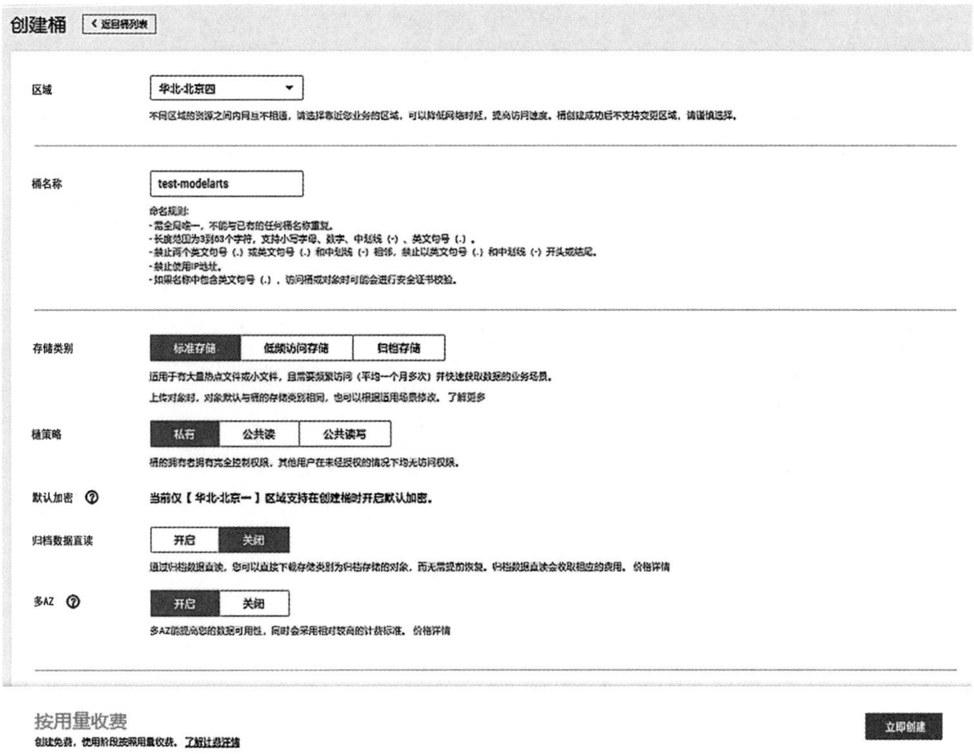

图 1-20　创建桶信息界面

4）创建文件夹。登录华为云控制台，进入"对象存储服务"，在桶列表中找到 test-modelarts 桶并单击，在 test-modelarts 桶界面中单击"对象"，弹出"对象"界面。

在"对象"界面中分别单击"新建文件夹"（图 1-21）创建三个文件夹：dataset-flowers、model-test、train-log。dataset-flowers 用于存储数据集，model-test 用于存储训练输出的模型和预测文件，train-log 用于存储训练作业的日志。

图 1-21　创建文件夹

（2）训练模型。

1）导入数据集。登录控制台，在华为云服务栏中输入需要找的服务 ModelArts，单击进入 ModelArts 服务界面，单击"自动学习"进入"添加访问密钥"页面，填写 AK/SK 信息，如图 1-22 所示。在数据集页面中单击"服务授权"，请求获取访问 OBS 的权限，单击"同意授权"。如果是数据大小超过 5GB 的文件则需要通过 OBS Browser 客户端上传，数据大小不超过 5GB 的文件，直接通过"控制台"上传。

图 1-22　添加访问密钥

下载附件提供的 dataset-flowers 文件夹。登录华为云控制台，进入"对象存储服务"，单击下载 OBS Browser。下载完成后，打开压缩包，找到 obs.exe 应用程序安装包，安装 OBS Browser 程序。

进入 OBS Browser 程序，单击右上角的人头像，找到"账号管理"，单击进入。打开之前下载的 credentials.csv 访问密钥的文件，找到账号的用户名、AK 和 SK。把 credentials.csv 访问密钥文件用户名、AK 和 SK 补充到添加新账户的信息中。核对信息无误后单击"确定"按钮。

找到之前创建的 test-modelarts 桶（图 1-23），单击进入。进入 test-modelarts 桶后，单

击"上传"按钮。选择上传文件夹，把附件中的 dataset-flowers 文件夹上传上去，并单击"确定"，因为文件较大，上传文件需要几分钟的时间，具体根据网速确定。

图 1-23　添加桶

回到 test-modelarts 桶页面，单击右上角上传的符号，进入正在上传文件进度的页面，查看文件是否正常上传。在上传文件进度的页面中选择正在运行的选项，若正在运行的内容为空，表示文件已上传完成。返回 OBS 控制台，等待几分钟的时间，若 test-modelarts 桶的对象数量显示是 7339，说明数据集文件已经上传成功。

2）训练模型。数据准备完成后，创建一个训练作业，选用预置算法 ResNet_v1_50，并最终生成一个可用的模型。ResNet_v1_50 算法基于"TensorFlow，TF-1.8.0-python2.7"引擎，其用途为图像分类。ModelArts 还提供其他的预置算法，如用途、引擎类型、精度等。

在 ModelArts 管理控制台，在左侧导航栏中选择"训练作业"，进入"训练作业"管理页面。单击"创建"进入"创建训练作业"页面。在"创建训练作业"页面中填写相关信息。基本信息区域的各项目设置为："计费模式"选择"按需计费"（系统自动生成），名称可自定义设置，如 trainjob-flowers 系统自动生成版本为 V0001。

参数配置区域的各项目设置如图 1-24 所示。由于导入的数据集已完成标注，因此数据来源处直接从数据存储位置导入即可。单击"数据存储位置"，再单击文本框右侧的"选择"按钮，选择数据集所在的 OBS 路径，如/test-modelarts/dataset-flowers/。

图 1-24　参数配置界面

"算法来源"选中"预置算法"后再选择 ResNet_v1_50 算法，默认包含 max_epoches 参数，默认值为 100。针对此示例，建议将 max_epoches 参数值修改为 10，1 个 epoch 代表整个数据集训练一遍，此运行参数表示训练 10 个 epoch，max_epoches 值越大训练时间越长。

设置"训练输出位置"为/test-modelarts/model-test/。从已有的 OBS 桶中选择模型和预测文件存储路径。使用准备工作中已创建好的 model-test 文件夹。如果没有可用文件夹，可以单击"选择"按钮，在弹出的对话框中新建文件夹。

设置"作业日志路径"为/test-modelarts/train-log/。从已有的 OBS 桶中选择日志存储路径。使用准备工作中已创建好的 train-log 文件夹。如果没有可用文件夹，可以单击"选择"按钮，在弹出的对话框中新建文件夹。

在资源设置区域中设置资源池为计算型 GPU（P100）实例，计算节点个数选 1。单击"下一步"按钮完成信息填写。在"规格确认"页面中确认训练作业的参数信息，确认无误后单击"提交"按钮。

在"训练作业"管理页面中可以查看新建训练作业的状态。训练作业的创建和运行需要一些时间，预计十几分钟，当状态变更为"运行成功"时表示训练作业创建完成。单击训练作业的名称，可进入此作业详情页面，了解训练作业的"配置信息""日志""资源占用情况"和"评估详情"等信息。在"训练输出位置"所在的 OBS 路径中，即/test-modelarts/model-test/路径，可以获取到生成的模型文件。

3）创建 TensorBoard。TensorBoard 是一个可视化工具，能够有效地展示 TensorFlow 在运行过程中的计算图、各种指标随时间的变化趋势以及训练中使用到的数据信息。TensorBoard 当前只支持基于 TensorFlow 和 MXNet 引擎的训练作业。

在 ModelArts 管理控制台，在左侧导航栏中选择"训练作业"，然后单击 TensorBoard 页签进入 TensorBoard 管理页面。在 TensorBoard 管理页面中单击"创建"。在"创建 TensorBoard"页面中设置相关参数（图 1-25），单击"下一步"按钮。

图 1-25   TensorBoard 参数设置

在"规格确认"页面中，信息确认完毕后单击"提交"按钮。进入 TensorBoard 管理页面，等待一段时间，当 TensorBoard 的状态为"运行中"时表示已创建成功。针对运行中的 TensorBoard，可以单击 TensorBoard 的名称跳转到其可视化界面。可以通过此界面的信息了解到此模型的具体训练过程。

4）导入模型。训练完成的模型还是存储在 OBS 路径中，可以将此模型导入到 ModelArts 中进行管理和部署。在 ModelArts 管理控制台中，单击左侧导航栏中的"模型管理"进入"模型管理"页面。在"模型管理"页面中单击"导入"。在"导入模型"页面中设置相关参数，然后单击"立即创建"。在创建页面中，"名称"填写 model-flowers；"版本"填写 0.0.1；"元模型来源"选择"从训练中选择"，"训练作业"设置为 trainjob-flowers，设置版本为 V0001；其他选项采用默认值。

模型导入完成后，系统将自动跳转至模型管理页面。可以在"模型管理"页面中查看。

（3）模型部署。模型导入完成后，可以将模型部署上线，可部署为"在线服务""批量服务"或"边缘服务"。下述操作步骤以部署为在线服务为例。

在"模型管理"页面中，单击操作列的"部署"，然后在下拉列表中选择"在线服务"，进入"部署"页面。在"部署"页面中设置相关参数，如图 1-26 所示。"计费模式"选"按需计费"，"名称"填写 service-flowers，"是否自动停止中"选择"是"，时间点设为 2 小时后，"资源池"选"公共资源池"，"选择模型及配置"中"模型列表"选 model-flowers，"版本"选 0.0.1，"计算节点规格"选"CPU：2 核 8GiB"，计算节点个数为 1。单击"下一步"按钮后，在"规格确认"页面中确认信息，然后单击"提交"按钮。

图 1-26　模型部署

在"部署上线"→"在线服务"页面中可以查看在线服务的相关信息。由于模型部署上线需要花费一些时间，需要等待几分钟。当在线服务的状态为"运行中"时表示在线服务已部署完成。

（4）结果验证。在线服务部署成功后，可以进入在线服务，发起预测请求进行测试。在"在线服务"管理页面中，单击在线服务名称进入在线服务详情页面。在线服务详情页面中，单击"预测"，进入"预测"页面。在"选择预测图片文件"右侧单击"上传"按钮，上传一张带花的图片，然后单击"预测"按钮。预测完成后，预测结果显示区域将展示预测结果，根据预测结果得分可识别出此图片的花为 tulips。

（5）资源释放。在完成所有实验之后，需要手动释放收费服务所占用的资源，包括删除 ModelArts、OBS 对象和桶。

1）删除在线服务。在"部署上线"页面中选择"在线服务"，单击所要删除的服务 service-flowers。进入 service-flowers 服务页面，单击右上角的"删除"。进入"确认删除服务"的页面后单击"确定"按钮。确认"在线服务"页面中已删除 service-flowers 服务。

2）删除 TensorBoard。在"训练作业"/"TensorBoard"页面中找到创建的 TensorBoard 服务 tensor-flowers，单击操作列的"删除"。进入"确认删除操作"页面后单击"确定"按钮。确认"训练作业"/"TensorBoard"页面中已删除 tensor-flowers 作业。

3）删除训练作业。在"训练作业"/"训练作业"页面中选择 trainjob-flowers 训练作业，单击操作列的"删除"。进入"确认删除操作"页面后单击"确定"按钮。确认"训练作业"/"训练作业"页面中已删除 trainjob-flowers 作业。

4）删除数据集。在"数据管理"/"数据集"页面中，在 flowers-test 数据集右侧，将鼠标移至数据集名称，然后单击"删除"按钮。在弹出的对话框中勾选"删除数据集同时删除桶内文件"并单击"确定"按钮，避免 OBS 因存储数据而继续收费。确认"flowers-test 数据集"已被删除。

5）删除模型。在"模型管理"页面中，模型列表中选择 model-flowers，在 model-flowers 数据集右侧将鼠标移至模型名称，然后单击"删除"按钮。在"确认删除模型"页面单击"确定"按钮。确认 model-flowers 模型已删除。

6）删除 OBS 文件夹和桶。未开启多版本控制的文件夹删除后会直接被删除，开启多版本控制的文件夹删除后会被放置到"已删除对象"列表中。登录控制台，进入对象存储服务，在桶列表中找到并单击进去当时创建的桶 test-modelarts。单击对象，找到当时自己创建的文件夹 dataset-flowers、model-test 和 train-log，单击"更多"→"删除"。进入"确认删除文件夹"页面，单击"是"按钮。

确认已删除 dataset-flowers、model-test 和 train-log 文件夹。进入"对象"/"已删除对象"页面，选择 dataset-flowers、model-test 和 train-log 文件夹，单击"删除"按钮。进入"确认删除文件夹（已删除对象）"页面，单击"是"按钮。删除完对象之后，回到桶列表的界面，单击"桶列表"。进入"桶列表"页面选择 test-modelarts 桶，单击 test-modelarts 桶列的"删除"。

7）删除 IAM 的委托。登录 IAM 控制台单击"委托"，找到创建的 modelarts_admin_agency 委托，单击"删除"。

8）资源自检。登录控制台，找到"我的资源"，单击查看全部区域资源。进入资源中心，选择区域"华北-北京四"，勾选"只显示有资源的服务"。

3. TensorFlow 环境搭建

（1）软件要求。本项目实施中所使用的系统和软件版本如表 1-10 所示，对于操作界面差异不大的版本没有列出，比如 Jupyter Notebook。

表 1-10　TensorFlow 环境搭建使用的系统和软件版本

类别	版本	获取方式	说明
Windows	Windows 10	—	需要是 64 位系统，CPU 支持 AVX2 指令集
MacOS	Catalina	—	需要是 64 位系统，CPU 支持 AVX2 指令集

续表

类别	版本	获取方式	说明
Ubuntu	Ubuntu 18.04.4	https://ubuntu.com/download/desktop	需要是 64 位系统，CPU 支持 AVX2 指令集
PyCharm	2020.1.4 Community Edition	https://www.jetbrains.com/PyCharm/download/#section=windows	—
Miniconda	Python 3.x	官方下载地址： https://docs.conda.io/en/latest/miniconda.html 清华镜像源地址： https://mirrors.tuna.tsinghua.edu.cn/anaconda/miniconda/	Miniconda 可在线安装不同的 Python 版本，无须刻意下载特定版本，但需要下载 64 位，Python 3.x 版本

（2）Windows 实验环境配置。

1）Miniconda 安装。从表 1-10 提供的链接下载 Miniconda 的 Windows 版本对应的 64 位安装包，由于官方源下载速度慢，实验所用安装包为清华源下载，带有 x86_64 的为 64 位安装包。双击安装包进行安装，单击 Next 按钮，然后选择安装位置，不要选择 C:盘。选中"环境变量"，这样可以直接在命令行中启动 Miniconda。等待安装成功，再单击 Finish 按钮。

2）创建虚拟环境。在 Windows 中有多种方式开启命令行窗口，这里介绍两种，按 Win+R 组合键，输入 cmd 后单击"确定"，或者任意打开一个文件夹，在上方地址栏输入 cmd，然后按回车键。

打开命令行窗口之后，输入以下命令创建虚拟环境，因为 MindSpore 和 TensorFlow 都需要大量的依赖包，如果安装在同一个环境可能会出现问题，所以需要为不同的框架创建不同的虚拟环境，输入以下命令分别为 MindSpore 和 TensorFlow CPU 版创建虚拟环境，如果 Python 版本不同会连网下载两个版本，指定 3.7.5 可节省下载时间，创建过程需要输入 y 确认。

```
conda create -n MindSpore python==3.7.5
conda create -n TensorFlow-CPU python==3.7.5
```

虚拟环境创建成功后输入对应名称即可进入对应虚拟环境，activate 后面对应虚拟环境名称，根据自己实际设置进行更改。

```
activate MindSpore
activate TensorFlow-CPU
```

3）pip 换源。Python 可以通过 pip 和 conda 两种方式来安装包，但是两者所安装的包并不完全兼容，在实际使用过程中建议只选择一种方式来安装包，本实验使用的是 pip，但是由于 pip 的官方源在国外，直连速度较慢，因此需要换成国内的镜像源。打开此电脑，进入 C:盘，新建一个 pip 文件夹。新建一个文本文件，改名为 pip.ini，该文件就是 pip 的配置文件，如果改完之后图标没有变化，说明没有显示文件扩展名，单击"查看"，随后勾选"显示文件扩展名"。打开 pip.ini 文件，将以下内容粘贴进去并保存。更多关于 pip 换源的信息可以参考华为开源镜像站（https://mirrors.huaweicloud.com/）。

```
[global]
index-url = https://mirrors.huaweicloud.com/repository/pypi/simple
```

trusted-host = mirrors.huaweicloud.com
timeout = 120

4）安装 MindSpore。新建一个命令行窗口，输入下述命令激活 MindSpore 安装虚拟环境。

activate MindSpore

输入以下命令安装 MindSpore 1.0 版本，因为版本更新较快，可以参考官网安装 MindSpore 不同的版本（https://www.mindspore.cn/install）。

pip install https://ms-release.obs.cn-north-4.myhuaweicloud.com/1.0.1/MindSpore/cpu/windows_x64/
mindspore-1.0.1-cp37-cp37m-win_amd64.whl --trusted-host ms-release.obs.cn-north-4.myhuaweicloud.com -i
https://pypi.tuna.tsinghua.edu.cn/simple

安装成功后输入 Python，在命令行中进入开发环境，输入以下命令导入 MindSpore，如果没有报错则安装成功。

import mindspore

5）安装 TensorFlow CPU 版。建一个命令行窗口，输入以下命令激活 MindSpore 安装虚拟环境。

activate TensorFlow-CPU

输入以下命令安装 TensorFlow 最新版本，如果实验需要指定版本的 TensorFlow，可以输入第二行命令指定版本，可以参考官网安装介绍（https://tensorflow.google.cn/install）。

pip install tensorflow-cpu -i https://pypi.tuna.tsinghua.edu.cn/simple
pip install tensorflow-cpu==2.1 -i https://pypi.tuna.tsinghua.edu.cn/simple

安装成功后输入 Python，在命令行中进入开发环境，输入以下命令导入 TensorFlow，如果没有报错则安装成功。

import tensorflow

6）安装 TensorFlow GPU 版。安装 GPU 版的 TensorFlow 需要电脑安装有英伟达的显卡，可通过以下步骤查看显卡型号：

右击桌面上的"此电脑"图标，单击"管理"。在弹出的界面中单击"设备管理器"→"显示适配器"（图 1-27），如果有英伟达（NVIDIA）的显卡，则可以继续操作，否则跳过这一步。

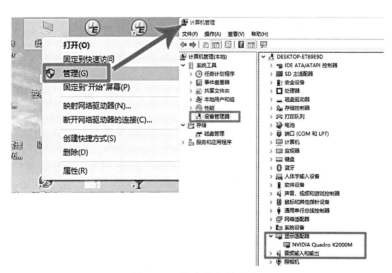

图 1-27　检查英伟达显卡

确认硬件支持之后，需要在电脑上安装 CUDA 和 cuDNN，单击以下链接下载 CUDA，TensorFlow2.2 需要的 CUDA 版本为 10.1，建议选择下载离线安装包（图 1-28）。

https://developer.nvidia.com/cuda-10.1-download-archive-update2?target_os=Windows&target_arch=x86_64&target_version=10

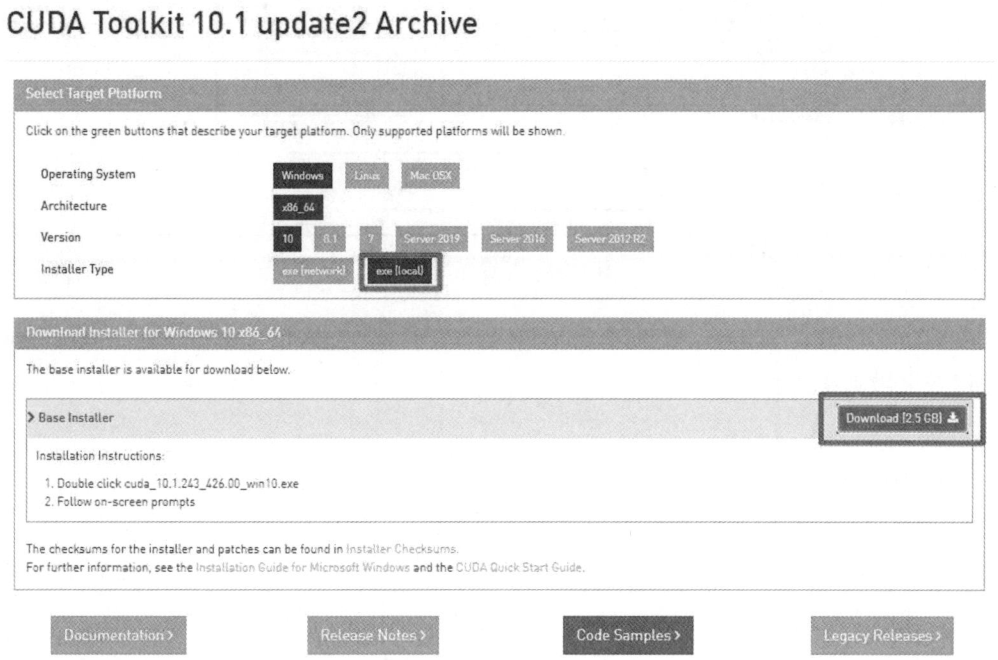

图 1-28　CUDA 下载界面

使用以下链接下载对应版本的 cuDNN：

https://developer.nvidia.com/rdp/cudnn-download

https://developer.nvidia.com/rdp/cudnn-archive

单击下载的 CUDA 安装包进行安装，第一步文件会自解压，这一步不用选位置，后续会自动清除。解压成功后会自动启动安装程序，单击"同意"并继续，选择"精简"，然后等待安装结束即可。

解压下载的 cuDNN，随后在 C:盘根目录下新建一个名为 tools 的文件夹，把解压后的 cuda 文件夹复制进去。接下来需要配置环境变量，右击"此电脑"，单击"属性"。随后单击"高级系统设置"，单击"环境变量"。下拉系统变量，找到 Path 一栏（图 1-29）。选择之后单击"编辑"，再单击"新建"，依次添加以下内容后单击"确定"按钮，依次关闭各个界面。

C:\Program Files\NVIDIA GPU Computing Toolkit\CUDA\v10.1\bin

C:\Program Files\NVIDIA GPU Computing Toolkit\CUDA\v10.1\include

C:\Program Files\NVIDIA GPU Computing Toolkit\CUDA\v10.1\lib\x64

C:\tools\cuda\bin

新建一个命令行窗口，输入以下命令新建一个虚拟环境，然后激活虚拟环境。

```
conda create -n TensorFlow-GPU python==3.7.5
activate TensorFlow-GPU
```

输入以下命令安装 TensorFlow GPU 版。

pip install tensorflow-gpu

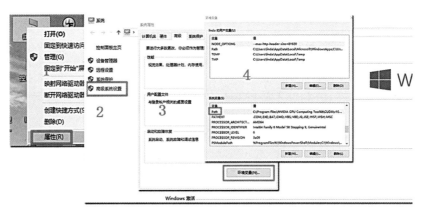

图 1-29　配置环境变量

安装成功后输入 Python，在命令行中进入开发环境，输入以下命令导入 TensorFlow，如果没有报错则安装成功。

import TensorFlow

（3）Ubuntu 环境配置。

1）Miniconda 安装。从表 1-10 提供的链接下载 Miniconda 的 Linux 版本对应的 64 位安装包，由于官方源下载速度慢，实验所用安装包为清华源下载，带有 x86_64 的为 64 位安装包。找到下载的文件，然后右击文件，单击 Properties，再单击 permissions，下方选中"执行"，添加文件执行权限。在文件所在文件夹位置右击空白处，新建一个终端，如果使用普通用户登录，需要输入以下命令切换到 bash 模式。输入以下命令执行安装文件，版本号以实际下载文件名称为准。

./Miniconda3-py38_4.8.2-Linux-x86_64.sh

安装过程需要同意安装协议，默认为 no，需要手动输入 yes。安装结束需要输入 yes 初始化 Miniconda。完成以上操作后 Miniconda 安装成功，需要关闭当前终端，新建一个终端完成后续操作。

2）创建虚拟环境。打开命令行窗口之后，输入以下命令创建虚拟环境，因为 MindSpore 和 TensorFlow 都需要大量的依赖包，如果安装在同一个环境可能会出现问题，所以需要为不同的框架创建不同的虚拟环境，输入以下命令分别为 MindSpore 和 TensorFlow CPU 版创建虚拟环境，如果 Python 版本不同会连网下载两个版本，指定 3.7.5 节省下载时间，创建过程需要输入 y 确认。

conda create -n MindSpore python==3.7.5
conda create -n TensorFlow-CPU python==3.7.5

输入以下命令可以激活对应虚拟环境。

conda activate MindSpore

3）pip 换源。Python 可以通过 pip 和 conda 两种方式来安装包，但是两者所安装的包并不完全兼容，在实际使用过程中建议只选择一种方式来安装包，本实验使用的是 pip，但是由于 pip 的官方源在国外，直连速度较慢，因此需要换为国内的镜像源，Ubuntu 系统本身也需要换源，这里默认系统已经完成换源设置。

新建一个终端，然后逐行输入以下命令，更新索引，安装 vim。

```
sudo apt-get update
sudo apt-get install vim
```

依次输入以下命令，创建并编辑 pip 配置文件。

```
mkdir ~/.pip/
touch ~/.pip/pip.conf
vim ~/.pip/pip.conf
```

按 i 键进入编辑模式，然后将以下内容复制到文件中，随后按 Esc 键，然后输入 "："，再输入 wq！保存并退出。

```
[global]
index-url = https://mirrors.huaweicloud.com/repository/pypi/simple
trusted-host = mirrors.huaweicloud.com
timeout = 120
```

更多 Python 换源的内容可参考链接 https://mirrors.huaweicloud.com/。

4）安装 MindSpore。新建一个命令行窗口，输入以下命令激活 MindSpore 安装虚拟环境。

```
activate MindSpore
```

输入以下命令安装 MindSpore 0.5 版本，因为版本更新较快，可以参考官网安装不同的版本：https://www.mindspore.cn/install。

```
pip install https://ms-release.obs.cn-north-4.myhuaweicloud.com/0.5.0-beta/MindSpore/cpu/ubuntu_x86/
mindspore-0.5.0-cp37-cp37m-linux_x86_64.whl
```

由于 GLIBC 包的依赖问题，Ubuntu 16.04 系统不支持 MindSpore，需要 Ubuntu 18 以上的版本。安装成功后输入 Python，在命令行中进入开发环境，输入以下命令导入 MindSpore，如果没有报错则安装成功。

```
import MindSpore
```

5）安装 TensorFlow CPU 版。建一个命令行窗口，输入以下命令激活 MindSpore 安装虚拟环境。

```
activate TensorFlow-CPU
```

输入以下命令安装 TensorFlow 最新版本，如果实验需要指定版本的 TensorFlow，可以输入第二行命令指定版本，可以参考官网安装介绍：https://tensorflow.google.cn/install。

```
pip install TensorFlow-CPU
pip install TensorFlow-CPU==2.1
```

安装成功后输入 Python，在命令行中进入开发环境，输入以下命令导入 TensorFlow，如果没有报错则安装成功。

```
import TensorFlow
```

（4）本地 IDE 使用配置。

1）Jupyter Notebook 配置。Jupyter Notebook 通过终端（命令行）启动，然后通过浏览器编辑代码，对于不同的操作系统差异不大，这部分内容适用于 Windows 和 Ubuntu。

2）Jupyter Notebook 安装。在任意位置启动一个终端（命令行），然后输入以下命令激活 Miniconda 的 base 环境。

```
#Windows
activate
```

```
#Ubuntu
conda activate
```

依次输入以下命令安装 Jupyter Notebook 和 ipykernl。

```
pip install jupyter notebook    -i https://pypi.tuna.tsinghua.edu.cn/simple
pip install ipykernel    -i https://pypi.tuna.tsinghua.edu.cn/simple
```

激活创建的虚拟环境，如 MindSpore，然后输入以下命令安装 ipykernl。

```
active MindSpore
pip install ipykernel    -i https://pypi.tuna.tsinghua.edu.cn/simple
```

输入以下命令将当前环境添加到 Jupyter Notebook 的 Kernel 中，其中第一个 MindSpore 为虚拟环境的名称，必须与创建的虚拟环境名称一致，第二个 MindSpore(0.5)为 Jupyter Notebook 中的显示名称，可根据自己喜欢取名。

```
python -m ipykernel install --user --name MindSpore --display-name "MindSpore(0.5)"
```

重复以上两个步骤，把所有虚拟环境都添加到 Jupyter Notebook 的 Kernel 中。

```
active TensorFlow-CPU
pip install ipykernel    -i https://pypi.tuna.tsinghua.edu.cn/simple
python -m ipykernel install --user --name TensorFlow-CPU --display-name "TensorFlow(CPU)"
active TensorFlow-GPU
pip install ipykernel    -i https://pypi.tuna.tsinghua.edu.cn/simple
python -m ipykernel install --user --name TensorFlow-GPU    --display-name "TensorFlow(GPU)"
```

3）Jupyter Notebook 内核切换。在放有代码的文件夹中启动一个终端，随后输入以下命令启动 Jupyter Notebook，Windows 系统如图 1-30 所示，可直接在地址栏中输入命令启动 Jupyter Notebook。

```
jupyter notebook
```

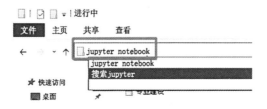

图 1-30　Windows 启动 Jupyter Notebook

Jupyter Notebook 启动成功后会自动打开浏览器，如果浏览器没有弹出，可以根据命令行提示粘贴 URL 到浏览器地址（图 1-31）。

图 1-31　Jupyter Notebook 后台日志

如图 1-32 所示，单击右上角即可创建指定 kernel 的文件。

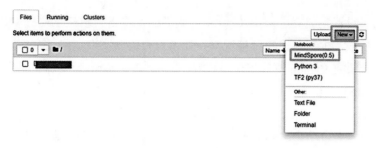

图 1-32 Jupyter Notebook 创建工程文件

如图 1-33 所示，文件创建成功后也可以更改 Kernel，更多关于 Jupyter Notebook 的操作可以参考链接：https://jupyter.org/。

图 1-33 Jupyter Notebook 切换 Kernel

4）PyCharm 安装。PyCharm 是一款 Python IDE，带有一整套可以帮助用户在使用 Python 语言开发时提高其效率的工具，如调试、语法高亮、Project 管理、代码跳转、智能提示、自动完成、单元测试、版本控制。此外，该 IDE 提供了一些高级功能，以用于支持 Django 框架下的专业 Web 开发，相较于 Jupyter Notebook，PyCharm 功能更为强大。

步骤 1 PyCharm 安装（Windows）。

通过表 1-10 提供的链接下载 PyCharm 社区版，然后双击安装包进行安装。选择软件安装位置，可以根据自己的需求更改位置。勾选"增加环境变量"和"右键关联功能"，随后单击"下一步"按钮即可安装完成，安装完成后需要重启电脑，勾选"增加环境变量"之后可以在命令行中输入 PyCharm 来启动程序，勾选"右键关联功能"则可以在新建文件夹的同时初始化一些 PyCharm 工程配置文件。

打开 PyCharm，然后勾选同意隐私协议。进入程序个性化设置界面，如果想使用默认设置也可单击"跳过"。随后进入程序开始界面，单击"新建工程"。接下来需要设置 Python 解释器位置，也就是告诉 PyCharm 使用哪个虚拟环境来运行代码，选择 Existing interpreter，然后单击"…"按钮。因为使用的是 Miniconda 创建的虚拟环境，所以左侧选择 Conda Environment，在右侧单击下拉按钮，解释器会自动带出，无需单击"…"按钮，勾选 Make available to all projects，这样后面不用每次创建工程都重复这一步。设置完成后单击 Create 即可创建成功。

步骤 2 PyCharm 安装（MacOS）。

通过表 1-10 提供的链接下载 PyCharm 社区版，然后双击安装包，随后将 PyCharm CE 拖动到 Applications 文件夹。安装完成后在启动器中启动程序，首次启动程序会弹出提示，单击"打开"按钮即可。PyCharm 首次开启需要勾选同意 PyCharm 隐私协议，单击"继续"按钮。进入程序个性化设置界面，如果是第一次使用，会有一些引导，也可以直接跳过个性化设置界面。设置完成后进入 PyCharm 开始界面，单击"新建工程"。PyCharm 会多次请求文件访问权限，根据自己实际情况来，如果没有重要文件，可以全部允许。

接下来需要设置 Python 解释器位置，也就是告诉 PyCharm 使用哪个虚拟环境来运行代码，选择 Existing interpreter，单击"…"按钮。

因为使用的是 Miniconda 创建的虚拟环境，所以左侧选择 Conda Environment，再单击下拉按钮，解释器会自动带出，无需单击"…"按钮，勾选"Make available to all projects"，这样后面不用每次创建工程都重复这一步。设置完成后，单击 Create 即可创建工程。

步骤 3　PyCharm 安装（Ubuntu）。

通过表 1-10 提供的链接下载 PyCharm 社区版,然后将下载的压缩包复制到想要安装的文件夹位置，在当前文件夹空白处右击，新建一个终端。依次输入以下命令先进入 bash 模式，随后解压压缩包，可按 Tab 键补齐。

```
bash
tar -zxvf PyCharm-community-2020.2.tar.gz
```

输入以下命令进入 PyCharm 解压路径的 bin 目录。

```
cd PyCharm-community-2020.2/bin/
```

输入以下命令启动 PyCharm。

```
./PyCharm.sh
```

在启动后的界面中勾选同意 PyCharm 隐私协议，单击"继续"按钮。选择不共享个人数据。进入程序个性化设置界面，如果是第一次使用，会有一些引导，也可以直接跳过个性化设置界面。设置完成后进入 PyCharm 开始界面，单击"新建工程"。接下来需要设置 Python 解释器位置，也就是告诉 PyCharm 使用哪个虚拟环境来运行代码，选择 Existing interpreter，再单击右边"…"按钮。因为使用的是 Miniconda 创建的虚拟环境，所以左侧选择 Conda Environment，然后在右侧单击下拉按钮，解释器会自动带出，无需单击右边的"…"按钮，勾选 Make available to all projects，这样后面不用每次创建工程都重复这一步。设置完成后单击 Create 按钮即可创建成功。

步骤 4　PyCharm 使用。

PyCharm 可以设置多个 Python 解释器，然后在实际编写代码时进行切换，但是同时只能使用一个 Python 解释器。

步骤 5　PyCharm 内核切换。

进入一个工程界面后,单击左上角的 File→Settings（MacOS 为 PyCharm→Preferences），然后进入工程设置界面。如图 1-34 所示，选择左侧工程下面的 Python Interpreter，然后在右侧下拉选择解释器。如果里面没有想要的虚拟环境，可以单击 Showall，然后单击右上角的加号图标，重复前面设置解释器的步骤。

【任务小结】

基于物联网技术智慧园区的技术架构体系主要由感知层、网络层、数据平台层、应用服务层 4 个层级构成。昇腾 AI 处理器的主要架构组成有芯片系统控制 CPU、AI 计算引擎、多层级的片上系统缓存或缓冲区、数字视觉预处理模块等。昇腾 AI 芯片的软件栈主要分为 4 个层次和一个辅助工具链。Atlas 人工智能计算平台全景主要是基于昇腾 310、910 芯片的 AI 处理器通过模块、板卡、小站、服务器、集群等丰富的产品形态形成 Atlas 人工智能计算解决方案。HiLens Kit 是一款具备 AI 推理能力的多媒体终端设备，包括云侧管理平台和端侧摄像头设备。云侧包括技能开发、设备管理、技能市场和数据管理功能，端侧设备由具备 AI 推理能力的摄像头和云上开发平台组成。软件架构是一个系统的草图，分为逻辑架构、物理架构和系统架构。AI 开发的基本流程通常为确定目的、准备数据、训练模型、评估模型和部署模型。AI 市场是在 ModelArts 的基础上构建的开发者生态社区，Mind Studio 是一套基于 IntelliJ 框架的开发工具链平台。测试计划是组织管理层面的文件，从组织管理的角度对一次测试活动进行规划。测试方案一般是对测试计划的进一步细化和明确，是技术层面的文档。

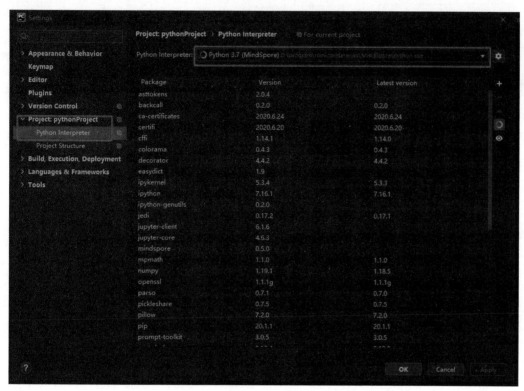

图 1-34　PyCharm 工程解释器切换界面

【考核评价】

评价内容	评分项	自评得分	教师考评得分	备注
学习态度	课堂表现、学习活动态度（40 分）			
知识技能目标	昇腾芯片（10 分）			
	HiLens Kit 的基本应用（10 分）			
	ModelArts 开发流程（10 分）			
	Mind Studio 基本使用（10 分）			
	软件设计方案，项目开发计划、测试方案设计与测试计划（20 分）			
总得分				

项 目 拓 展

1．在使用 ModelArts 完成 AI 全流程开发时，华为云提供了免费试用专区，让入门者免费体验 ModelArts 的全流程开发，请打开网址 https://support.huaweicloud.com/engineers-modelarts/modelarts_23_0229.html 进行免费体验。

2．在华为云（https://www.huaweicloud.com/）中搜索"园区智能体"，通过查看应用场景及方案架构认识华为云在智慧园区中的技术应用。

思考与练习

1．AI 芯片分为哪 4 类？

2．什么是 ASIC，有哪些优缺点？

3．ModelArts 的功能有哪些？

4．谈谈你对 MindStudio 的理解。

项目 2　智慧园区视觉模块开发

项目导读

随着信息技术的快速发展，视觉技术在智慧园区的智能管理中发挥的作用越来越大。由前端获取的视频流或图像流，通过视频系统与其他业务子系统的融合处理，实现对人员、车辆、物资数据的可视化，进行统筹管理，方便园区管理人员的分析决策，有效地改进园区信息化进程中资源利用率低、管理难、老旧复杂等问题。更为重要的是与用户实际业务的有机结合，实现优化业务流程，促进提高园区整体管理水平，帮助用户优化传统的安防管理方式。

智能视觉技术在园区的应用主要有门禁管理、车辆管理、防疫管理、环保管理、客流监控、安全行为监控、手势识别等。那么，视觉是如何被识别的？处理的过程又是怎样的？本项目将围绕视觉技术的概念、原理、模型、测试、分类、优势和应用场景等方面展开讨论，并通过相关实验进一步加深理解和实现 HiLens 视觉技能的开发和华为云服务的部署。

教学目标

- 了解常见的深度学习框架和卷积神经网络结构。
- 了解门禁管理、车牌识别、口罩检测、垃圾分类、目标检测与跟踪、人体姿态检测、手势识别等的相关概念、基本过程和相关技术。
- 掌握注册设备到 HiLens 管理控制台的方法和 HiLens 后端人脸检测技能的开发。
- 掌握应用 TensorFlow 实现人脸识别。
- 教导学生领会事物之间的关联，重视事务设计上逻辑性思维的形成。

任务 1　门　禁　管　理

【任务描述】

在日常生活中，经常会有外来人员未经授权就进入园区的现象，给园区造成了一定的安全隐患。那么，我们该如何通过相关技术和方法自动识别出外来人员，并限定其活动范围？而将生物学与计算机相结合的技术已成为许多门禁系统的研究方向。

华为 HiLens 智能边缘管理系统提供了边缘设备的管理平台，支持通过 Web 浏览器、Restful 接口对边缘设备（如 Atlas 200 HiLens Kit）进行初始化配置、硬件监控、软件安装等操作。本任务将围绕门禁管理中使用到的人脸识别的概念、深度学习的框架以及卷积神经网络的结构等方面展开讨论，并通过两个实验让读者掌握 HiLens 人脸识别技能的开发。

【任务目标】

- 了解门禁管理系统的模型。
- 掌握人脸识别技术的相关概念。
- 了解常见的深度学习框架。
- 掌握卷积神经的网络结构。
- 掌握注册设备到 HiLens 管理控制台的方法。

【知识链接】

1. 门禁管理系统概述

（1）认识门禁系统。门禁系统是可以控制人员出入及其在楼内及敏感区域的行为并准确记录和统计管理数据的数字化出入控制系统，它主要解决了企事业单位、学校、社区、办公室等重要场所的安全问题。在楼门口、电梯等处安装控制装置，例如门禁控制器、密码键盘等。住户要想进入，必须有卡或输入正确的密码，或按专用生物密码才能获准通过。门禁系统可有效管理门的开启与关闭，保证授权人员自由出入，限制未授权人员进入。

（2）人脸识别技术。门禁管理系统中主要使用到人脸识别技术。人脸识别（Face Recognition），是基于人的脸部特征信息进行身份识别的一种生物识别技术。它是使用摄像机或摄像头采集含有人脸的图像或视频流，并自动在图像中检测和跟踪人脸，进而对检测到的人脸进行脸部识别的一系列相关技术，通常也叫作人像识别或面部识别。通常我们所说的人脸识别是对基于光学人脸图像的身份识别与验证的简称。

人脸识别是借用计算机技术以生物体（一般特指人）本身的生物特征来区分生物的个体。生物特征识别技术所研究的生物特征包括脸、指纹、手掌纹、虹膜、视网膜、声音（语音）、体形、个人习惯（如敲击键盘的力度和频率）等。相应的识别技术就有人脸识别、指纹识别、掌纹识别、虹膜识别、视网膜识别、语音识别、体形识别、键盘敲击识别等。

虽然人脸识别有很多其他识别无法比拟的优点，但是它本身也存在许多不足。人脸识别被认为是生物特征识别领域甚至人工智能领域最困难的研究课题之一。人脸识别的困难主要是人脸作为生物特征的特点所带来的。由于不同个体之间的区别不大，所有人脸的结构都相似，甚至人脸器官的结构外形都很相似。这样的特点对于利用人脸进行定位是有利的，但是对于利用人脸区分人类个体则是不利的。人脸的外形很不稳定，人可以通过脸部的变化产生很多表情，而在不同观察角度，人脸的视觉图像也相差很大。另外，人脸识别还受光照条件（如白天和夜晚、室内和室外等）、人脸的遮盖物（如口罩、墨镜、头发、胡须等）、年龄、拍摄的角度等多方面因素的影响。

人脸识别的一般流程为：人脸检测，检测窗口有大小，一般只检出比检测窗口大的人脸，从图形中识别出一个区域为人脸；人脸定位，在识别的人脸中定位 M 个人脸关键点；人脸特征计算，根据人脸中定位的 M 个关键点计算人脸特征 N 维浮点向量（常见有 128 维、256 维、512 维等）以及人脸的置信度；人脸检索，根据人脸特征从人脸特征库中检索相似人脸，相似度常采用余弦夹角或欧氏距离度量。

在人脸检测和人脸定位过程中，还有人脸角度校正、人脸清晰度计算等相关操作。通常，人脸识别的前 3 个步骤即人脸检测、人脸定位、人脸特征计算需要串行执行，因此均包含在同一个模块中。依赖 GPU 加速缩短计算时间，该模块最终产出人脸特征（相对来说，其中的人脸检测步骤相对快一些）。

（3）人脸识别应用。

1）门禁系统：受安全保护的地区可以通过人脸识别辨识试图进入者的身份，如人脸识别门禁考勤系统、人脸识别防盗门等。

2）公安、司法和刑侦：如利用人脸识别系统和网络在全国范围内搜捕逃犯。

3）网络应用：利用人脸识别辅助信用卡网络支付、社保支付防止冒领等。

4）人证核验一体机：核验持证人和证件照是不是同一个人，例如火车和飞机安检。

人脸识别系统作为一种特殊的生物识别方法，相比于其他识别系统具有特异性强、识别误差小、使用方便和普适性优良等特点。

2. 深度学习简介

深度学习，是一种基于无监督特征学习和特征层次结构学习的模型，在计算机视觉、语音识别、自然语言处理等领域有着突出的优势。深度学习与传统机器学习的区别如表 2-1 所示。

表 2-1　传统机器学习与深度学习对比

传统机器学习	深度学习
对计算机硬件需求较小：计算量级别有限，一般无需配用 GPU 显卡做并行运算	对硬件有一定要求：大量数据需进行大量的矩阵运算，需配用 GPU 做并行运算
适合小数据量训练，再增加数据量难以提升性能	高维的权重参数，海量的训练数据下可以获得高性能
需要将问题逐层分解	"端到端"的学习
人工进行特征选择	利用算法自动提取特征
特征可解释性强	特征可解释性弱

深度学习一般指深度神经网络，深度指神经网络的层数（多层）。这是模拟人类的神经网络而构建的。在人工神经网络设计及应用研究中，通常需要考虑三个方面的内容，即神经元作用函数、神经元之间的连接形式和网络的学习（训练）。

目前，关于神经网络的定义尚不统一，按美国神经网络学家 Hecht Nielsen 的观点，神经网络的定义是："神经网络是由多个非常简单的处理单元彼此按某种方式相互连接而形成的计算机系统，该系统靠其状态对外部输入信息的动态响应来处理信息"。综合神经网络的来源、特点和各种解释，可表述为：人工神经网络（简称神经网络）是由人工神经元互连组成的网络，它是从微观结构和功能上对人脑的抽象、简化，是模拟人类智能的一条重要途径，反映了人脑功能的若干基本特征，如并行信息处理、学习、联想、模式分类、记忆等，旨在模仿人脑结构及其功能的信息处理系统。神经网络包括 ANN（人工神经网络）、DNN（深度神经网络）、CNN（卷积神经网络）、RNN（循环神经网络）、LSTM（长短期记忆网络）、GRU（门控逻辑单元）。

神经网络的发展历程（深度学习的里程碑）如图 2-1 所示。

（1）萌芽的神经网络（1958—1969 年）：1958 年 Rosenblatt 发明感知器（Perceptron）算法。1969 年美国人工智能先驱 Minsky 质疑感知器只能处理线性分类问题，连最简单的 XOR（异或）问题都无法正确分类，无法处理非线性数据。

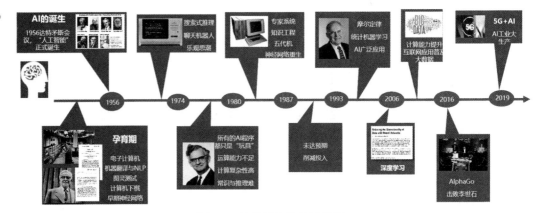

图 2-1　神经网络的发展历程

（2）发展中的神经网络（1986—1998 年）：第二代神经网络，深度学习之父 Hinton 在 1986 年发明了适用于多层感知器（MLP）的 BP 算法，并采用 Sigmoid 进行非线性映射，有效解决了非线性分类和学习的问题。1989 年，万能逼近定理被提出，Robert Hecht-Nielsen 证明对于任何闭区间内的一个连续函数 f 都可以用含有一个隐含层的 BP 网络来逼近。

（3）崛起的神经网络（2006 年以后）：2006 年成为 DL 元年，DL 是机器学习（ML）和人工智能的一个子集，Hinton 提出了深层网络训练中梯度消失问题的解决方案：无监督预训练对权值进行初始化和有监督训练微调。2012 年，在图像识别顶级比赛 ImageNet 图像识别比赛中 Hinton 课题组采用 CNN 神经网络碾压其他方法获得冠军，直接掀起深度学习热潮。2016 年，Google 采用深度学习的人工智能程序 AlphaGo 击败围棋世界冠军、职业九段棋手李世石，将深度学习热潮推上一个新的高度。

3. 卷积神经网络

（1）卷积神经网络概述。第一个卷积神经网络是 1987 年由 Alexander Waibel 等提出的时间延迟网络（Time Delay Neural Network，TDNN）。1988 年，张伟提出了第一个二维卷积神经网络——平移不变人工神经网络（SIANN），并将其应用于检测医学影像。LeCun（1989）对权重进行随机初始化后使用了随机梯度下降（Stochastic Gradient Descent，SGD）进行学习，这一策略被其后的深度学习研究所保留。此外，LeCun（1989）在论述其网络结构时首次使用了"卷积"一词，"卷积神经网络"也因此得名。

卷积神经网络（Convolutional Neural Network，CNN）是一种前馈神经网络，受生物学上感受野（Receptive Field）的机制而提出，对于图像处理有出色表现，在计算机视觉中得到了广泛的应用。卷积神经网络主要包括卷积层（Convolution Layer）、池化层（Pooling Layer）和全连接层（Fully Connected Layer）。卷积神经网络通过卷积层与池化层的叠加实现对输入数据的特征提取，最后连接全连接层实现分类。

动物视觉系统对外界的感知是：视觉皮层的每个神经元只响应某些特定区域的刺激（感受野），从局部到全局（信息分层处理机制）。卷积神经网络中每个神经元只需对局部图像进行感知；在更高层将局部的信息综合起来，得到全局信息。在视觉神经系统中，一个神经元的感受野是指视网膜上的特定区域，只有这个区域内的刺激才能够激活该神经元。

卷积神经网络十分适合用于大尺寸图像的学习：训练参数少（卷积操作、权值共享、池化操作减少了训练的参数）；平移不变性（图像被平移，卷积依然保证能检测到它的特征）；模式具有空间层次（当浅层的神经元学习到较小的局部模式后，后面的卷积层会将前一层学习到的模式组合成更高的模式）。

卷积神经网络有 3 个结构上的特性：局部连接、权重共享、空间或时间上的次采样。局部连接表现在进行图像识别的时候，不需要对整个图像进行处理，只需要关注图像中某些特殊的区域。权重共享，用同一个卷积核在整个图像区域都走一遍，神经元权重相同。采样是对图像像素进行下采样，并不会改变物体。虽然下采样之后的图像尺寸变小了，但是并不影响我们对图像中物体的识别。

（2）卷积神经网络结构。卷积神经网络保持了层级网络结构，不同层次使用不同的形式（运算）与功能。这些特性使得卷积神经网络具有一定程度上的平移、缩放和扭曲不变性。主要层次有数据输入层（Input Layer）、卷积计算层（Convolutional Layer）、ReLU 激励层（ReLU IncentiveLayer）、池化层（Pooling Layer）、全连接层（FC Layer）。

数据输入层和神经网络/机器学习一样，需要对输入的数据进行预处理操作。进行预处理的主要原因是：输入数据单位不一样，可能会导致神经网络收敛速度慢、训练时间长；数据范围大的输入在模式分类中的作用可能偏大，而数据范围小的作用就有可能偏小；由于神经网络中存在的激活函数是有值域限制的，因此需要将网络训练的目标数据映射到激活函数的值域；S 形激活函数在(0,1)区间以外区域很平缓，区分度太小，例如 S 形函数 f(x)，f(100)与 f(5)只相差 0.0067。数据输入层常见有 3 种数据预处理方式，分别是去均值、归一化、PCA 白化。去均值，将输入数据的各个维度中心化到 0；归一化，将输入数据的各个维度的幅度归一化到同样的范围；PCA 白化，用 PCA 降维（去掉特征与特征之间的相关性）。白化是在 PCA 的基础上，对转换后的数据每个特征轴上的幅度进行归一化。

卷积计算层由若干卷积单元组成，负责提取图像特征，主要作用是提取特征，属于构建神经网络的核心层。在其中产生大部分的计算量，我们也可以通过它提取图像的特征。大脑识别图片过程中，并不是直接一张图识别的，而是对识别的图片中的每一个特征首先局部感知，然后在更高层次对局部进行综合操作，从而得到全局信息。在 CNN 的术语中，3×3 的矩阵叫做"滤波器（Filter）"或"核（Kernel）"或"特征检测器（Feature Detector）"，通过在图像上滑动滤波器并计算点乘得到矩阵叫作"卷积特征（Convolved Feature）"或"激活图（Activation Map）"或"特征图（Feature Map）"。滤波器的作用或者说是卷积的作用，可以被看作神经元的一个输出，能够降低参数的数量。它会筛选合适的信息，过滤不匹配的信息。比如，卷积核 a，用来提取图片的形状信息；卷积核 b，用来提取图片的颜色信息。一个卷积核提取到的特征对应一个通道，不同卷积核得到的特征进行堆叠，形成具有多个不同通道的特征立方体。每一个卷积核相对于一个滤波器。

ReLU 激励层是把卷积层输出结果做非线性映射，因为卷积层的计算是一种线性计算，对非线性情况无法很好拟合。在 CNN 中一般使用 ReLU 函数作为激活函数将卷积层的输出结果做非线性映射，也就是做一次"激活"。ReLU 函数是从生物学角度模拟出脑神经元接收信号更加准确的激活模型。有时也会把卷积层和激励层合并在一起称为"卷积层"。

池化层主要作用是降采样（DownSampling），而不损坏识别结果。池化层本质上是下采样，为了描述大的图像，可以对不同位置的特征进行聚合统计；采用图像区域上某个特征的平均值或最大值，维度低且有效（不容易过拟合）。而最为常见的"最大池化（Max Pooling）"将输入的图像划分为若干个矩形区域，对每个子区域输出最大值。直觉上，这种机制能够有效的原因在于，在发现一个特征之后，它的精确位置远不及它和其他特征的相对位置的关系重要。池化层会不断地减小数据的空间大小，因此参数的数量和计算量也会下降，这在一定程度上也控制了过拟合。如图 2-2 所示，其中池化核的大小为 2（步长也是 2）。通常来说，CNN 的卷积层之间都会周期性地插入池化层。池化操作可以逐渐降低数据体的空间尺寸，这样的话就能减少网络中参数的数量，使得计算资源耗费变少，也能有效控制过拟合。通常卷积层和池化层会重复多次形成具有多个隐藏层的网络，俗称深度神经网络。

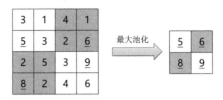

图 2-2　最大池化降采样

全连接层实质上是一个分类器，将前面经过卷积层与池化层所提取的特征，在全连接层中进行更好的特征分类，拉直后放到全连接层中，进行非线性组合以得到输出结果并分类。全连接层本身不被期望具有特征提取能力，而是试图利用现有的高阶特征完成学习目标。全连接层等价于传统前馈神经网络中的隐含层。全连接层位于卷积神经网络隐含层的最后部分，并只向其他全连接层传递信号。特征图在全连接层中会失去空间拓扑结构，被展开为向量并通过激励函数。通常我们使用 Softmax 函数作为最后全连接输出层的激活函数，把所有局部特征结合变成全局特征，用来计算最后每一类的得分。

在机器学习里有一个最基础、关键的要素就是损失函数，通过对损失函数的定义、优化，就可以衍生到现在常用的机器学习等算法中。损失函数（Loss Function）用来估量模型的预测值 f(x) 与真实值 Y 的不一致程度，它是一个非负实值函数。损失函数的作用是衡量模型预测的好坏，通常使用 L(Y,f(x)) 来表示，损失函数越小，模型的鲁棒性就越好。损失函数是经验风险函数的核心部分，也是结构风险函数的重要组成部分。模型的结构风险函数包括了经验风险项和正则项。

（3）卷积神经网络模型。在 CNN 网络结构的进化过程中，出现过许多优秀的 CNN 网络，如 LeNet、AlexNet、VGG-Net、GoogLeNet、ResNet、DesNet。这些模型在每层设置多少个卷积核，如何选择合适的卷积层数都有自己的设计特点。一些经典的网络模型有 LeNet（最早用于手写数字识别的 CNN 网络）、AlexNet（2012 年 ILSVRC 比赛冠军，比 LeNet 层数更深，这是一个历史性突破）、ZFNet（2013 年 ILSVRC 比赛效果较好，和 AlexNet 类似）、VGGNet（2014 年 ILSVRC 比赛分类亚军、定位冠军）、GoogleNet（2014 年 ILSVRC 分类比赛冠军）、ResNet（2015 年 ILSVRC 比赛冠军，碾压之前的各种网络）。

1）LeNet。1989 年，LeCun 等人提出了 LeNet 网络，这是最早的卷积神经网络，极大地推动了深度学习的发展。图 2-3 为 LeNet-5 网络架构。

这个网络一共有 5 层（仅包含有参数的层，无参数的池化层不算在网络模型之中，之后所说的层都不包括池化层），分别是输入层：输入尺寸 32×32；卷积层：2 个；池化层：2 个；全连接层：2 个；输出层：1 个，大小为 10×1。

输入层：LeNet 的输入是 32×32×1 大小的灰度图（只有一个颜色通道）。

C1（第一个卷积层）：对大小为 32×32×1 的灰度图进行卷积，卷积核大小为 5×5，步长 s 为 1，卷积核个数为 6，进行卷积操作后得到大小为 28×28×6 的特征图。

S2（第一个池化层）：LeNet 采用的是平均池化的方法，上层卷积得到的特征图尺寸为 28×28×6，对此大小特征图进行池化操作。池化核大小为 2×2，步长 s 为 2，进行第一次池化后特征图大小为 14×14×6（卷积和池化得到特征图的公式基本是一致的）。

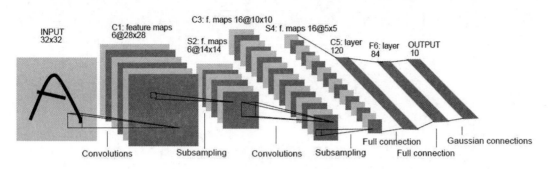

图 2-3　LeNet-5 网络架构

C3（第二个卷积层）：对池化得到的 14×14×6 大小的特征图进行第二次卷积，卷积核大小为 5×5，步长 s 为 1，卷积核个数为 16，进行卷积后得到大小为 10×10×16 的特征图。

S4（第二个池化层）：池化核大小为 2×2，步长 s 为 2，进行第二次池化后特征图大小为 5×5×16。

C5（第一个全连接层）：上一步得到的特征图尺寸是 5×5×16，经过这层后输出大小为 120×1。在得到 5×5×16 的特征图后，还要进行一个 Flatten（展平）操作，即将 5×5×16 的特征图展开成一个 (5×5×16)×1=400×1 大小的向量，然后再进入到全连接层。在第一个全连接层我们输入的是 400 个神经元，输出是 120 个神经元。

F6（第二个全连接层）：和上一层类似，输入的是 120 个神经元，输出的是 84 个神经元。

输出层：从得到 84 个神经元后，再经过一个全连接就得到输出，大小为 10×1。

2）AlexNet。AlexNet 是由 Alex Krizhevsky 提出的首个应用于图像分类的深层卷积神经网络，该网络在 2012 年 ILSVRC（ImageNet Large Scale Visual Recognition Competition）图像分类竞赛中以 15.3% 的 top-5 测试错误率赢得第一名。也是在那年之后，更多更深的神经网络被提出，如优秀的 VGG、GoogLeNet。这对于传统的机器学习分类算法而言，已经相当出色。AlexNet 中包含了几个比较新的技术点，也首次在 CNN 中成功应用了 ReLU、Dropout 和 LRN 等 Trick。同时 AlexNet 也使用了 GPU 进行运算加速。

AlexNet 的网络架构如图 2-4 所示，可以看出 AlexNet 和 LeNet 的整体结构还是非常类似的，都是一系列的卷积池化操作最后接上全连接层。通过对每层是怎么通过卷积核和池化核得到相应的特征图大小的分析来认识这个模型。该网络一共 8 层：5 层卷积和 3 层全连接层。输入尺寸：227×227×3，卷积层：5 个，池化层：3 个，全连接层：2 个，输出层：1 个，大小为 1000×1。

输入层：AlexNet 的输入是 227×227×3 大小的彩色图片（有三个颜色通道）。

第一个卷积层：对大小为 227×227×3 的彩色图片进行卷积，卷积核大小为 11×11，步长 s 为 4，padding=0，卷积核个数为 96，进行卷积后得到大小为 55×55×96 的特征图。

第一个池化层：AlexNet 采用的是最大池化的方法。上层卷积得到 55×55×96 的特征图，对此特征图进行最大池化操作。池化核大小为 3×3，步长 s 为 2，padding=0，经池化后特征图大小为 27×27×96。

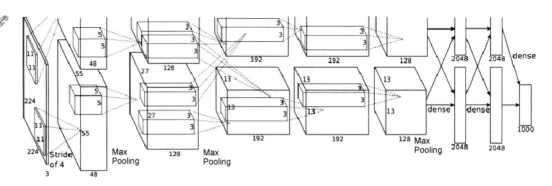

图 2-4 AlexNet 的网络架构

第二个卷积层：输入维度为 27×27×96，卷积核大小为 5×5，步长 s 为 1，padding=2，卷积核个数为 256，进行卷积后得到大小为 27×27×256 的特征图。

第二个池化层：输入维度为 27×27×256，池化核大小为 3×3，步长 s 为 2，padding=0，经池化后特征图大小为 13×13×256。

第三个卷积层：输入维度为 13×13×256，卷积核大小为 3×3，步长 s 为 1，padding=1，卷积核个数为 384，进行卷积后得到大小为 13×13×384 的特征图。

第四个卷积层：输入维度为 13×13×384，卷积核大小为 3×3，步长 s 为 1，padding=1，卷积核个数为 384，进行卷积后得到大小为 13×13×384 的特征图。

第五个卷积层：输入维度为 13×13×384，卷积核大小为 3×3，步长 s 为 1，padding=1，卷积核个数为 256，进行卷积后得到大小为 13×13×256 的特征图。

第三个池化层：输入维度为 13×13×256，池化核大小为 3×3，步长 s 为 2，padding=0，经池化后特征图大小为 6×6×256。

第一个全连接层：输入的是 6×6×256=9216 个神经元，输出的是 4096 个神经元。

第二个全连接层：输入的是 4096 个神经元，输出的是 4096 个神经元。

输出层：得到 4096 个神经元后，其实再经过一个全连接就得到输出，大小为 1000×1。

以上描述了 AlexNet 各层结构，但模型的一些细节没有描述，如加入了 ReLU 激活函数，加入了局部应答标准，同时也加入了 Dropout 层，具体的网络结构如图 2-5 所示。此图描述的是在两台 GPU 上运行的结构图，在算力不够的情况下减小训练时间所采用的技巧。

AlexNet 模型特性主要有：所有卷积层都使用 ReLU 作为非线性映射函数，使模型收敛速度更快。在多个 GPU 上进行模型的训练，不但可以提高模型的训练速度，还能提升数据的使用规模。使用 LRN 对局部的特征进行归一化，结果作为 ReLU 激活函数的输入能有效降低错误率。重叠最大池化（Overlapping Max Pooling），即池化范围 z 与步长 s 存在关系 z>s，避免平均池化（Average Pooling）的平均效应。使用随机丢弃技术（Dropout）选择性地忽略训练中的单个神经元，避免模型的过拟合。

3）VGGNet。VGGNet 是牛津大学计算机视觉组（Visual Geometry Group）和 Google DeepMind 公司的研究员一起研发的深度卷积神经网络。主要优势包括：深度增加，网络更深，使用更多的层，深度由 AlexNet 的 8 层到 VGG 最深 19 层，通常有 16～19 层；小卷积核，所有卷积层用同样大小（3×3）的卷积核表示上下、左右、中心这些概念的最小卷积核尺寸，核步长统一为 1，padding 统一为 1。证明更小的卷积核并且增加卷积神经网络的深度可以有效地提高模型的性能。其网络架构如表 2-2 所示。

图 2-5 AlexNet 两台 GPU 上运行的结构图

表 2-2 VGG 网络架构

ConvNet Configuration					
A	A-LRN	B	C	D	E
11 weight layers	11 weight layers	13 weight layers	16 weight layers	16 weight layers	19 weight layers
input (224 ×224 RGB image)					
conv3-64	conv3-64 **LRN**	conv3-64 **conv3-64**	conv3-64 conv3-64	conv3-64 conv3-64	conv3-64 conv3-64
maxpool					
conv3-128	conv3-128	conv3-128 **conv3-128**	conv3-128 conv3-128	conv3-128 conv3-128	conv3-128 conv3-128
maxpool					
conv3-256 conv3-256	conv3-256 conv3-256	conv3-256 conv3-256	conv3-256 conv3-256 **conv1-256**	conv3-256 conv3-256 **conv3-256**	conv3-256 conv3-256 conv3-256 **conv3-256**
maxpool					
conv3-512 conv3-512	conv3-512 conv3-512	conv3-512 conv3-512	conv3-512 conv3-512 **conv1-512**	conv3-512 conv3-512 **conv3-512**	conv3-512 conv3-512 conv3-512 **conv3-512**

maxpool					
conv3-512	conv3-512	conv3-512	conv3-512	conv3-512	conv3-512
conv3-512	conv3-512	conv3-512	conv3-512	conv3-512	conv3-512
			conv1-512	**conv3-512**	conv3-512
					conv3-512

maxpool
FC-4096
FC-4096
FC-1000
soft-max

卷积神经网络的输入是一个固定大小的 224×224 RGB 图像。唯一的预处理是从每个像素中减去在训练集上计算的 RGB 平均值。图像通过一系列卷积层传递，使用带有非常小的接收域的过滤器：3×3（这是捕捉左右、上下、中间概念的最小值）。在其中一种配置中，使用了 1×1 的卷积滤波器，可以看作输入通道的线性变换（其次是非线性）。卷积步幅固定为 1 像素；凹凸层输入的空间填充是卷积后保持空间分辨率，即 3×3 凹凸层的填充为 1 像素。空间池化由 5 个最大池化层执行，遵循一些对流层（不是所有对流层都遵循最大池化）。最大池是在一个 2×2 像素的窗口上执行的，步长为 2。

如表 2-2 所示，VGGNet 不单只使用卷积层，而是组合成了"卷积组"，即一个卷积组包括 2～4 个 3×3 卷积层（a stack of 3×3 conv）。有的层也有 1×1 卷积层，因此网络更深，网络使用 2×2 的 Max Pooling，在 full-image 测试时候把最后的全连接层改为全卷积层，重用训练时的参数，使得测试得到的全卷积网络因为没有全连接的限制，因而可以接收任意宽或高的输入。另外 VGGNet 卷积层有一个显著的特点，特征图的空间分辨率单调递减。特征图的通道数单调递增，这是为了更好地将 HxWx3（1）的图像转换为 1×1×C 的输出，GoogLeNet 与 Resnet 也是如此。另外表 2-2 后面 4 个 VGG 训练时参数都是通过 pre-trained 网络 A 进行初始赋值。

VGGNet 由 5 个卷积层和 3 个全连接层构成。卷积层一般是 3×3 的卷积，结果表明比 1×1 卷积效果要好。VGGNet 的 3 个全连接层为：FC4096-ReLU6-Drop0.5，FC 为高斯分布初始化（std=0.005），bias 为常数初始化（0.1）；FC4096-ReLU7-Drop0.5，FC 为高斯分布初始化（std=0.005），bias 为常数初始化（0.1）；FC1000（最后接 SoftMax1000 分类），FC 为高斯分布初始化（std=0.005），bias 为常数初始化（0.1）。

其中 VGG-16 和 VGG-19 较为出色（16、19 指网络层数），下面以 VGG-16 为例，对 VGG 网络进行详细介绍。VGG-16 的整体结构如图 2-6 所示，可以看出 VGG-16 和 AlexNet 也有类似之处（网络层数变深），都是一系列卷积操作之后接上池化层，最后再连接一些全连接层。

VGG-16 的整体结构一共 16 层，现对各层转化分析的基础情况为：输入层：输入尺寸 224×224×3；卷积层：13 个；池化层：5 个；全连接层：3 个（这里已经包括了输出层，最后一个全连接层也可以说是输出层，最后的 SotMax 层只是做个分类）。

输入层：VGG-16 的输入是 224×224×3 大小的彩色图片。

第一个卷积层：对大小为 224×224×3 的图片进行卷积，卷积核大小为 3×3，步长 s=1，

padding=1，卷积核个数为 64，经卷积后得到大小为 224×224×64 的特征图。

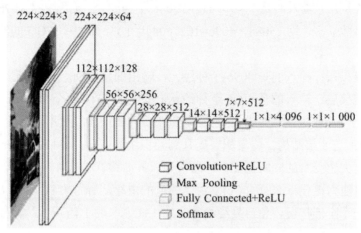

图 2-6　VGG-16 的整体结构

第二个卷积层：对大小为 224×224×64 的图片进行卷积，卷积核大小为 3×3，步长 s 为 1，padding=1，卷积核个数为 64，经卷积后得到大小为 224×224×64 的特征图。在图 2-6 中第一次、第二次卷积是放在一起的，因为第二次卷积相对于第一次卷积特征图的维度没有变化。

第一个池化层：输入维度为 224×224×64，池化核大小为 2×2，步长 s 为 2，padding=0，经池化核得到大小为 112×112×64 的特征图。

第三个、第四个卷积层：对输入维度为 112×112×64 的图片进行卷积，卷积核大小为 3×3，步长 s 为 1，padding=1，卷积核个数为 128，经卷积后得到大小为 112×112×128 的特征图。如同第一次、第二次卷积一样，第四次卷积后没有改变第三次卷积后特征图的维度，这里放在了一起进行书写。

第二个池化层：输入维度为 112×112×128，池化核大小为 2×2，步长 s 为 2，padding=0，经池化核得到大小为 56×56×128 的特征图。

第五个、第六个、第七个卷积层：对输入维度为 56×56×128 的图片进行卷积，卷积核大小为 3×3，步长 s 为 1，padding=1，卷积核个数为 256，经卷积后得到大小为 56×56×256 的特征图。同样的，第六次、第七次卷积没有改变第五次卷积后的特征图的大小，故将其放在了一起。

第三个池化层：输入维度为 56×56×256，池化核大小为 2×2，步长 s 为 2，padding=0，经池化核得到大小为 28×28×256 的特征图。

第八个、第九个、第十个卷积层：对输入维度为 28×28×256 的图片进行卷积，卷积核大小为 3×3，步长 s 为 1，padding=1，卷积核个数为 512，经卷积后得到大小为 28×28×512 的特征图。

第四个池化层：输入维度为 28×28×512，池化核大小为 2×2，步长 s 为 2，padding=0，经池化核得到大小为 14×14×512 的特征图。

第十一个、第十二个、第十三个卷积层：对输入维度为 14×14×512 的图片进行卷积，卷积核大小为 3×3，步长 s 为 1，padding=1，卷积核个数为 512，经卷积后得到大小为 14×14×512 的特征图。

第五个池化层：输入维度为 14×14×512，池化核大小为 2×2，步长 s 为 2，padding=0，经池化核得到大小为 7×7×512 的特征图。

第一个全连接层：输入的是 7×7×512=25088 个神经元、输出的是 4096 个神经元。可以看出这里的参数众多，为 25088×4096=102760448 个，一亿多，VGG 的绝大多数参数都在这里。

第二个全连接层：输入的是 4096 个神经元，输出的是 4096 个神经元。

第三个全连接层：输入的是 4096 个神经元，输出的是 1000 个神经元。

VGG 相较于 AlexNet 的改进有：把网络层数加到了 16～19 层（不包括池化层和 Softmax 层），而 AlexNet 是 8 层结构。将卷积层提升到卷积块的概念。卷积块由 2～3 个卷积层构成，使网络有更大感受野的同时能降低网络参数，同时多次使用 ReLu 激活函数有更多的线性变换，学习能力更强。前面的 Conv 占用大量的内存，后面的 FC 占用大量的参数，最多的集中在第一个全连接层，使得最终参数多达 138 兆（约 1 亿）个。取消 LRN，因为实际发现使用 LRN 反而会降低功效。

4）GoogleNet/Inception。GoogleNet 是谷歌（Google）研究出来的深度网络结构，在 2014 年 ILSVRC 分类比赛中获得冠军。GoogleNet 为了进一步提升性能，使用增加网络深度和宽度的方式。但这种方式存在参数过多，产生过拟合，计算复杂度大，难以应用；网络深，出现梯度弥散等问题。解决这些问题的方法就是将全连接变成稀疏连接。可以将稀疏矩阵聚类为较为密集的子矩阵来提高计算性能，就如同人类的大脑可以看作是神经元的重复堆积，因此 GoogleNet 团队提出了 Inception 网络结构，就是构造一种"基础神经元"结构来搭建一个稀疏性、高计算性能的网络结构。GoogleNet 就是由这样的一个个 Inception 组成的。Inception 模块的基本结构如图 2-7 所示，Inception 结构的主要贡献有两个：一是使用 1×1 的卷积来进行升降维；二是在多个尺寸上同时进行卷积再聚合。

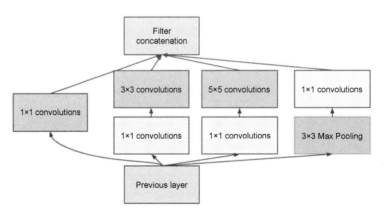

图 2-7　Inception 模块的基本结构

Inception 历经了 V1、V2、V3、V4 等多个版本的发展，不断趋于完善。Inception V1 构建了 1×1、3×3、5×5 的 conv 和 3×3 的 pooling 的分支网络，同时使用 MLPConv 和全局平均池化，扩宽卷积层网络宽度，增加了网络对尺度的适应性。Inception V2 提出了以 Batch Normalization 代替 Dropout 和 LRN，其正则化的效果让大型卷积网络的训练速度加快很多倍。收敛后的分类准确率也可以大幅提高，同时参照 VGG 使用两个 3×3 的卷积核代替 5×5 的卷积核，在降低参数量的同时提高网络学习能力。Inception V3 引入了 Factorization，将一个较大的二维卷积拆成两个较小的一维卷积，比如将 3×3 卷积拆成 1×3 卷积和 3×1 卷积，一方面节约了大量参数，加速运算并减轻了过拟合，同时增加了一层非线性扩展模型表达能力，除了在 Inception Module 中使用分支，还在分支中使用了分支（Network In Network In Network）。Inception V4 研究了 Inception Module 结合 Residual Connection，结合 ResNet 可以极大地加速训练，同时极大提升性能，在构建 Inception-ResNet 网络同时，还设计了一个更深更优化的 Inception v4 模型，能达到相媲美的性能。

GoogleNet 由 9 个 Inception 模块组成，可以并行执行多个具有不同尺度的卷积运算或池化操作，将多个卷积核卷积的结果拼接成一个非常深的特征图。GoogleNet 还运用了大量的 Trick 提高网络性能。

5）ResNet。ResNet 是微软提出的神经网络，CVPR 当年的最佳论文，2015 年 ILSVRC 比赛冠军，在分类识别定位等各个赛道碾压之前的各种网络。ResNet 使用了恒等映射，在传统神经网络中训练的函数为 F(x)，添加恒等映射后，神经网络训练的函数变为 F(x)+x，这样训练出来的网络，相当于是在对 x 作修正，修正的幅度就是 F(x)。F(x)在数学上称为残差，所以提出的网络称为残差网络。

之前深度学习网络中随着网络层数的加深，网络训练结果并不能得到提升，反而会发生下降的问题，这种现象被称为网络退化问题。如图 2-8 所示，其中左侧为训练集，右侧为测试集。可以发现不管是在训练集还是在测试集，传统的网络层数增加后，错误率反而变高了。

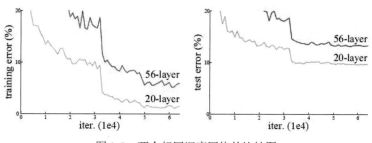

图 2-8　两个相同深度网络的比较图

当发生网络退化问题后，人们一度认为深度学习就到这里为止了，直到 ResNet 的出现才解决了这一问题。ResNet 的核心就是残差模块，残差模块的设计中残差路径可以大致分成两种：一种有 Bottleneck 结构，如图 2-9（a）所示的 1×11×1 卷积层，用于先降维再升维，主要出于降低计算复杂度的现实考虑，称为 Bottleneck Block；另一种没有 Bottleneck 结构，如图 2-9（b）所示，称为 Basic Block。Basic Block 由两个 3×33×3 卷积层构成。

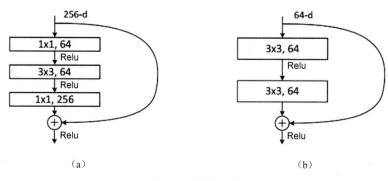

图 2-9　残差路径

平常网络中，深度增加到一定程度后，相比浅一些的网络来说梯度减小，误差传播过程变慢，网络的优化速度就慢。另外，梯度下降算法本身的缺陷使得训练的效果反而下降了。在残差网络中，恒等映射下，虽然网络的深度加深，但是每层中都会有足够多的由梯度承载的信息量，梯度不会太小。此外，残差网络加快了深层网络的收敛速度，从而能够避免训练的效果的下降。

6）DenseNet。DenseNet 模型的基本思路与 ResNet 一致，通过建立前面所有层与后面层的密集连接，实现了特征在通道维度上的复用。不但减缓了梯度消失的现象，也使其可以在参数与计算量更少的情况下实现比 ResNet 更优的性能。

相比 ResNet，DenseNet 提出了一个更激进的密集连接机制，即互相连接所有的层，具体来说就是每个层都会接受其前面所有层作为其额外的输入。ResNet 是每个层与前面的某层（一般是 2~3 层）短路连接在一起，连接方式是通过元素级相加。而在 DenseNet 中，每个层都会与前面所有层在 channel 维度上连接（concat）在一起，并作为下一层的输入。在神经网络损失函数可视化曲面中从 VGG 到 DenseNet 越来越光滑，算法更容易找到（局部）最优点。

DenseNet 有其独特的优势。DenseNet 采用密集连接方式，提升了梯度的反向传播，使得网络更容易训练；DenseNet 每层可以直达最后的误差信号，实现了隐式的 deep supervision；由于 DenseNet 是通过 concat 特征来实现短路连接，实现了特征重用，并且采用较小的 growth rate，每层所独有的特征图是比较小的，因此参数更小且计算更高效；DenseNet 能够实现特征复用，最后的分类器使用了低级特征。

7）ResNeXt。ResNeXt 是 ResNet 和 Inception 的结合，其每个分支都采用相同的拓扑结构。它引入了基数的概念，基数指变换的数量，即将网络划分成多少个子网络。ResNeXt 将输入划分成多个低维嵌入（分组卷积），然后对每个低维嵌入使用相同的拓扑结构进行变换，最后将变换后的结果聚合在一起。

ResNeXt 是对 ResNet 和 GoogLeNet 的改进。传统的方法通常是靠加深或加宽网络来提升性能，但计算开销也会随之增加。ResNeXt 旨在不改变模型复杂度的情况下提升性能。受精简而高效的 Inception 模块启发，ResNeXt 将 ResNet 中非短路那一分支变为多个分支。与 Inception 不同的是，每个分支的结构都相同。

ResNeXt 的关键点包括：沿用 ResNet 的短路连接，并且重复堆叠相同的模块组合；多分支分别处理；使用 1×1 卷积降低计算量。ResNeXt 巧妙地利用分组卷积实现。ResNeXt 发现，增加分支数是比加深或加宽更有效的提升网络性能的方式。ResNeXt 的命名旨在说明这是下一代的 ResNet。

4．深度学习开发框架

深度学习框架的意义在于降低了深度学习入门的门槛。开发者不需要从复杂的神经网络和反向传播算法开始编代码，可以依据需要，使用已有的模型配置参数，而模型的参数自动训练得到。开发者也可以在已有模型的基础上增加自定义网络层，或者是在顶端选择自己需要的分类器和优化算法。一个深度学习框架可以理解为一套积木，积木中的每个组件就是一个模型或者算法。这就可以避免重复造轮子，而是使用积木中的组件去组装符合要求的积木模型。常见的深度学习框架有 TensorFlow、PyTorch、MindSpore、Caffe、Theano、Keras、MXNet、DL4J 等。这些深度学习框架被应用于计算机视觉、语音识别、自然语言处理与生物信息学等领域，并获取了极好的效果。下面将主要介绍当前深度学习领域影响力比较大的几个框架。

（1）TensorFlow。

1）认识 TensorFlow。2015 年 11 月 9 日 Google 发布深度学习框架 TensorFlow 并宣布开源。在短短的一年时间内，在 GitHub 上，TensorFlow 就成为了最流行的深度学习项目。TensorFlow 计算框架可以很好地支持深度学习的各种算法，可以支持多种计算平台，系统稳定性较高。TensorFlow 简单来说就是一种开源的进行深度学习的人工智能系统，它意味着让机器进行高层次的学习计算，也就是说机器在一定程度上可以进行思考。

目前原生支持的分布式深度学习框架不多，只有 TensorFlow、CNTK、DeepLearning4J、MXNet 等。在单 GPU 的条件下，绝大多数深度学习框架都依赖于 cuDNN，因此只要硬件计算能力或者内存分配差异不大，最终训练速度不会相差太大。但是对于大规模深度学习来说，巨大的数据量使得单机很难在有限的时间完成训练。而 TensorFlow 支持分布式训练。TensorFlow 在不同计算机上运行，小到智能手机，大到计算机集群都能扩展，可以立刻生成设定的训练模型。

随着 TensorFlow 深度学习框架在人脸识别领域的应用，我们可以借助 TensorFlow 学习框架为人脸识别排除一些识别过程中遇到的困难，比如人脸的相似性、人脸的易变性等，这些都可以变成处理因素，融进 TensorFlow 的学习框架中，进而为人脸识别带来便利。

预处理技术将是在 TensorFlow 学习框架下人脸识别的未来发展方向之一。在进行信息采集与处理的时候，TensorFlow 学习系统自动对信息进行判断，识别信息是在什么状态下采集的，并对信息进行修正，进行预处理，从而改善人脸识别的过程。

2）TensorFlow 特点。

多平台：支持 Python 开发环境的各种平台都能支持 TensorFlow。但是要访问一个受支持的 GPU，TensorFlow 需要依赖其他软件，如 NVIDIA CUDA 工具包和 cuDNN。

GPU：TensorFlow 支持一些特定的 NVIDIA GPU，这些 GPU 兼容满足特定性能标准的相关 CUDA 工具包版本。

分布式：TensorFlow 支持分布式计算，允许在不同的进程上计算图的部分，这些进程可能位于完全不同的服务器上。

多语言：TensorFlow 的主要编程语言是 Python，也可以使用 C++、Java 和 Go 应用编程接口（API），但不保证稳定性。许多针对 C#、Haskell、Julia、Rust、Ruby、Scala、R（甚至 PHP）的第三方绑定也是如此。Google 最近发布了一个移动优化的 TensorFlow-Lite 库，用于在 Android 上运行 TensorFlow 应用程序。

运算性能强：TensorFlow 能在 Google TPU 上获得最佳性能，但它还努力在各种平台上实现高性能。这些平台不仅包括服务器和桌面，还包括嵌入式系统和移动设备。

灵活可扩展：TensorFlow 的一个主要优势是拥有模块化、可扩展、灵活的设计。开发人员只需更改少量代码，就能轻松地在 CPU、GPU 或 TPU 处理器之间移植模型。Python 开发人员可以使用 TensorFlow 的原始、低级的 API（或核心 API）来开发自己的模型，也可以使用高级 API 库来开发内置模型。TensorFlow 有许多内置库和分布式库，而且可以叠加一个高级深度学习框架（比如 Keras）来充当高级 API。

3）TensorFlow 2 基础。TensorFlow 被认为是神经网络中最好用的库之一，学习 TensorFlow 可以降低深度学习的开发难度，并且源于 TensorFlow 的开源性，方便大家维护更新 TensorFlow，提升 TensorFlow 的效率。TensorFlow 2 中，Github 上 start 数量第三的 Keras 被封装作为了 2.0

的高级接口使得 TensorFlow 2 更灵活，更易排除故障。

TensorFlow 中基础的数据结构就是张量，所有数据都被封装在张量中，张量是一个多维数组。在这里，零阶张量为标量，一阶张量为向量，二阶张量为矩阵。TensorFlow 中，张量通常分为常量 tensor 和变量 tensor。

TensorFlow 2 是一个与 TensorFlow 1 使用体验完全不同的框架。TensorFlow 2 不兼容 TensorFlow 1 的代码，同时在编程风格、函数接口设计等上也大相径庭。TensorFlow 1 的代码需要依赖人工的方式迁移，自动化迁移方式并不靠谱。TensorFlow 1 采用静态图（Graph 模式），通过计算图将计算的定义和执行分隔开，这是一种声明式的编程模型。在 Graph 模式下，需要先构建一个计算图然后开启对话，再输入数据才能得到执行结果。这种静态图在分布式训练、性能优化和部署方面有很多优势。但是在排除故障时确实非常不方便，类似于对编译好的 C 语言程序调用，此时我们无法对其进行内部的调试，因此有了 TensorFlow 2 基于动态计算图的 Eager Execution。Eager Execution 是一种命令式编程，和原生 Python 一致，当执行某个操作时立即返回结果。

TensorFlow 2 默认采用 Eager Execution 模式，对于用户而言直观且灵活（运行一次性操作更容易、更快），但这可能会牺牲性能和可部署性。要获得最佳性能并使模型可在任何地方部署，可以使用添加装饰器@tf.function 从程序中构建图，使得 Python 代码更高效。tf.function 可以将函数中的 TensorFlow 操作构建为一个 Graph，这个函数就可以在 Graph 模式下执行，看成函数被封装成了一个 Graph 的 TensorFlow 操作。

tf 模块下的函数用于完成一些常见的运算操作，比如 tf.abs（计算绝对值）、tf.add（逐元素的相加）、tf.concat（tensor 的拼接）等，里面的操作大部分的 Numpy 也能够实现。tf.errors 为 TensorFlow 错误的异常类型；tf.data 可实现对数据集的操作，使用 tf.data 创建的输入管道读取训练数据，还支持从内存（如 Numpy）方便地输入数据；tf.distributions 模块下的各函数用于实现统计学的各个分布，如伯努利、均匀分布、高斯分布等；tf.gfile 实现对文件的操作，该模块下的函数可以实现文件 I/O 的操作以及复制、重命名等；tf.image 实现对图像的操作，该模块下的相关函数包含图像处理的功能，类似于 OpenCV，有着调节图像亮度/饱和度、反相、裁剪、调整大小、图像格式转换、旋转、Sobel 边缘检测等一系列功能，相当于一个小型的 OpenCV 图像处理包；tf.keras 调用 Keras 工具的一个 Python API，是一个比较大的模块，里面包含了网络的各种操作。

TensorFlow 2 推荐使用 Keras 构建网络，常见的神经网络都包含在 keras.layer 中。Keras 是一个用于构建和训练深度学习模型的高阶 API。它可用于快速设计原型、高级研究和生产，具有以下三个主要优势：第一方便用户使用，Keras 具有针对常见用例做出优化的简单而一致的界面，可针对用户错误提供切实可行的清晰反馈；第二模块化和可组合，将可配置的构造块连接在一起就可以构建 Keras 模型，并且几乎不受限制；第三易于扩展，可以编写自定义构造块以表达新的研究创意，并且可以创建新层、损失函数并开发先进的模型。

（2）Pytorch。Pytorch 是由 Facebook 发布的机器学习计算框架。它的前身是 Torch。Torch 是一个有大量机器学习算法支持的科学计算框架，是一个与 Numpy 类似的张量（Tensor）操作库，其特点是特别灵活，但因其采用了小众的编程语言 Lua，所以流行度不高，于是就有了基于 Python 的 Pytorch。除了 Facebook 之外，Twitter、GMU 和 Salesforce 等机构都采用了 Pytorch。

Pytorch 的特点表现在三个方面。第一，Python 优先。Pytorch 不是简单地在 C++框架上绑定 Python，而是从细粒度上直接支持 Python 的访问。我们可以像使用 Numpy 或者 Scipy 那样轻松地使用 Pytorch。这不仅降低了 Python 用户理解的门槛，也能保证代码基本跟原生的 Python 实现一致。第二，动态神经网络。这一点是现在很多主流框架如 TensorFlow 1.X 都不支持的。TensorFlow 1.X 运行必须提前建好静态计算图，然后通过 feed 和 run 重复执行建好的图。但是 Pytorch 却不需要这么麻烦，Pytorch 的程序可以在执行时动态构建/调整计算图。第三，易于排除错误。Pytorch 在运行时可以生成动态图，开发者可以在调试器中停掉解释器并查看某个节点的输出。

（3）MindSpore。MindSpore 是华为开源自研 AI 框架，能够自动微分、并行加持，一次训练可多场景部署，支持端—边—云全场景的深度学习训练推理框架。它主要应用于计算机视觉、自然语言处理等 AI 领域。MindSpore 框架架构总体分为 MindSpore 前端表示层、MindSpore 计算图引擎和 MindSpore 后端运行时三层。架构如图 2-10 所示。

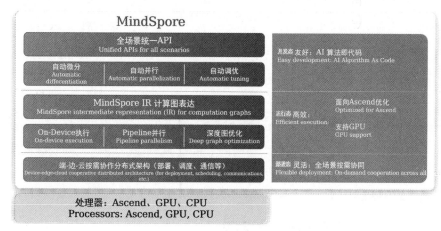

图 2-10　MindSpore 架构

ME（Mind Expression）为 MindSpore 前端表示层，该部分包含 Python API、MindSpore IR（Intermediate Representation）、计算图高级别优化（Graph High Level Optimization，GHLO）三部分。Python API 向用户提供统一的模型训练、推理、导出接口，以及统一的数据处理、增强、格式转换接口。这一层的特点是易用性，全自动可微分编程，原生数学表达。

GE（Graph Engine）为图编译和图执行层，该部分包含计算图低级别优化（Graph Low Level Optimization，GLLO）、图执行。GHLO 包含与硬件无关的优化（如死代码消除等）、自动并行和自动微分，以及算子融合、Buffer 融合等软硬件结合相关的深度优化等功能。MindSpore IR 提供统一的中间表示，MindSpore 基于此 IR 进行 pass 优化。图执行提供离线图执行、分布式训练所需要的通信接口等功能。这一层的特点是高性能，软硬件协同优化，全场景应用。它包括跨层内存复用、深度图优化、On-device 执行、端—边—云协同统一部署（含在线编译）等功能。

MindSpore 后端运行时包含云—边—端上不同环境中的高效运行环境。MindSpore 与业界开源框架对等，优先服务好自研芯片和云服务；向上具备对接第三方框架能力，通过 Graph IR 对接第三方生态（训练前端对接、推理模型对接），开发者可扩展；向下具备对接第三方芯片能力，助力开发者扩展 MindSpore 应用场景，繁荣 AI 生态。

【任务实施】

1. 注册 HiLens Kit 软件

（1）任务准备。华为 HiLens 智能边缘管理系统定位于华为自研智能边缘设备的初始化配置、硬件监控、软件安装、系统运维等功能，提供平台化的管理能力。用户可以通过 Web 浏览器登录华为 HiLens 智能边缘管理系统，进行点对点的操作管理。同时，华为 HiLens 智能边缘管理系统还支持将 Atlas 200 HiLens Kit 设备注册到华为 HiLens 云平台管理。

华为 HiLens 智能边缘管理系统（Huawei HiLens Intelligent Edge System，HiLens IES）提供的默认参数如表 2-3 所示，方便用户首次操作。为保证系统安全性，建议在首次操作时修改初始参数值，并定期更新。

表 2-3　华为 HiLens 智能边缘管理系统默认参数

功能界面	参数	默认值
HiLens IES 开发者命令行登录数据	初始用户名与密码	默认用户名：admin 默认密码：Huawei12#$
	develop 模式下默认密码	默认密码：Huawei@SYS3
HiLens IES Web 界面登录数据	初始用户名与密码	默认用户名：admin 默认密码：Huawei12#$
HiLens IES 网口数据	管理网口初始 IP 地址	默认 IP 地址：192.168.2.111

Atlas 200 HiLens Kit 出厂预装华为自研的 Euler 操作系统，用户无须安装操作系统。用户可通过浏览器登录华为 HiLens 智能边缘管理系统，进行初始配置。注册 HiLens Kit 软件的流程如图 2-11 所示。

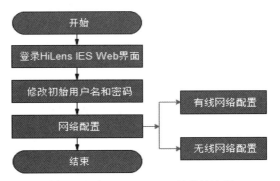

图 2-11　注册 HiLens Kit 软件的流程

（2）网络连接 PC 和 HiLens Kit。首次获取文档时，在企业技术支持网站（Support-E 网站 https://support.huawei.com/enterprisemysupport/mysupport#click=productreg）注册账号并注册产品，输入 HiLens Kit 的产品序列号（SN），系统默认输入产品名称，完成产品注册申请。SN 码标注于 HiLens Kit 底部，为一串长达 20 的字符串，如 21023××××××××××××××××。

产品注册申请提交之后，若是显示为"产品注册成功"，则可以直接执行下一步；若提示"产品待审核"则需要等待审核成功之后执行下一步，一个工作日之内审核。

在注册 HiLens Kit 至控制台之前，要准备一台 HiLens Kit 设备。将此台硬件设备 HiLens Kit 和 PC 连接起来。确保华为云账号没有欠费。采用智能边缘系统注册设备，固件版本必须是 2.2.200.011 及以上，如果低于此版本请先升级系统固件版本。

HiLens Kit 后面板接口如图 2-12 所示。将 DC 12V 的电源适配器的端口插入 HiLens Kit 后面板的电源接口。打开 HiLens Kit 的电源开关（按住开关键 1～2s 后放开）。将网线的一端连接到设备的管理网口上，另一端连接到 PC 的以太网口上。

图 2-12　HiLens Kit 后面板接口

硬件连接后，设置 PC 的 IP 地址、子网掩码或路由，使 PC 能和设备网络互通。HiLens Kit 用网线连到 PC 后，在"网络连接"页面上会显示 HiLens Kit 对应的网络连接，右击该网络连接（一般命名为"本地连接"），设置"Internet 协议版本 4（TCP/IPv4）"，将 IPv4 的 IP 改为 192.168.2.×（2～255，其中 111 除外，非端侧设备 IP），保证计算机和 HiLensKit 在同一网段。自动生成子网掩码，完成网络属性修改。本例中的 IP 地址设置如图 2-13 所示。

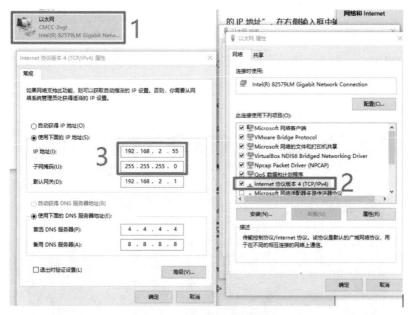

图 2-13　IP 地址设置效果图

（3）使用网线连接本地 PC 和 Atlas 200 HiLens Kit 的 GE 管理网口。在本地 PC 中打开浏览器。在地址栏中输入华为 HiLens 智能边缘管理系统的地址，地址格式为"https://华为 HiLens 智能边缘管理系统的访问 IP 地址"（默认 IP 为 192.168.2.111）。支持 Google Chrome 69 及以上版本和 Internet Explorer 11 版本的浏览器。在"用户名"和"密码"文本框中输入登录的用户名和密码，登录华为 HiLens 智能边缘管理系统。默认用户名为 admin，密码为 Huawei12#$。

（4）升级 HiLens Kit 系统固件版本。使用智能边缘系统注册设备之前需要升级 HiLens Kit 系统固件版本至 2.2.200.011。系统固件版本低于 2.2.200.011，可以升级固件。系统固件版本查询方式：登录华为 HiLens 智能边缘管理系统用户界面，进入"维护/固件升级"页面，查看当前版本号。HiLens Kit 系统固件升级后，版本会升级到 2.2.200.011，同时 HiLens_Device_Agent 固件会升级到 1.0.6（如果设备 HiLens Kit 处于使用状态，且当前 HiLens_Device_Agent 固件版本高于1.0.6，则会保留最新的 HiLens_Device_Agent 固件版本，不做更新）。如果 HiLens Kit 为全新设备首次注册使用，推荐升级到最新固件版本，以获取更好的系统稳定性。如果 HiLens Kit 已处于注册使用状态，在详细阅读升级风险后，再决定是否升级。

升级前请仔细阅读风险提醒，谨慎升级。当然升级也会带来更多优势。升级前要确保网线已连接 PC 和设备，详细操作请参见前面的连接 PC 和 HiLens Kit。

登录华为企业业务网站，在"技术支持/产品与解决方案支持/昇腾计算/智能边缘硬件"产品列表中选择 A200-3000HiLens。如果产品选择错误，将会导致 SN 不通过，无法顺利执行升级操作。在软件版本列表中选择目标版本 A200-3000HiLens-FWV2.2.200.011.hpm，下载升级包至本地 PC。

登录华为 HiLens 智能边缘管理系统，在本地 PC 中打开浏览器，在地址栏中输入华为 HiLens 智能边缘管理系统的地址，地址格式为"https://华为 HiLens 智能边缘管理系统的访问 IP 地址"（默认 IP 为 192.168.2.111）。在主菜单中选择"维护"→"固件升级"→"系统固件升级"，进入"系统固件升级"页面，选择前面下载的升级包，上传文件升级，完成后重启系统即可生效。

（5）同步时区和时间。为了顺利注册设备，需要同步设备的时区和时间以保证与实际一致。在华为 HiLens 智能边缘管理系统主菜单中选择"管理"→"时间"→"设置系统时间"调整时区及时间与当前系统一致，如图 2-14 所示。

图 2-14　同步时区和时间

（6）组网配置。HiLens Kit 有两种组网方式，分为无线和有线两种方式连接路由器，可以选择其中一种方式进行组网配置。

1）配置无线网络。针对使用无线网络连接路由器的方式，需要输入无线网络密码，成功连接无线网络。当前 HiLens Kit 仅支持 2.4G 频段的无线网络和常规的加密类型无线网络，且无线网络名称不包含中文、英文的单引号和双引号，长度为 8～63 个字符。

支持 2.4G 频段无线网络所使用的协议 IEEE802.11n/IEEE802.11g/IEEE802.11b。支持的无线网络加密类型有 WEP、WPA-PSK/WPA2-PSK 和 AES，暂不支持需要验证的无线网络，暂不支持 TKIP 加密。

操作要点：登录华为 HiLens 智能边缘管理系统。在主菜单中选择"管理"→"网络"→"无线网络"，进入"无线网络"配置页面（图 2-15），打开 WIFI 开关，搜索附近热点，可连接附近的无线网络，刷新热点信息找到合适的热点后单击连接。在"WIFI 密码"文本框中输入 WIFI 密码，单击"确定"按钮。页面右上角弹出"连接成功"，完成将无线网络连接路由器的操作。

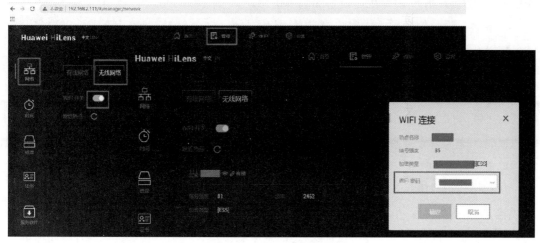

图 2-15　配置无线网络

2）配置有线网络。

操作要点：登录华为 HiLens 智能边缘管理系统。在主菜单中选择"管理"→"网络"→"有线网络"，进入"有线网络"配置页面，单击检测网络状态后的"检测"，检查网络是否连接。检查"配置 IP 地址"区域的"IP 地址"是否存在"默认网关"。若不存在默认网关，请执行下一步。若存在默认网关，需要进行修改。单击操作栏中的"修改"，在弹出的"修改 IP 地址"对话框中删除"默认网关"文本框中的已有值，单击"确定"按钮，如图 2-16 所示。

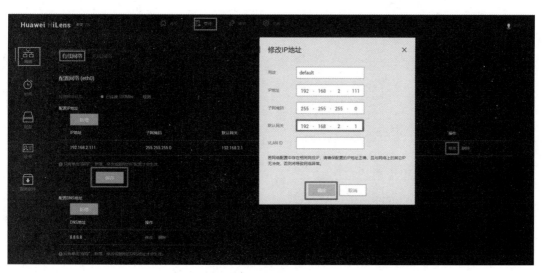

图 2-16　配置有线网络

拔出 PC 侧网线，断开设备与 PC 的网线连接，然后将网线连接设备与路由器。在华为 HiLens 智能边缘管理系统"管理/网络/有线网络"页面，单击"配置 DNS 地址"的"新增"，添加 DNS 地址 nameserver 8.8.8.8，单击"确定"按钮和"保存"按钮，重启系统，使配置生效。

（7）注册 HiLens Kit。实现注册设备至控制台上，并在控制台上查看设备状态。

操作步骤：登录华为 HiLens 智能边缘管理系统（https://192.168.2.111），在主菜单中选择"维护"→"网管注册"进入"配置网管注册"页面。在"选择网管模式"勾选"华为 HiLens 云平台注册"，填写注册设备的基本信息。

设备名：设备的名称，由用户自定义。仅支持英文字母和下划线，不支持以数字开头的名称以及只有数字的名称。

账号名：华为云账号名，相关概念请参见 IAM 基本概念。

用户名：IAM 用户名，相关概念请参见 IAM 基本概念。如果没有 IAM 账户时，"用户名"与"账号名"一致。

密码：华为云账号密码。

单击"保存"按钮，页面右上方提示"注册成功"。

（8）在华为 HiLens 管理控制台查看注册后的设备。登录华为云，单击"产品"→"企业智能/华为 HiLens"，单击"立即体验"后登录华为 HiLens 管理控制台，在管理控制台左侧菜单栏单击"设备管理"→"设备列表"。默认设备列表展现所有设备，查看所注册的设备列表，且设备状态处于"在线"状态，则说明设备成功注册。如果注册失败或设备处于离线状态，可参见 HiLens Kit 注册失败排查原因。如图 2-17 所示，使用智能边缘系统注册设备默认注册至"北京四"区域，请将控制台切换至"北京四"区域。

图 2-17　查看华为 HiLens 注册状态

2. HiLens Kit 人脸检测技能开发

（1）准备工作。Hilens Kit 类似人脸打卡器，通过 HiLens Kit 摄像头扫描脸部，该信息会发送到后台，后台有自己的人脸库管理系统，会通过人脸做比对，从而识别出真实的用户，并且能把这些信息显示出来。开发前要先注册 HiLens Kit 软件。

（2）HiLens Kit 操作。安装 PuTTY 或 MobaXterm.exe 软件，借助这些远程工具连接 Linux 服务器。打开会话，如图 2-18 所示，在"admin@192.168.2.111's password"提示语后输入默认账户 admin 的密码，首次登录默认用户名为 admin，默认密码为 Huawei12#$（密码已经改为 Huawei@123#$）。

视频 2-2　部署门禁 HiLens 技能

图 2-18　SSH 远程登录开发者命令行界面

在"IES:/->"提示语后执行命令 develop。在"Password"提示语后输入 root 密码，在 develop 模式下默认密码为 Huawei@SYS3。删除 SFTP 限制，命令行输入"rm -rf/etc/usr/sftp_disable"。然后重新开一个 SSH 窗口，便能把本地文件放入/tmp 中，也能在/tmp 中把文件夹拉取到本地。/tmp 为临时文件夹，设备重启后清除。若需保留，则需将文件再移至其他文件夹。/tmp 中如果有同名文件，则外面的文件无法放进，不会自动覆盖。/tmp 中的文件若需复制出来，则需修改可读权限（chmod a+r /tmp/filename）。

添加 yum 源，输入命令"vi euleros_aarch64.repo"设置文本。

```
[base]
name=EulerOS-2.0SP8 base
baseurl=http://repo.huaweicloud.com/euler/2.8/os/aarch64/
enabled=1
gpgcheck=1
gpgkey=http://repo.huaweicloud.com/euler/2.8/os/RPM-GPG-KEY-EulerOS
```

保存文件后，输入命令使 yum 源生效。

```
yum clean all
yum makecache
```

安装 yum：将附件传到 HiLens Kit 的/tmp 目录下解压执行 install.sh 脚本，一键安装 yum。通过 yum 安装 python3-devel、openblas、blas、gcc-gfortran、libarchive-devel、cmake、gcc-c++、automake、autoconf、libtool、make。逐行运行"yum -y install"加上已安装项目，完成安装。如"yum -y install python3-devel"。

（3）通过 HiLens 管理控制台查看设备状态。查看设备的状态，确保设备在线，并且固件为最新版。

（4）后端人脸检测技能开发。

1）HiLens Studio 使用流程。针对业务开发者，华为 HiLens 提供了导入（转换）模型功能和开发技能的功能，可以自行开发模型并导入华为 HiLens，根据业务诉求编写逻辑代码，然后基于自定义的算法模型和逻辑代码新建技能。整个流程如图 2-19 所示。

HiLens Studio 是一个提供给开发者的多语言类集成开发环境，包括代码编辑器、编译器、调试器等，开发者可以在 HiLens Studio 中编写和调试技能代码。针对调试好的技能代码，开发者也可以在 HiLens Studio 中发布技能、部署并运行技能到端侧设备上。

视频 2-3 门禁连同服务端

图 2-19　HiLens Studio 使用流程

2）申请 HiLens Studio 公测。目前 HiLens Studio 处于公测阶段，首次使用 HiLens Studio 需要开通公测权限，步骤如下：

步骤 1　单击链接（https://console.huaweicloud.com/hilens/?region=cn-north-4#/skillDevelop/studioOpening），完成相关依赖服务的授权（图 2-20）。

图 2-20　申请华为 HiLens 权限窗口

步骤 2　单击链接（https://console.huaweicloud.com/hilens/?region=cn-north-4#/dashboard），进入华为 HiLens 管理控制台，单击"总览"进入"总览"界面后单击"开通 HiLens Studio"（图 2-21）。

图 2-21　华为 HiLens 管理控制台页面

步骤 3　在"HiLens Studio 价格计算器"页面中，选择"专业版"，单击"立即开通" ✐ （图 2-22）。

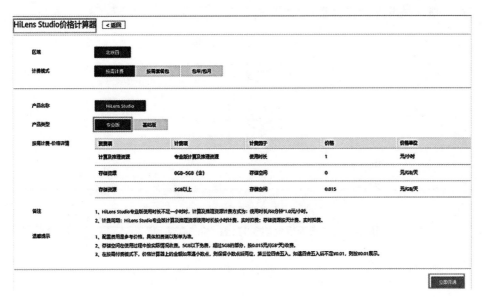

图 2-22　"HiLens Studio 价格计算器"页面

3）新建技能项目。

步骤 1　登录华为 HiLens 管理控制台，在左侧导航栏中选择"技能开发"→HiLens Studio。等待大约 30s，进入 HiLens Studio 页面。在 HiLens Studio 页面中单击 File→New Project（图 2-23）。

图 2-23　HiLens Studio 页面

步骤 2　在"选择模板创建 HiLens Studio 项目"对话框中，选择需要使用的技能模板，然后单击"新建技能"（图 2-24）。

步骤 3　在弹出的"创建技能"页面中，选择的模板默认配置将自动加载，可以在创建技能页面右侧查看相关信息。填写创建技能页面的基本信息（图 2-25），确认信息无误后，单击"确定"按钮进入启动 HiLens Studio 的界面。

说明：部分技能在运行的时候需要用户配置参数，比如人脸判断类的技能需要用户上传人脸库等。运行时配置就像是一个"钩子"，开发者把"钩子"放出去，用户运行技能的时候设置了这些配置项，HiLens 就会帮开发者把"钩子"收回来，这时候开发者可以在代码中使用这些用户的设置。我们还可以单击"预览 JSON 格式"查看"钩子"的格式。开发者通过 HiLens Framework 提供的 get_skill_config 接口获取技能配置的 JSON 格式，读取里面字段的值来使用用户的配置。

图 2-24　"选择模板创建 HiLens Studio 项目"对话框

图 2-25　创建技能基本信息

4）远程连接 HiLens Kit。登录华为 HiLens 管理控制台，在左侧导航栏中选择"技能开发"→HiLens Studio。进入 HiLens Studio 页面。单击右上角的❤按钮，在右侧 Skill Installation 区，在 Device Name 列选择要安装技能的设备，单击 Operation 列的 Terminal。打开对应设备的 Terminal 窗口，我们可以通过 Linux 命令进入 HiLens Kit 系统查看日志。命令格式为：tail -f /home/log/alog/hilens/skills/开发者.技能名.技能 ID/开发者.技能名.技能 ID.log。

在编辑技能项目过程中，如果打开连接 HiLens Kit 的 Terminal 10 分钟及以上时间，且没输入任何命令，Terminal 会与设备自动断开。当前仅支持 1.2.0 及以上的固件版本查看技能日志。

5）技能开发（如代码 2-1 所示）。在 src\main\python 目录下，新建 4 个 Python 文件程序，分别为 main.py、config.py、postprocess.py、utils.py。

6）技能安装。选择右侧的 HiLens-test→Install，进行技能安装。

7）技能启动。

代码 2-1　人脸检测 Python
文件

技能启动方式一：使用 HDMI 视频线缆连接 HiLens Kit 视频输出端口和显示器。已经安装好技能之后，启动技能，单击 HiLens-test，找到已经安装的人脸检测技能。选择 Operation 下的 Start 进行技能启动（图 2-26）。单击 OK 按钮，确认技能启动。技能处于"运行中"状态时，可以通过显示器查看技能输出的视频数据，此样例所开发的人脸检测技能可追踪和检测人脸，输出的视频中会用方框标记出人脸。

图 2-26　HiLens 技能启动 1

技能启动方式二：使用 HDMI 视频线缆连接 HiLens Kit 视频输出端口和显示器。单击左侧导航栏"设备管理"→"设备列表"，进入"设备列表"页面。单击已注册设备的"技能管理"，已安装的人脸检测技能状态为"停止"，单击"操作"列的"启动"，并单击"确定"按钮，确定启动技能运行在端侧设备上（图 2-27）。等待一会儿，当状态变为"运行中"，则技能成功运行在端侧设备上。

图 2-27　HiLens 技能启动 2

已安装的技能状态分为停止（停止状态，在端侧设备上技能停止运行）和运行中（运行状态，技能成功安装在端侧设备）两种。如果选择"停止"可以停止技能，如果选择"卸载"，可以进行技能卸载。

（5）前端人脸检测技能显示。

1）准备工作。登录门禁系统，地址为 https://121.36.57.227/static/pages/index.html，账户名为 admin；密码为 123。登录后选择"用户管理"，单击"创建"，将人脸入库，输入用户信息：用户姓名、用户编号、职位名称、用户照片，单击"提交"（图 2-28）。多次执行，完成人脸入库。

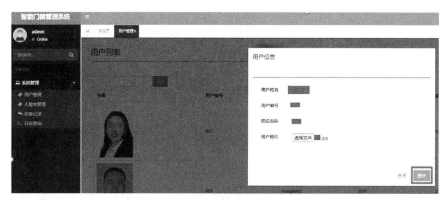

图 2-28　人脸入库

2）进行人脸比对。在进行人脸比对中，在"访客记录"里面可以查看人脸已入库用户的状态及进入/退出时间。可以在"日志查询"中查看全部的人脸识别进出状态，在人脸库里面没有的则显示未匹配。

3. TensorFlow 人脸识别技能开发（如代码 2-2 所示）

（1）人脸识别生成数据集。首先调用 OpenCV 的 API 函数实现对人脸的识别，文件名为 xunlian.py。

输出：1000 张人脸图片。

这个函数完成对人脸的识别以及用一个矩形框给框起来。grey 是要识别的图像数据，转化为灰度可以减少计算量。scaleFactor：图像缩放比例，可以理解为同一个物体与相机距离不同，其大小亦不同，必须将其缩放到一定大小才方便识别，该参数指定每次缩放的比例。minNeighbors：对特征检测点周边多少有效点同时检测，这样可避免因选取的特征检测点太小而导致遗漏。minSize：特征检测点的最小值。

对同一个画面有可能出现多张人脸，因此，需要用一个 for 循环将所有检测到的人脸都读取出来，然后逐个用矩形框框出来。OpenCV 会给出每张人脸在图像中的起始坐标（左上角，x、y）以及长（h）、宽（w），据此就可以截取出人脸。其中，cv2.rectangle()函数完成画框的工作，在这里外扩了 10 个像素以框出比人脸稍大一点的区域。cv2.rectangle()函数的最后两个参数，一个用于指定矩形边框的颜色，另一个用于指定矩形边框线条的粗细程度。

（2）准备训练数据。文件名为 load_data.py。

数据格式（data_format）中目前主要有两种方式来表示张量：

1）th 模式或 channels_first 模式，Theano 和 Caffe 使用此模式。

2）tf 模式或 channels_last 模式，TensorFlow 使用此模式。

由于装的是 TensorFlow，因此可直接使用 Keras 的 TensorFlow 版，同时，为了验证其他深度学习库的效率和准确率，使用了 Theano，利用卷积神经网络来训练人脸识别模型。

（3）模型训练。文件名为 face_train.py。

在训练之前必须先准备足够的脸部照片作为训练数据。模型训练的目的是让计算机了解这个脸的特征是什么，从而可以在视频流中识别。训练程序建立了一个包含 4 个卷积层

的神经网络，程序利用这个网络训练人脸识别模型，并将最终训练结果保存到硬盘上。

（4）识别人脸。文件名为 face_recognization.py。

【任务小结】

门禁系统是可以控制人员出入及其在楼内及敏感区域的行为并准确记录和统计管理数据的数字化出入控制系统。门禁管理系统中主要使用到人脸识别技术。人脸识别（Face Recognition），是基于人的脸部特征信息进行身份识别的一种生物识别技术。Google 发布深度学习框架 TensorFlow 可很好地支持深度学习的各种算法，支持多种计算平台，系统稳定性较高。TensorFlow 2.x 支持动态图优先模式，去掉了 Graph 和 Session 机制，采用 Eager Execution 模式。深度学习是模拟人类的神经网络而构建的深度神经网络，是一种基于无监督特征学习和特征层次结构学习的模型，在计算机视觉、语音识别、自然语言处理等领域有着突出的优势。卷积神经网络是一种前馈神经网络，保持了层级网络结构。卷积神经网络结构主要有 LeNet、AlexNet、VGG-Net、GoogLeNet、ResNet、DesNet。常见的深度学习框架有 TensorFlow、PyTorch、MindSpore、Caffe、Theano、Keras、MXNet、DL4J 等。这些深度学习框架被应用于计算机视觉、语音识别、自然语言处理与生物信息学等领域，并获取了极好的效果。

【考核评价】

评价内容	评分项	自评得分	教师考评得分	备注
学习态度	课堂表现、学习活动态度（40 分）			
知识技能目标	对门禁系统的认识（10 分）			
	认识华为 HiLens 及管理控制台（10 分）			
	对深度学习及其框架的掌握（10 分）			
	理解卷积神经网络（10 分）			
	HiLens 后端人脸检测技能开发（10 分）			
	TensorFlow 实现人脸识别技能开发（10 分）			
总得分				

任务 2　车 辆 管 理

【任务描述】

车辆是园区管理的一个主要对象。智慧园区借助于车辆管理系统，利用车牌识别技术，为园区管理者提供可靠、高效的信息化工具，主要实现车辆出入管理、车辆定位追踪和车辆引导功能。华为 HiLens 技能市场有着丰富的管理技能，利用 HiLens 平台可以有效地完成车辆管理任务。下面将对此进行详细介绍，并进一步强化对华为 HiLens 技能的开发与应用。

【任务目标】

- 了解车辆管理系统及车牌识别过程。
- 具备在 HiLens 技能市场调用技能与开发的能力。

【知识链接】

1. 车牌识别

（1）车牌识别概述。汽车牌照号码是车辆的唯一"身份"标识，牌照自动识别技术可以在汽车不作任何改动的情况下实现汽车"身份"的自动登记及验证，这项技术已经应用于公路收费、停车管理、称重系统、交通诱导、交通执法、公路稽查、车辆调度、车辆检测等各种场合。这项技术可以实现监测报警、超速违章处罚、车辆出入管理、自动放行、计算车辆旅行时间、牌照号码自动登记等功能。

车牌识别是现代智能交通系统中的重要组成部分，应用十分广泛。它以数字图像处理、模式识别、计算机视觉等技术为基础，对摄像机所拍摄的车辆图像或视频序列进行分析，得到每一辆汽车唯一的车牌号码，从而完成识别过程。通过一些后续处理手段可以实现停车场收费管理、交通流量控制指标测量、车辆定位、汽车防盗、高速公路超速自动化监管、闯红灯电子警察、公路收费站等功能。对于维护交通安全和城市治安，防止交通堵塞，实现交通自动化管理有着现实的意义。

车牌识别技术的运用带来了极大方便，却也存在一个严重的问题，即车牌识别率直接影响了系统识别率。然而，在实际应用当中，存在许多因素制约车牌识别系统的识别率。最直接的就是无牌汽车，没有车牌的汽车是没有办法进行识别的，这就导致了无牌汽车识别失败。除此之外，极端天气也可能导致车牌识别系统性能的不稳定，例如暴雨、风沙、暴雪天气会造成车牌被遮挡或者看不清，影响车牌识别计算机的识别率。另外，车牌识别系统在实际运用过程中，现场实地的情况可能会与考察时不一样，机动车道与人行道混淆可能导致行人挡住车牌，同样会造成车牌识别系统的性能出现问题。

（2）认识车牌识别系统。车牌识别系统（Vehicle License Plate Recognition，VLPR），有广义和狭义之分，广义是指以车牌识别为核心功能的车辆管理系统，是指能够检测到受监控路面的车辆并自动提取车辆牌照信息（含汉字字符、英文字母、阿拉伯数字及号牌颜色）进行处理的技术。比如停车场车辆识别系统、交通违章检测车牌识别系统等，一般这一类系统是由集成商来提供。现在的车牌识别系统主要通过自动捕获的车牌信息来自动授权道闸升降，在车流量较大时，车主通过车牌识别只需一秒钟就能进出停车场。狭义是指车牌识别功能本身，具体指的就是车牌识别产品，国内近几年最火的是火眼臻睛车牌识别系统，虽然也叫系统，但一般来说不能独立产生作用，需要集中到其他更大的系统当中。

2. 车辆管理

HiLens 技能市场是一个开放的市场，有预置技能，也有自己发布的技能，还有其他开发者分享的技能。在使用时可以在"技能市场"页面左上角的"自定义过滤"中输入技能名称的关键词，通过关键词进行搜索，查找想要的技能。

（1）车牌技能_HDMI。车牌技能_HDMI 为第三方开发，技能支持从视频流画面中自动识别车牌信息。本技能使用多个深度学习算法，实时分析视频流，自动识别车牌、车牌颜色、车牌位置等信息，并以结构化信息返回识别结果。本技能支持：

- 自动识别视频流中的车牌，并以 JSON 格式返回车牌号码、车牌颜色、置信度等识别结果到上层应用系统。
- 视频画面中如果同时存在多个车牌只返回置信度最高的车牌识别结果。
- 支持视频流中重复车牌自动过滤。
- 支持返回原始图像的 Base64 编码。

使用时需要提供事先准备的业务 RESTful 接口和 RTSP 视频地址，最大支持 10 路网络摄像头接入，并按照接入的路数进行收费。

（2）车牌技能（华为内置）。面向智慧商超的车牌技能，本技能使用多个深度学习算法，实时分析视频流，自动抓取画面中的车牌，结果自动上传至后台系统，用于后续实现其他业务。本技能支持：

- 显示外接 IPC 摄像头中捕捉到的画面中出现的车牌信息。
- 画面中同时出现多个车牌的情况下只支持一个车牌的显示及结果上传。
- 支持返回车牌颜色。
- 自动过滤视频流中出现的重复车牌。

摄像头部署要求为：摄像头可以采取侧装的方式。为保证有效判断车牌，建议车速不超过 5km/h，建议摄像头位置距离行驶过来的车牌 2～4m 作为最佳判断距离。摄像机安装过程中确保俯视角度小于 30°，尽量保证车牌在图像中保持水平位置。技能在运行时，需要添加运行时配置。配置完成后，参数会从华为 HiLens 云侧下发到端侧设备。

【任务实施】

1. 车牌技能_HDMI 开发

（1）准备工作。已注册华为云账号，并完成实名认证。在使用华为 HiLens 前检查账号状态，账号不能处于欠费或冻结状态。已购买 HiLens Kit 设备并完成注册。成功申请 HiLens Studio 公测权限。连接 PC 和 HiLens Kit，保证设备网络通顺。

（2）新建技能项目。在浏览器地址栏中输入 https://192.168.2.111 并按 Enter 键打开智能边缘系统登录界面（HiLens IES Web）。进入技能市场，按需购买车牌识别技能，安装到 HiLens Kit 上（图 2-29）。

（3）配置摄像头。单击"设备管理"→"设备列表"→"指定设备"→"摄像头管理"→"添加摄像头"，填写需要添加的 IPC 摄像头信息。HiLens Kit 自带一个摄像头，同时也可以连接管理多个 IP 摄像头（摄像头的个数不能大于设备上所安装技能的支持通道数之和）。HiLens Kit 自带的摄像头暂时不支持夜视功能。HiLens Kit 支持接入 4K 及以下的 IPC 摄像头，暂不支持接入红外测温摄像头。

视频 2-5 车牌识别

图 2-29　购买车牌识别技能 1

在管理控制台左侧菜单栏中选择"设备管理"→"设备列表"，然后在设备列表中单击设备名称，进入设备详情页。单击"摄像头管理"，切换至设备详情页的"摄像头管理"页签。在"摄像头管理"页面中，单击右上角的"添加摄像头"，在弹出的对话框中填写相关信息。明细如表 2-4 所示。

表 2-4　添加摄像头配置信息

参数	参数说明
摄像头名称	摄像头的名称，用于标识区分，用户自定义
用户名	登录 IP 摄像头时的用户名，从摄像头说明书中获取，默认为 admin
密码	登录 IP 摄像头的密码，默认为 Huawei123#$
协议	摄像头传输视频的协议，默认为 RTSP，且不可修改
请求路径	访问摄像头视频的 URL，如 192.168.2.111/root，从外接的摄像头说明书中获取

（3）安装技能。首先要将固件列表升级，然后安装车牌识别技能。在"我的技能"中，在已经购买的订单中找到要安装的技能，单击右侧的"安装"即可。

（4）启动技能。在设备管理中配置数据存储位置，参数设置详见华为云中的车牌识别技能说明（https://support.huaweicloud.com/usermanual-hilens/hilens_02_0106.html），启动技能后技能状态变为"运行中"，此时就可以使用摄像头进行车牌识别了。

2．车牌识别技能（官方）开发

（1）准备工作。参见任务 2 中任务实施的相关内容。

（2）新建技能项目。打开智能边缘系统登录界面（HiLens IES Web），进入技能市场，购买车牌技能过程如图 2-30 所示。支付订单后回到"我的技能"即可看到已经购买的新技能。

图 2-30　购买车牌技能 2

（3）配置摄像头。参见任务 2 中任务实施的相关内容。

（4）安装技能。参见任务 2 中任务实施的相关内容。

（5）启动技能。参见任务 2 中任务实施的相关内容。

【任务小结】

车牌识别系统一般认为是以车牌识别为核心功能的车辆管理系统。车牌是车的身份证，而车牌识别技术是整个系统的核心，其识别率直接影响整个系统的识别率。HiLens 车牌技能开发可通过使用官方及第三方获得已有技能，提升应用效率。

【考核评价】

评价内容	评分项	自评得分	教师考评得分	备注
学习态度	课堂表现、学习活动态度（40 分）			
知识技能目标	车牌识别系统（10 分）			
	车牌识别技术（10 分）			
	HiLens 车牌识别技能的开发（40 分）			
总得分				

任务 3　防 疫 管 理

【任务描述】

人工智能技术在防疫管理中也发挥着越来越大的作用，极大地提高了管理效率。防疫管理中关键的一项任务就是口罩检测，通过 AI 检测及提醒进入园区的人员，能够有效减少疫情的扩散。本任务将结合华为 HiLens 的口罩检测来强化对 AI 技能的开发与应用。

【任务目标】

● 了解口罩检测过程。

● 具备在 HiLens 技能市场调用技能与开发的能力。

【知识链接】

1. 物体识别概述

物体识别（也叫物体检测或目标检测）是计算机视觉领域中最有价值的研究方向之一，是卷积神经网络算法在一般场景下物体识别方法的应用，更具体地说，这里的物体识别是指行车时的路况信息（包括行人、过往车辆、信号灯等）的识别。

传统的物体识别方法分为三个步骤。首先在原始图像上生成目标建议框，然后提取这些建议框的特征，最后对框里的物体进行分类和边框回归。其中每一步都存在问题，近似于穷举式的目标建议框生成策略直接影响检测的速度、精准度和计算的冗余量；传统方法采用人工提取图像特征的方式并不能保证特征的质量；特征分类采用传统机器学习方法导致速度慢。更重要的一点是，这三个步骤是完全分离的，不能做到实时检测。

2. 物体识别应用场景

随着新冠肺炎疫情的爆发，佩戴口罩已成为疫情防控和保护自己的必要措施，不佩戴口罩将严禁进入小区、学校、园区，严禁乘坐公交、地铁等交通工具。随着疫情的逐渐好转，可能会有部分人员降低警惕性。

基于华为 HiLens 的口罩检测系统，把口罩识别作为一个专门的分类问题，去检测人脸是否佩戴口罩，从而防止不佩戴口罩的人员出入智慧园区。口罩识别问题大多都是目标检测问题，为了更好地学习深度学习的各部分内容，这里把目标检测当作一个简单的分类问题来处理。

【任务实施】

1. 口罩识别技能开发

（1）准备工作。参见任务 2 中任务实施的相关内容。

（2）新建技能项目。

在 HiLens Studio 界面，单击 New Project，在弹出的"选择技能模板"对话框中，选择 Studio_Mask_Detection 技能模板卡片，再单击"确定"按钮，页面自动跳至"创建技能"界面（图 2-31）。先前选择的模板默认配置将自动加载，可以在"创建技能"界面右侧查看相关信息。

图 2-31　HiLens Studio 界面

填写技能信息，本样例均可使用默认参数。确认信息无误后单击"确定"按钮，页面自动跳至 HiLens Studio 界面，并打开刚创建的口罩检测技能项目。

（3）调试代码。在 HiLens Studio 界面左侧将展示开发项目的文件目录。如果没有展示文件目录，请单击右上角的按钮。打开项目源代码文件 src、cpp、main.py，修改初始化接口参数，保持与步骤（2）新建技能项目中填写的检验值一致，本样例使用默认的检验值 mask（图 2-32）。

```
Int ret = hilens::Init("mask");
```

图 2-32　"创建技能"页面

打开项目源代码文件夹 src，可根据自身业务需要在 HiLens Studio 界面的编辑区直接编辑和打断点调试技能的逻辑代码，然后单击左侧的🕸图标进行调试。编译、清理、调试、运行等操作可参见项目文件 readme.txt。单击 HiLens Studio 界面上方导航栏的 Debug→Start Debugging，开始运行代码。代码运行成功后，可在右侧 Video Output 区域查看技能输出视频。

（4）安装技能。对 HiLens Kit 执行如下操作，并保证设备网络通顺。登录华为 HiLens 管理控制台，单击左侧导航栏中的"技能开发"→HiLens Studio，开始启动 HiLens Studio。单击 HiLens Studio 界面右侧的⚙图标。在右侧 Skill Installation 区的 Device Name 列选择要安装技能的设备，单击 Operation 列的 Install，在弹出的 Install Skill 对话框中单击 OK 按钮（图 2-33）。

图 2-33　安装技能页面

技能开始下发到 HiLens Kit 设备上，可以在设备列表看到进度条。当右下方提示"Install Successfully"时，技能安装成功。在 HiLens Studio 右侧的 Skill Installation 区，可以单击 Device Name 列设备左侧的 ❯ 图标，查看设备所安装的技能。

（5）启动技能。在 HiLens Studio 界面右侧 Skill Installation 区的 Device Name 列选择要启动技能的设备，单击设备名称左侧的❯图标，查看设备下的技能。如果右侧没有 Skill Installation 区，可单击 HiLens Studio 界面右侧的⚙图标，鼠标移至技能 Studio_Mask_Detection 的 Operation，单击 Start。在弹出的 Starting Skill 对话框中单击 OK 按钮。启动后在右下方会提示 Starting the skill。

技能启动时会有一个命令下发过程，需要等待一段时间技能才能启动成功，右下方提示 Success to start the skill，同时在界面看到技能状态 Status 更新为 Running。技能处于

Running 状态时，可以通过显示器查看技能输出的视频数据，此样例所开发的口罩识别技能可检测视频中的人是否佩戴口罩，输出的视频中会用矩形框标识出人脸，并标记是否戴口罩。

（6）发布技能（可选）。针对已经在 HiLens Studio 中调试运行好的技能代码，我们可以选择把技能发布到华为 HiLens 平台的技能市场，平台审核通过后，我们发布的技能可供其他用户购买使用。也可以把技能发布在 ModelArts 平台的 AI Gallery，共享给其他用户使用。

此处以发布到华为 HiLens 平台的技能市场为例描述技能发布的过程。单击 HiLens Studio 界面右侧的 图标，在 HiLens Widget 区单击 Release。在弹出的"发布技能"窗口中填写参数信息（表 2-5），单击"确定"按钮。

表 2-5　发布技能参数

参数	推荐填写
发布服务	选择 HiLens
计费策略	技能发布在技能市场的计费策略。可选择"免费"或"收费"
规格限制	最大并发量。选择默认输入值
计费模式	默认选择"一次性"
隐私声明	本样例涉及前三项，请勾选前三项隐私声明

提交之后，将发送至华为 HiLens 后台，由工作人员在 3 个工作日之内完成审核。审核完成后，发布的技能将展示在华为 HiLens 控制台的"技能市场"页面中。

【任务小结】

口罩检测其实就是物体识别，是卷积神经网络算法在一般场景下物体识别方法的应用。在 HiLens Studio 中能够实现口罩识别技能的开发及发布，丰富技能市场。

【考核评价】

评价内容	评分项	自评得分	教师考评得分	备注
学习态度	课堂表现、学习活动态度（40 分）			
知识技能目标	物体识别的概述（10 分）			
	物体识别的应用场景（10 分）			
	HiLens 口罩检测技能的开发（30 分）			
	HiLens 技能的发布（10 分）			
总得分				

任务4　环 保 管 理

【任务描述】

随着国家碳中和战略的实施以及绿色环保意识的深入人心，如何将垃圾正确分类已成为人们重点关注的问题。本任务主要分为三部分：第一部分是使用 MindSpore（CPU）版通过 Fine-Tuning 训练一个垃圾分类模型；第二部分是使用 MindSpore 官方提供的代码在手机上部署一个图像分类的 APP；第三部分是对第二部分的代码进行修改，把部署所使用的模型替换为第一部分训练得到的模型。

【任务目标】

- 了解环保管理应用场景。
- 认识 MobileNetV2 和 MindSpore 的功能。
- 理解并掌握通过 MindSpore 构建一个垃圾分类模型的过程。

【知识链接】

1.　环保管理的应用

自 2018 年以来，"智慧环保"受到了业内的广泛关注，顶层设计提出了大力发展"智慧环保"的要求，其至在《生态环境大数据建设总体方案》中明确了未来五年的具体目标。一时之间，环保企业积极抢抓这一时代新机遇，促进企业的智慧化转型。如今，智慧环保不再是纸上谈兵，智慧水务、智慧环卫、智慧能源、智慧分类、智慧海绵城市都已成为现实。智慧环保将人工智能等技术融合到环境应急管理和环境监测中，通过大数据进行风险评估、分析，从而提出环境治理智慧型解决方案。

智慧环保的发展中有几个应用要素举足轻重，物联网传感器、人工智能摄像头、感知汇聚解析大数据平台这三者的演进使得环保行业中的智慧化应用产生了勃勃生机。在智能工业迅速发展的当下，传感器成为生产过程中必不可缺的元件，随着"环保热"的持续升温，环境传感器应运而生。

环保现场装备智能化与物联网化将传感器、摄像头、感知汇聚解析大数据平台以装备的形式进行封装和推广，环保装备是环保技术的重要载体和环保产业的核心内容。时代发展日新月异，要求环保装备加快升级换代，因此"环保装备智造"频频出现在公众视野中。事实上，层出不穷的先进技术打破了环保装备在时空领域的制约。随着相关技术的成熟，"智能化""物联网化"必将是环保装备的发展趋势，远程化设计、智能化系统、一体化控制的环保装备能做到"环保"与"效率"两不误，保证高效运行和节能降耗。

2.　MobileNetV2 介绍

Google 团队 2017 年推出的 MobileNetV1 网络是一种为移动设备设计的通用计算机视觉神经网络，因此它也能支持图像分类和检测等。一般在个人移动设备上运行深度网络能提升用户体验，提高访问的灵活性，以及在安全、隐私和能耗上获得额外的优势。此外，随着新应用的出现，用户可以与真实世界进行实时交互，因此我们对更高效的神经网络有着很大的需求。

Google 团队在 2018 年提出 MobileNetV2,是专门为移动和嵌入式设备设计的网络架构,该架构能在保持类似精度的条件下显著地减少模型参数和计算量。MobileNetV2 基于 MobileNetV1 的基本概念构建,并使用在深度上可分离的卷积作为高效的构建块。此外,引入了两种新的架构特性:层之间的线性瓶颈层、瓶颈层之间的连接捷径。相比 MobileNetV1 网络,准确率更高,模型更小,并推动了移动视觉识别技术的有效发展,包括分类、目标检测和语义分割。此外,我们也可以下载代码到本地,并在 Jupyter Notebook 中探索。

3. MindSpore Lite 介绍

2020 年 3 月,MindSpore 全场景 AI 计算框架对外开源,作为端—边—云全场景的一部分,端侧领域 MindSpore Lite 在 2020 年 9 月正式发布并对外开源。目前 MindSpore Lite 作为华为 HMS Core 机器学习服务的推理引擎底座,已为全球 1000 多个应用提供推理引擎服务,日均调用量超过 3 亿,同时在各类手机、穿戴感知、智慧屏等设备的 AI 特性上得到了广泛应用。

MindSpore Lite 支持 CPU、GPU、NPU,并且支持 IOS、Android 和 LiteOS 等嵌入式操作系统,在模型方面支持 MindSpore、TensorFlow Lite、Caffe、Onnx 模型,极致性能、轻量化、全场景支持且高效部署。

MindSpore Lite 开源之后,在算子性能优化、模型小型化、加速库自动裁剪工具、端侧模型训练、语音类模型支持、Java 接口开放、模型可视化等方面进行了全面升级,升级后的版本更轻、更快、更易用。

4. 垃圾分类模型的构建

在深度学习计算中,从头开始训练一个网络机器的视觉任务网络耗时巨大,需要大量的计算能力。预训练模型选择常见的 OpenImage、ImageNet、VOC、COCO 等公开大型数据集,规模达到几十万甚至上百万张。大部分任务数据规模较大,训练网络模型时,如果不使用预训练模型,而从头开始训练网络,需要消耗大量的时间与计算能力,模型容易陷入局部极小值和过拟合。因此大部分任务都会选择预训练模型,在其上做微调(也称为 Fine Tune)。

一般一个分类网络包含两个部分:backbone 和 head,其中 backbone 部分通常是一系列卷积层,负责提取图片特征;head 部分通常是一组全连接层,用于分类,一般最后一个全连接层的输出对应使用数据集的分类个数。同数据集和任务中特征提取层(卷积层)分布趋于一致,但是特征向量的组合(全连接层)不相同,分类数量(全连接层 output_size)通常也不一致。这里我们选择冻结 backbone 部分的参数,只训练 head 的参数并进行微调。

【任务实施】

1. 垃圾分类模型构建(如代码 2-3 所示)

(1)准备工作。可参考前面关于 MindSpore 和 TensorFlow 环境搭建相关实验手册完成环境搭建。

(2)新建技能项目。参见任务 3 中任务实施的相关内容。

(3)导入实验所需模块。实验过程需要对数据格式进行转换,还有模型构建、保存等操作,因此需要导入相关模块。

(4)转换数据集格式。在进行模型训练时,除了设备本身的算力,数据集读取速度也

代码 2-3 垃圾分类模型构建

可能会成为瓶颈，因此在进行训练之前，需要把图片格式的数据转换为 MindSpore 需要的格式，随后对数据集进行数据增强，最后把数据转换为 Numpy 格式的二进制文件（.npy）进行存储，这样读取高效且后续模型训练时可以直接使用。

（5）设置超参数。训练一个图像分类模型通常有很多参数需要设置，如 batch_size，输入图片的宽高、保存模型的频率等，这里通过一个函数来设置这些超参数。需要注意的是，实验基于 MindSpore（CPU 版）设置，如果使用 GPU 或 Ascend 需要根据实际情况调整超参数。

（6）学习率动态设置。学习率设置是否合理可以决定模型训练时收敛的速度，通常在模型训练初期设置较大的学习率，随着训练轮数的增多，学习率逐渐减小，本任务定义了一个函数来完成这件事，根据全局训练步数来设置学习率。

（7）模型构建。MobileNetV2 模型中使用卷积、平均池化、残差块、批归一化等多种结构运算，同时在进行 Fine Tuning 的时候需要分离 backbone 和 head，因此本任务中将定义网络模型的代码封装为多个类和函数。

（8）训练参数及公共函数设置。在模型构建之后需要进行训练，因此需要选择合适的损失函数，同时为了获取模型训练过程中的参数，如损失值、每个 epoch 训练时间，需要设置监视器，本任务的模型使用 Fine Tuning，所以需要设置加载预训练模型的函数。在这些准备工作完成之后即可开始模型训练。

在这一部分会定义一个函数用于初始化 contex，然后设置运行平台和运行模式，同时针对昇腾，这里有一个切换精度的函数，可以加快模型训练速度，最后一个函数用来设置检查点。

（9）模型训练。设置预训练模型和数据集位置，然后调用前面定义的函数用于初始化设备、构建模型、创建数据集等，最后进行模型训练，在模型训练过程中会自动保存检查点，可根据损失值来选取效果最好的模型用于后续任务。

（10）模型评估。使用测试集对保存的模型进行评估，查看模型泛化能力，这一步需要指定检查点文件存储位置和测试集位置，分为加载模型、加载数据集、模型测试、结果查看等几个步骤。

（11）模型导出。前面保存的模型可以用于模型评估和作为预训练用于 Fine Tuning，但是如果想把模型部署在手机或 Atlas 产品上使用，还需要将模型导出。模型导出有多种方式，这里为了方便后续任务，选择 MindIR。

2. 垃圾分类 APP 构建

（1）模型转换。通过前面的代码可以发现，MindSpore 训练模型的时候模型保存为 MindIR 格式，但是 MindSpore Lite 使用的模型是 MS 格式的，因此在使用自己训练的模型之前需要先对模型进行转换。

1）打开网页 https://www.mindspore.cn/lite/docs/zh-CN/r1.9/use/downloads.html，选择 MindSporeLite 模型转换工具，下载模型转换工具。

2）将待转换的模型和解压后的模型转换工具放在同一个文件夹中，然后打开命令行窗口运行以下命令，mobilenetv2.mindir 是需转换的模型名称，根据实际情况替换，outputFile 后面的值是转换后的模型名称，建议和工程文件保持一致。

```
converter_lite --fmk=MINDIR --modelFile=mobilenetv2.mindir --outputFile=mobilenetv2
```

（2）模型替换。将转换后的模型文件复制到 app/src/main/assets/model 目录下，替换之前的模型。

（3）推理代码替换。因为模型进行了修改，因此需要对工程中的文件代码进行修改，包含标签类别、预处理和后处理操作等，共需替换以下两个文件：

1）app/src/main/cpp/MindSporeNetnative.cpp 文件，新的文件见源码包，该文件对类别标签进行了替换。

2）app/src/main/java/widget/CameraActivity 文件，新的文件见源码包，这里对摄像头获取图像的预处理部分做了修改。

（4）样例运行。工程代码和模型替换之后即可按照前面的步骤运行 APP，运行之前需要先把上一步在手机上安装的 APP 卸载掉。

【任务小结】

目前在环保管理中 AI 应用的典型场景就是垃圾分类，通过 MindSpore 能够构建一个垃圾分类模型。在任务实施中通过 MindSpore 训练一个垃圾分类模型的任务，修改官方样例，把训练好的模型部署到手机上，实现了用手机进行垃圾分类的功能。

【考核评价】

评价内容	评分项	自评得分	教师考评得分	备注
学习态度	课堂表现、学习活动态度（40 分）			
知识技能目标	环保管理的应用（10 分）			
	MobileNetV2（10 分）			
	MindSpore Lite（10 分）			
	垃圾分类模型的构建（10 分）			
	通过 MindSpore 来构建一个垃圾分类模型（20 分）			
总得分				

任务 5　客 流 监 控

【任务描述】

一个正确全面的客流分析是合理制定商业方案的基础。如何进行目标检测与跟踪？如何实现客流监控与管理？华为在 HiLens Kit 和 Tensorflow 2.0 中给出了解决方案。通过华为云 HiLens Studio 能够进行技能创建、模型转换、推理代码开发、技能模拟运行等操作，完成人体姿态检测与跟踪技能的开发。

【任务目标】

● 了解目标检测与跟踪的概念。

- 　理解单幅静止图像检测和运动目标检测方法的不同。
- 　认识目标跟踪的内容。
- 　了解目标检测与跟踪的应用场景。

【知识链接】

1.　目标检测与跟踪概述

目标检测与跟踪是近年来计算机视觉领域中备受关注的前沿方向，它从包含运动目标的图像序列中检测、识别、跟踪目标，并对其行为进行理解和描述。视频跟踪是计算机视觉领域的一项重要任务，是指对视频序列中的目标状态进行持续推断的过程，其任务在于通过在视频的每一帧中定位目标，以生成目标的运动轨迹，并在每一时刻提供完整的目标区域。

目标检测跟踪系统是对指定目标区域进行实时自动跟踪，实时解算出目标在图像场景中的精确位置，并输出目标偏离系统视轴的方位和俯仰误差信号，通过伺服控制回路驱动稳定平台跟踪目标。同时，图像跟踪系统接收来自外部控制系统的控制命令和数据，并按总体通信协议要求向外部控制系统回送跟踪系统的状态、图像数据和关键参数。实现目标跟踪的关键在于完整地分割目标、合理地提取特征和准确地识别目标，同时要考虑算法实现的时间，保证实时性。

传统视频监控系统只提供视频的捕获、保存、传输、显示画面等功能，而视频内容的分析识别等需要人工实现，工作量巨大且容易出错。智能监控系统是指在特定监控区域内实时监控场景内的永久或临时的物体，通过对视频传感器获取的信息进行智能分析来实现自动的场景理解、预测被观察目标的行为以及交互性行为。

在传统视频监控系统中，视频内容的分析、识别等需要人工实现，由于劳动强度高，工作量巨大且容易出错，因此视频监控系统正朝着智能化的方向发展。新一代的智能化监控系统采用了智能视频分析技术，克服了传统监控系统人眼识别的缺陷，具备实时对监控范围内的运动目标进行检测跟踪的功能；把行为识别等技术引入到监控系统中，形成新的能够完全替代人为监控的智能型监控系统。

智能视频分析技术涉及模式识别、机器视觉、人工智能、网络通信和海量数据管理等技术。视频智能分析通常可以分为三部分：运动目标识别、目标跟踪、行为理解。

在计算机视觉领域，目标检测是在图像和视频（一系列的图像）中扫描和搜寻目标，概括来说就是在一个场景中对目标进行定位和识别。

计算机视觉用两种方式来"跟踪"一个目标：密集跟踪和稀疏跟踪。跟踪是一系列的检测。假设在交通录像中，想要检测一辆车或一个人，使用录制不同时刻的快照（通过暂停键）来检测目标（一辆车或一个人），然后通过检查目标如何在不同的画面中移动（对录像的每一帧进行目标检测，如 YOLO 算法，可以知道目标在不同的画面里的坐标），由此实现对目标的追踪。比如要计算目标的速度，就可以通过两帧图像中的目标坐标来实现。

目标检测和目标跟踪的异同主要表现为：

第一，目标检测可以在静态图像上进行，而目标跟踪需要基于录像（视频）。

第二，如果对每秒的画面进行目标检测，也可以实现目标跟踪。

第三，目标跟踪不需要目标识别，可以根据运动特征来进行跟踪，而无须确切知道跟踪的是什么，所以如果利用视频画面之间（帧之间）的临时关系，单纯的目标跟踪可以很高效地实现。

第四，基于目标检测的目标跟踪算法计算非常昂贵，需要对每帧画面进行检测才能得到目标的运动轨迹。而且，只能追踪已知的目标，因为目标检测算法只能实现已知类别的定位识别。

因此，目标检测要求既定位又分类。而目标跟踪，分类只是一个可选项，根据具体问题而定，我们可以完全不在乎跟踪的目标是什么，只在乎它的运动特征。实际应用中，目标检测可以通过目标跟踪来加速，然后再间隔一些帧进行分类（好几帧进行一次分类）。在一个慢点的线程上寻找目标并锁定，然后在快的线程上进行目标跟踪，这样系统运行更快。

2. 目标检测方法

（1）目标检测的分类。目标检测从目标特性角度分为静止目标检测和运动目标检测。静止目标检测通常是利用单帧图像信息，对于大目标，可以利用图像分割或特征匹配等方法提取出目标，但对于低对比度、低信噪比的小目标，利用单帧信息很难检测出有效目标。

运动目标检测又分为静止背景下的运动目标检测和运动背景下的运动目标检测。运动目标可以利用图像的运动序列信息，与单幅图像不同，连续采集的图像序列能反映场景中目标的运动和场景的变化情况，更有利于小目标的探测。

（2）目标检测的基本思想。远距离摄取的图像可以认为是由三个分量组成的：目标图像、背景图像和噪声图像。目标检测目的是抑制背景、消除噪声和突出目标。通过灰度奇异性特征、几何形状特征、运动特征、频谱特征等来突出目标，过程中需要针对具体的应用情况而定。抑制背景和消除噪声都是为了更好地突出目标。对于目标与背景亮度差异较大、背景比较简单的情况，通常会采用阈值分割的方法来提取目标；对于复杂背景下的大目标，需要利用目标的几何形状特征或运动特征来提取目标。静止背景下常用的有背景差分法、帧间差分法等，运动背景下常用的有匹配法、光流法、运动估计法等。低信噪比下小目标检测是难点也是重点，通常采用滤波的方法，常用的有三维匹配滤波、动态规划法、多级假设检验等。

（3）目标检测的常用方法。第一类是基于像素分析的方法，主要有基于图像分割的方法、帧间差分方法、相关算法、光流法等；第二类是基于特征匹配的方法，主要利用的特征有角点、直边缘、曲边缘等局部特征和形心、表面积、周长、投影特征等全局特征；第三类是基于频域的方法，较典型的是基于傅立叶变换和基于小波变换的方法；第四类是基于识别的检测方法，较典型的是基于边缘碎片模型的目标检测识别方法。

3. 目标跟踪技术与行为识别

跟踪可定义为估计物体围绕一个场景运动时在图像平面中的轨迹，即一个跟踪系统给同一个视频中不同帧的跟踪目标分配一致的标签。在计算机视觉领域目标跟踪是一项重要工作。随着相机的普及，对自动视频分析与日俱增的需求引起了人们对目标跟踪算法的浓厚兴趣。

所谓目标跟踪，可以简单地定义为对连续的视频序列中的目标维持一条航迹，进而获得目标的位置、速度等运动参数，以及形状、大小、颜色等对后续目标分析与理解非常重要的测量信息。

行为识别（Behavior Understanding）是指对目标的运动模式进行分析和识别，并用自然语言等加以描述。同目标识别与跟踪技术相比，行为识别技术是监控领域的较高研究层次，在计算机视觉中是一个极具吸引力及挑战性的课题。在视频行为识别中，通常是预先规定好若干动作类型（此过程由目标数据库所决定），然后利用数据库的训练样本对各种动作类型进行特征建模，在必要的时候还要加入训练的部分，构成一个动作模型库。它也可以使用自然语言描述人的行为，实现对行为的识别和理解。自然语言描述的核心思想是：模仿人类语言的表达方式，通过有限词汇的不同组合来表示具有不同意义的句子、段落和文章。在行为分析与理解领域，可以把某个图像看成一个视觉词汇，或叫作视觉单词，把视觉词汇进行组合就可以得到视频的自然语言描述，由于不同行为有不同的描述，因此可以通过不同的描述来区分不同的行为。

运动目标跟踪在工业过程控制、医学研究、交通监视、自动导航、天文观测等领域有重要的实用价值。尤其在军事上，目标跟踪技术已被成功地用于武器的成像制导、军事侦察和监视方面。运动目标跟踪的目的就是通过对传感器拍摄到的图像序列进行分析，计算出目标在每帧图像上的位置，给出目标速度的估计。

可靠性和精度是跟踪过程的两个重要指标。远距离，目标面积较小，机动性不强，通常采用滤波方法跟踪目标以提高跟踪精度。近距离，目标具有一定面积，其帧间抖动较大时，一般采用窗口质心跟踪或匹配跟踪方法以保持跟踪的稳定性和精度。

4. 目标检测与跟踪的应用场景

（1）智能视频监控。基于运动识别（基于步法的人类识别、自动物体检测等）、自动化监测（监视一个场景以检测可疑行为）、交通监视（实时收集交通数据用来指挥交通流动）。

（2）人机交互。传统人机交互是通过计算机键盘和鼠标进行的，为了使计算机具有识别和理解人的姿态、动作、手势等能力，跟踪技术是关键。

（3）机器人视觉导航。在智能机器人中，跟踪技术可用于计算拍摄物体的运动轨迹。

（4）虚拟现实。虚拟环境中 3D 交互和虚拟角色动作模拟直接得益于视频人体运动分析的研究成果，可给参与者更加丰富的交互形式，人体跟踪分析是其关键技术。

（5）医学诊断。跟踪技术在超声波和核磁序列图像的自动分析中有广泛应用，由于超声波图像中的噪声经常会淹没单帧图像的有用信息，因此静态分析变得十分困难，而通过跟踪技术利用序列图像中目标在几何上的连续性和时间上的相关性可以得到更准确的结果。

（6）现代军事。现代军事理论认为，掌握高科技将成为现代战争取胜的重要因素。以侦察监视技术、通信技术、成像跟踪技术、精确制导技术等为代表的军用高科技技术是夺取胜利的重要武器。成像跟踪技术是为了在战争中更精确、及时地识别敌方目标，有效地跟踪目标，是高科技武器系统中至关重要的核心技术。

【任务实施】

1. 使用华为云 HiLens Studio 完成人体姿态检测与跟踪技能的开发

（1）准备工作。参考前面关于 MindSpore 和 TensorFlow 环境搭建相关实验手册完成环境搭建，包括相关依赖服务的授权和 HiLens Studio 的开通。

（2）创建技能项目。进入 HiLens Studio，单击"HiLens 管理控制台"页面的"技能开发"→HiLens Studio，打开 HiLens StudioGetting Started 页面，单击 New Project 按钮，弹出"选择模板创建 HiLens Studio 项目"对话框（图 2-34），在"基本信息"区域中可以修改技能的基本信息，如名称、版本号，可以为技能添加图标和描述，也可以不改任何信息，直接单击"确定"按钮，将会自动跳转到 HiLens Studio 主页。

视频 2-7 行人检测与跟踪

创建技能

基本信息

注意：点击确定后会创建技能并录入HiLens Studio进行技能开发。

技能模板	使用空模板 / 选择已有模板
已选择模板	Pedestrian_Detection_and_Tracking
★ 技能名称	Pedestrian_Detection_and_Tracking_202102195
★ 技能版本	0.0.1
★ 适用芯片 ⑦	Ascend 310
★ 检验值 ⑦	pedestrian
★ 应用场景 ⑦	其它 / HiLens Studio Beta
技能图标	＋
★ OS平台 ⑦	Linux Android iOS LiteOS Windows
描述 ⑦	H B T I U S 🖉 ✎ ⊘ ☰ ☷ 66 ⊞ ⊞ > ↩ ↪

基本信息 ⑨

技能模板	ff808082772...
★ 技能名称	Pedestrian_D...
★ 技能版本	0.0.1
★ 适用芯片	Ascend 310
★ 检验值	pedestrian
★ 应用场景	其它-HiLens...
技能图标	
★ OS平台	Linux
描述	

运行时配置（可选）⑨

确定 取消

图 2-34　创建技能的基本信息

（3）转换原始模型。在 model 文件夹下预置的是 TensorFlow 版本的人体姿态检测模型，并不能在 HiLens 上直接使用，所以要将原始的 TensorFlow 模型转换为 HiLens 可以支持的 Ascend 模型。

1）单击 Terminal→New Terminal，打开终端。

2）复制以下命令到终端，按 Enter 键执行命令。

```
/opt/ddk/bin/aarch64-linux-gcc7.3.0/omg --model=./model/yolo3_resnet18_pedestrian_det.pb --input_shape=
'images: 1,352,640,3' --framework=3 --output=./model/pedestrian_det --insert_op_conf=./model/aipp.cfg
```

以上命令使用华为 Ascend 芯片的 OMG（Offline Model Generator，离线模型生成器）工具，将模板中提供的原始 TensorFlow 版本的人体姿态检测模型转换为 HiLens 可以支持的 Ascend 模型。其中的参数解释如下：

--model：原始模型文件的路径。

--input_shape：原始模型输入节点的名称与 shape。

--framework：原始模型的框架类型，0 代表 Caffe，3 代表 TensorFlow。

--output：转换后的模型输出路径（包含文件名，会自动以.om 后缀结尾）。

--insert_op_conf：对模型输入数据进行预处理的配置文件路径，即 aipp 配置文件。

本案例中的 aipp 配置文件内容如图 2-35 所示，其中指定了转换后模型的输入数据格式为 uint8 类型的 RGB 格式图像（input_format），输入图像的尺寸为 640×352（src_image_size_w/h），3 通道数据的方差（var_reci_chn_0/1/2）为 0.003922（1/255，指的是输入数据除以 255）。使用了 aipp 配置文件（aipp 配置文件不是必须的，但是加了这个文件，推理性能有很大优化）转换后的模型，某些预处理操作（如色域转换、归一化等）会内置在模型中，在推理时性能会更优。

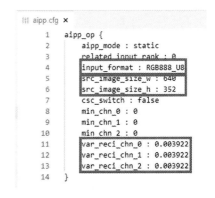

```
aipp.cfg ×
 1  aipp_op {
 2      aipp_mode : static
 3      related_input_rank : 0
 4      input_format : RGB888_U8
 5      src_image_size_w : 640
 6      src_image_size_h : 352
 7      csc_switch : false
 8      min_chn_0 : 0
 9      min_chn_1 : 0
10      min_chn_2 : 0
11      var_reci_chn_0 : 0.003922
12      var_reci_chn_1 : 0.003922
13      var_reci_chn_2 : 0.003922
14  }
```

图 2-35　aipp 配置文件

3）成功后会在 model 文件夹下出现华为 HiLens 支持推理的.om 文件。本案例中使用的 yolo3_resnet18_pedestrian_det.pb 模型（已在 model 文件夹下预置）是使用来自于 ModelArts AI Gallery 的"物体检测 YOLOv3_ResNet18"算法训练得到的。如果对这个模型的训练过程感兴趣，可以选择在华为云学院沙箱实验室列表中搜索"基于 ModelArts 实现人体姿态检测模型训练和部署"实验名，然后单击进入该实验，即可按照实验文档训练得到该模型，训练好的模型会存储在 OBS 中。

（4）准备测试数据。本次任务中，我们在 test 目录中预置了测试视频 camera0.mp4 供用户使用。用户也可以上传自己的视频进行测试，只需在文件目录区的空白处右击并选择 Upload Files，即可将本地的文件上传至 HiLens Studio。

（5）目标检测技能开发。在 src/main/python 的 main.py 文件的代码中，主要用到 Yolo3 和 Tracker 两个类。利用我们转换的 pedestrian_det.om 创建一个检测模型 Yolo3 类的实例 person_det。person_det 会使用 Yolo3 类的 infer 函数进行模型推理并返回检测结果。接下来会使用 Yolo3 类的 draw_boxes 函数在返回检测结果的图像上画出检测框。

（6）目标跟踪技能开发（如代码 2-4 所示）。

1）main.py 初始化跟踪器。即连续 3s 匹配到的目标才创建跟踪对象，允许跟踪对象丢失的最大时间为 3s，跟踪对象匹配时的最小 iou 阈值为 0.5（iou 衡量了两个边界框重叠的相对大小）。

代码 2-4　行人跟踪监测源

2）利用 Tracker 类的 update 函数进行多目标跟踪，再用 draw_tracking_object 函数在多目标的检测结果中画出跟踪框。

（7）运行目标检测技能。

1）打开 src/main/python 下的 main.py 文件。

2）选择上方导航栏的设置按钮中的 Read Stream from File，将使用工程目录中的视频文件进行推理测试，单击"运行"按钮执行推理代码。

3）在右侧的 Video Output 看到视频的人体姿态检测结果。

4）单击上方导航栏的"停止运行"按钮，停止正在执行的代码。

5）取消 main.py 脚本中 Tracker 相关代码的注释。

6）选择上方导航栏的设置按钮中的 Read Stream from File，单击"运行"按钮执行推理代码。

7）在右侧的 Video Output 看到视频的人体姿态检测与跟踪结果。

8）单击上方导航栏的"停止运行"按钮，停止正在执行的代码。

（8）运行目标跟踪技能。

（9）发布目标检测与跟踪技能。

（10）关闭 HiLens Studio。单击 File→Shutdown HiLens Studio，在弹出的对话框中单击 OK 按钮，退出 HiLens Studio。

【任务小结】

目标检测跟踪是指在运动目标的图像序列中检测、识别、跟踪目标，并对其行为进行理解和描述。目标检测跟踪系统是对指定目标区域进行实时自动跟踪。目标检测从目标特性角度分为静止目标检测和运动目标检测。远距离摄取的图像由目标图像、背景图像和噪声图像组成。目标检测的常用方法主要有基于像素分析的方法、基于特征匹配的方法、基于频域的方法和基于识别的检测方法。检测的目的是抑制背景、消除噪声和突出目标。目标跟踪是对连续的视频序列中的目标维持一条航迹，进而获得目标的位置、速度等运动参数，以及形状、大小、颜色等信息。目标检测与跟踪的应用场景有智能视频监控、人机交互、机器人视觉导航、虚拟现实、医学诊断、现代军事等。

【考核评价】

评价内容	评分项	自评 得分	教师考评 得分	备注
学习态度	课堂表现、学习活动态度（40 分）			
知识技能目标	目标检测与跟踪概述（10 分）			
	目标检测方法（10 分）			
	目标跟踪技术与行为识别（10 分）			
	目标检测与跟踪的应用场景（10 分）			
	使用华为云 HiLens Studio 完成人体姿态检测 与跟踪技能的开发（20 分）			
总得分				

任务 6　安全行为监控

【任务描述】

智能 AI 安全行为监控技术应用是人工智能的一个研究方向。它可以在监控规则和现场画面具体内容叙述中创建投射关联，再利用视觉算法实际操作技术水平对监控画面开展鉴别、追踪和检测。智慧园区在这方面主要是将人体姿态检测应用于人机交互、金融、移动支付等方面。下面先从认识人体姿态检测开始，再借用华为云 HiLens Studio 完成人体姿态检测与跟踪技能的开发。

【任务目标】

- 了解识别人体动作的过程。
- 掌握人机交互过程的关键技术点。
- 了解人体姿态的应用场景。
- 掌握用华为云 HiLens Studio 完成人体姿态检测与跟踪技能的开发过程。

【知识链接】

1. 人体姿态检测概述

人体姿态检测主要是研究描述人体姿态以及预测人体行为，其识别过程是在指定图像或视频中，根据人体中关节点位置的变化识别人体动作的过程。在人体姿态检测方面，有些小得难以看见的关节点或遮蔽的关节点无法进行很好的识别，但是利用深度学习技术就可以根据上下文来判断关节点。

基于计算机视觉的人机交互一般可分为 4 个部分：有没有人、人在哪、这个人是谁、这个人在做什么。人脸识别可以实现前三部分，但是第四部分的这个人在做什么，人脸识别就失效了。还有第三部分的这个人是谁，当图片的分辨率太小，以至于人脸识别失效，或者图片中的人只有背影的时候，就无法识别出这个人是谁了。

2．人机交互过程中涉及的关键技术

人机交互过程中涉及的关键技术如表 2-6 所示。

表 2-6　人机交互过程中涉及的关键技术

关键技术	解决问题
目标检测	图片中找到目标的位置，一般输出目标的位置信息
语义分割	图片中找到目标的位置，一般输出目标的具体形状掩码
人脸识别	识别出人脸的具体类别（身份、性别、年龄等属性）
人体骨骼关键点检测	定位人在图像中的位置和人体各关键点的位置
动作识别	检测出图像中的人在哪里，在做什么
行人重识别	以人的身体属性识别出人的身份，不需要高的分辨率
步态识别	以人的身体轮廓信息识别出人的身份，不需要高的分辨率

姿态识别主要是识别出这个人这一段时间在做什么，或者根据其姿态信息、运动规则来完成身份验证功能。姿态识别需要单帧或者多帧连续的姿态数据，通过算法模型计算得出人在做什么或者是谁。姿态识别流程分为：图像数据获取（接收图像数据、亮度调整）、人体分割（人体骨骼关键点检测、语义分割）、人体姿态识别（动作特征提取、身份特征提取）、数据分类（数据相似性计算、分类器）。

人体分割使用的方法可以大体分为人体骨骼关键点检测、语义分割等方式实现，这里主要分析与姿态相关的人体骨骼关键点检测。人体骨骼关键点检测输出的是人体的骨架信息，一般作为人体姿态识别的基础部分，主要用于分割、对齐等，实现流程如图 2-36 所示。人体骨骼关键点检测也称为姿态估计（Pose Estimation），主要检测人体的关键点信息，如关节、五官等，通过关键点描述人体骨骼信息，常被用来作为姿态识别、行为分析等的基础部件。

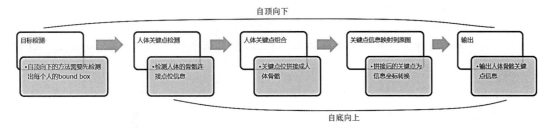

图 2-36　人体分割的流程

人体姿态识别包括动作识别和身份识别两个方面，关键在人体特征提取。人体特征提取主要完成动作特征提取和身份特征提取。动作识别主要通过视频逐帧分析，采用连续的动作识别出人物动作，如走路、跑步、蹲下等。在计算机视觉的人机交互中有很多的应用，主要处理模型分为两大类：卷积神经网络（3D-CNN）和基于循环神经网络与其扩展模型

（CNN+LSTM）。身份识别有行人重识别和步态识别两种实现方法。行人重识别（Person Re-identification，ReID）也称行人再识别，是利用计算机视觉技术判断图像或者视频序列中是否存在特定行人的技术，被认为是一个图像检索的子问题，旨在弥补固定摄像头的视觉局限，并可与行人检测/行人跟踪技术相结合，可广泛应用于智能视频监控、智能安保等领域。行人重识别是生物识别的一个重要部分，可以作为人脸识别的一个补充。步态识别首先对视频预进行处理，将行人与背景分离，形成黑白轮廓图 silhouette，然后再在连续多帧的 silhouette 图中获取特征，最终达到身份识别的目的。依据的是每个人都会有自己的走路方式，这是一种比较复杂的行为特征。

多人姿态检测比单人姿态检测要难一些，因为图像中的人数以及每个人的位置是未知的。一般来说，比较简单的解决方法是首先添加人体检测器，然后分别估计每个人的关节，最后计算每个人的姿势，这种方法被称为自顶向下的方法。另外一种方法是先检测出一幅图像中的所有关节（即每个人的关节），然后将检出的关节连接、分组，从而找出属于各个人的关节，这种方法叫作自底向上的方法。

3. 人体姿态检测的应用场景

人体姿态是人体重要的生物特征之一，有很多的应用场景，如步态分析、视频监控、增强现实、人机交互、金融、移动支付、娱乐、游戏、体育科学等。

姿态识别能让计算机知道人在做什么，识别出这个人是谁。特别是在监控领域，在摄像头获取到的人脸图像分辨率过小的情况下是一个很好的解决方案，还有在目标身份识别系统中可以作为一项重要的辅助验证手段，达到减小误识别的效果。

在家庭智能安防方面，固定场景下的人体姿态检测技术可以应用于家庭监控，比如为了预防独居老人摔倒情况的发生，可以通过在家中安装识别摔倒姿态的智能监控设备对独居老年人摔倒情况进行识别，当出现紧急情况时及时作出响应。

在人机交互方面，人体姿态检测可以对人体关键部位，比如手肘、脚踝、膝盖等位置做到实时识别，以提供无接触人机交互，目的是为了进一步实现复杂的无接触人机交互，提升用户体验。

【任务实施】

在华为云 HiLens Studio 上完成人体姿态检测与跟踪技能的开发。

（1）准备工作。参见任务 5 的相关内容。

（2）创建技能项目。参见任务 5 的相关内容。

（3）准备测试数据。本次任务实施中，在 test 目录中预置了测试视频 camera0.mp4 供用户使用。用户也可以上传自己的视频进行测试，只需在文件目录区的空白处右击并选择 Upload Files，即可将本地的文件上传至 HiLens Studio。

（4）推理代码解读（如代码 2-5 所示）。

在 src/main/python 的 main.py 文件中输入代码。

在 src/main/python 的 utils.py 文件中输入代码。

（5）代码增强。本案例中增加了安全行为监控的功能，对于非安全的行为进行文字提示，相关功能均在原始案例中改进，这里介绍如何实现非安全行为的识别以及信息提示。

1）创建配置文件并设定配置选项。配置文件用于配置非安全行为，由于在不同应用中对于非安全行为界定的不同，在本案例中仅仅增加了识别关节角度以及关节位置的功能，

视频 2-8 人体姿态检测

代码 2-5 推理代码

角度与位置信息在配置文件中声明。在 src/main/python 目录中创建 config.py 文件，包含一个常量信息 BORN_JOINT 和一个配置选项 UNSAFE_CONFIG。

2）增加判断关节位置的函数。在 src/main/python 目录的 utils.py 文件中定义函数实现判断关节位置是否安全的响应函数（handle_position），如果位置小于指定数值，则在屏幕中出现警告信息。

3）增加判断关节夹角的函数。在 src/main/python 目录的 utils.py 文件中定义判断关节夹角是否安全的响应函数（handle_angles），如果关节的夹角不符合安全配置选项，则屏幕中出现警告信息。

4）增加非安全识别函数，并在主函数中调用。在 src/main/python 目录的 utils.py 文件中定义非安全行为识别的主函数（draw_un_safe），并且在 main.py 中调用主函数。

（6）安装技能（可选）。参见任务 2 中任务实施的相关内容。

（7）运行技能。

1）打开 src/main/python 下的 main.py 文件。

2）选择上方导航栏设置按钮中的 Read Stream from File，将使用工程目录中的视频文件进行推理测试，单击"运行"按钮执行推理代码。

3）在右侧的 Video Output 查看视频的人体姿态检测结果。

4）单击上方导航栏中的"停止运行"按钮，停止正在执行的代码。

（8）关闭 HiLens Studio。单击 File→Shutdown HiLens Studio，在弹出的对话框中单击 OK 按钮退出 HiLens Studio。

【任务小结】

人体姿态检测主要是研究描述人体姿态以及预测人体行为，其识别过程是在指定图像或视频中，根据人体中关节点位置的变化识别人体动作的过程。人机交互过程关键技术点有目标检测、语义分割、人脸识别、人体骨骼关键点检测、动作识别、行人重识别、步态识别。人体姿态的应用场景涉及生活、金融、科技等方面。

【考核评价】

评价内容	评分项	自评得分	教师考评得分	备注
学习态度	课堂表现、学习活动态度（40 分）			
知识技能目标	人体姿态检测概述（10 分）			
	人机交互过程中涉及的关键技术（10 分）			
	人体姿态检测的应用场景（10 分）			
	在华为云 HiLens Studio 上进行人体姿态检测与跟踪技能的开发（30 分）			
总得分				

任务7 手 势 识 别

【任务描述】

手势识别在 AI 环境中可以被视为人体语言的一种表达方式，通过手势搭建机器与人之间的一个快速沟通桥梁。通过使用 ModelArts 开发一个用于华为 HiLens 平台的算法模型实现手势识别在智慧园区的有效应用，从而提升园区的运行效率。针对业务开发者，华为 HiLens 提供了导入（转换）模型功能和开发技能的功能，我们可以自行开发模型并导入华为 HiLens，根据业务诉求编写逻辑代码，然后基于自定义的算法模型和逻辑代码新建技能。

【任务目标】

- 了解手势识别的基本含义。
- 了解手势识别技术的发展形势。
- 掌握手势识别的实现方式。
- 了解手势识别的优势及不足。
- 掌握基本的手势识别关键技术。

【知识链接】

1. 手势识别概述

在计算机科学中，手势识别是通过数学算法来识别人类手势的一个议题。手势识别可以来自人的身体各部位的运动，但一般是指脸部和手的运动。目前面部表情识别及手势识别已成为研究热点。大多数方法采用相机基于计算机视觉算法解释手语。然而识别人的姿势、步态、行为也是手势识别的一个分支。手势识别可以认为是让计算机理解人体肢体语言的一种手段，因此，人机交互不仅仅是文字接口或者用鼠标与键盘控制的用户图像界面，而是会有更多丰富的途径。

基于视觉的手势识别技术的发展是一个从二维到三维的过程。早期的手势识别是基于二维彩色图像的识别技术，是指通过普通摄像头拍出场景后得到二维的静态图像，然后再通过计算机图形算法进行图像中内容的识别。随着摄像头和传感器技术的发展，可以捕捉到手势的深度信息，三维的手势识别技术就可以识别出各种手型、手势和动作。

手势识别的目的是通过数学算法来识别人类的手势。手势识别可以被视为计算机理解人体语言的方式，从而在机器与人之间搭建比原始文本用户界面甚至图形用户界面更丰富的桥梁。手势识别使人们能够与机器（HMI）进行通信，并且无需任何机械设备即可自然交互。使用手势识别的概念，可以将手指指向计算机屏幕，使得光标进行相应的移动。这可能会使常规输入设备（如鼠标、键盘、触摸屏）变得冗余。

2. 手势识别技术的发展

二维手型识别也称静态二维手势识别，识别的是手势中最简单的一类，即只能识别出几个静态的手势动作，比如握拳或五指张开。这种技术只能识别手势的"状态"，而不能感知手势的"持续变化"。说到底是一种模式匹配技术，通过计算机视觉算法分析图像，和预设的图像模式进行比对，从而理解这种手势的含义。因此，二维手型识别技术只可以识别预设好的状态，拓展性差，控制感很弱，用户只能实现最基础的人机交互功能。其代表公司是被 Google 收购的 Flutter，它可以实现让用户用几个手型来控制播放器。

二维手势识别，没有包含深度信息，仍停留在二维的层面上。这种技术比起二维手型识别来说稍复杂一些，不仅可以识别手型，还可以识别一些简单的二维手势动作，比如对着摄像头挥挥手。二维手势识别拥有了动态的特征，可以追踪手势的运动，进而识别将手势和手部运动结合在一起的复杂动作。这种技术虽然在硬件要求上和二维手型识别并无区别，但是得益于更加先进的计算机视觉算法，可以获得更加丰富的人机交互内容，在使用体验上也提高了一个档次，从纯粹的状态控制变成了比较丰富的平面控制。其代表公司是来自以色列的 PointGrab、EyeSight 和 ExtremeReality。

相比较二维手势识别，三维手势识别增加了一个 Z 轴的信息，它可以识别各种手型、手势和动作。这种包含一定深度信息的手势识别需要特别的硬件来实现。常见的是通过传感器和光学摄像头来完成。

3. 手势识别的实现方式

（1）结构光（Structure Light）。这种技术的基本原理是通过激光的折射以及算法计算出物体的位置和深度信息，进而复原整个三维空间。不过由于依赖折射光的落点位移来计算位置，这种技术不能计算出精确的深度信息，对识别的距离也有严格的要求。

（2）光飞时间（Time of Flight）。其原理在于加载一个发光元件，通过 CMOS 传感器来捕捉计算光子的飞行时间，根据光子飞行时间推算出光子飞行的距离，也就得到了物体的深度信息。就计算上而言，光飞时间是三维手势识别中最简单的，不需要任何计算机视觉方面的计算。

（3）基于双摄像头的手势识别。该技术使用两个或两个以上的摄像头同时采集图像，通过比对这些不同摄像头在同一时刻获得的图像的差别，使用算法来计算深度信息，从而多角三维成像。

（4）多角成像（Multi-camera）。多角成像是三维手势识别技术中硬件要求最低，但也是最难实现的。多角成像不需要任何额外的特殊设备，完全依赖于计算机视觉算法来匹配两张图片里的相同目标。相比于结构光或光飞时间这两种技术成本高、功耗大的缺点，多角成像能提供"价廉物美"的三维手势识别效果。该技术的代表产品是 Leap Motion 公司的同名产品和 Usens 公司的 Fingo。

4. 手势识别的优势及不足

目前手势识别仍有一系列问题，如受复杂环境因素制约等亟待解决。相信随着计算视觉技术的全面发展，手势识别必然向更自然和灵活的方向发展，未来的人机交互也将更加自然，更加融合。

（1）技术复杂性低。手势识别技术简化了终端设备的操作过程，用户在使用之前无须了解设备的功能，用户采用度较高。而正是基于手势识别技术复杂性低、具有良好的用户友好性和易于终端用户学习的特点，未来手势识别市场将进一步扩大。手势识别技术的应用消除了用任何物理连接电子设备来控制它的必要性，其又比触摸屏更具交互性。所以，该技术除了为用户提供方便外，在汽车和医疗等许多应用领域也有各种优势。通过手势识别，用户可以通过简单的手势控制车辆信息娱乐系统。同样，在医疗保健应用程序中，外科医生可以使用手势识别来通过手势控制手术视频，从而消除了控制的需要。

（2）没有触觉。触觉是指通过触摸而产生的相互作用。有了手势识别，用户整个活动都是无触摸的。用户可以通过手势互动来玩视频游戏，而不再需要遥控器。或许最初用户可能会感到不舒服，需要一些时间来学习手势识别技术的工作原理，但由于消费者的意识和基于手势技术的设备的普及，预计这种限制的影响将在预测期内减小。

（3）功耗较高。手势处理需要高水平的软件算法，从而导致高电池消耗和处理器空间的增加。智能手机、笔记本电脑、媒体播放器和平板电脑等设备都对功率敏感。许多半导体厂商专注于集成芯片级别的软件，以降低成本，并开发支持手势识别的处理器。因此，在预测期间，功率限制的影响预计不会太大。

5. 手势识别算法

手势识别的关键技术有预处理时手势的分割、特征提取和选择、手势识别采用的算法。

（1）预处理时手势的分割。一般来讲，分割方法大致分为以下三类：一是基于直方图的分割，即阈值法，通常取灰度直方图的波谷作为阈值；二是基于局部区域信息的分割，如基于边缘和基于区域的方法；三是基于颜色等一些物理特征的分割方法，采用了基于颜色空间的肤色聚类法。

预处理时手势的分割中每种方法都有自己的优点，但也存在一定的问题，对于拥有简单背景的图像，采用阈值法能达到不错的效果，对于复杂的图像，单一的阈值不能得到良好的分割效果。采用边缘提取方法时，若目标物和背景灰度差别不大时，则得不到较明显的边缘。可以采用多种方法相结合的图像处理方法，例如对采集的图像先进行差影处理，然后进行灰度阈值分割，或者对图像按区域分成小块，对每一块进行阈值设置。手势分割是手势识别系统中的关键技术之一，它直接影响系统的识别率，目前的分割技术大都需要对背景、用户以及视频采集加以约束。其受背景复杂度和光照变化的影响最大，可以在这些方面进行改进。

（2）特征提取和选择。手势本身具有丰富的形变、运动和纹理特征，选取合理的特征对于手势的识别至关重要。目前常用的手势特征有轮廓、边缘、图像矩阵、图像特征向量、区域直方图特征等。多尺度模型就是采用提取手势的指尖数量和位置，将指尖和掌心连线，采用距离公式计算各指尖到掌心的距离，再采用反余弦公式计算各指尖与掌心连线间的夹角，将距离和夹角作为选择的特征。对于静态手势识别而言，边缘信息是比较常用的特征。采用的 HDC 提取关键点的识别算法，基于用八方向邻域搜索法提取出手势图像的边缘，把图像的边缘看成一条曲线，然后对曲线进行处理。

利用方向直方图作为手势识别的特征向量。虽然方向直方图具有平移不变性，但它不具有旋转不变性。同一手势图像，经过旋转后，直方图会不同。而且方向直方图不具有唯一性，即不同的手势图像可能会有相似的方向直方图。

（3）手势识别采用的算法。在进行特征选取时我们可以考虑结合多种特征，使用多尺度模型与矩描绘子相结合的算法，将指尖和重心连线，采用距离公式计算各指尖到重心的距离，再采用反余弦公式计算各指尖与重心连线间的夹角，将距离和夹角作为选择的特征，从而提高了识别正确率，并减少了识别时间。采用几何矩和边缘检测的识别算法，手势图像经过二值化处理后，提取手势图像的几何矩特征，取出几何矩特征七个特征分量中的四个分量，形成手势的几何矩特征向量。在灰度图基础上直接检测图像的边缘，利用直方图表示图像的边界方向特征。最后，通过设定两个特征的权重来计算图像间的距离，再对手势进行识别。适当地采用多种特征结合的算法，可以在计算的复杂度以及精确度上有所提高。

目前基于单目视觉的静态手势识别技术主要有三类。

第一类为模板匹配技术，这是一种最简单的识别技术。它将待识别手势的特征参数与预先存储的模板特征参数进行匹配，通过测量两者之间的相似度来完成识别任务。

第二类为统计分析技术，这是一种通过统计样本特征向量来确定分类器的基于概率统计理论的分类方法。这种技术要求人们从原始数据中提取特定的特征向量，对这些特征向量进行分类，而不是直接对原始数据进行识别。

第三类为神经网络技术，这种技术具有自组织和自学习能力，具有分布性特点，能有效地抗噪和处理不完整模式以及具有模式推广能力。采用这种技术，在识别前都需要经过神经网络的训练（学习）阶段。其中比较常用的是 BP 神经网络。BP（Backpropagation，误差反向传播）神经网络是一种能向着满足给定的输入输出关系方向进行自组织的神经网络，当输出层上的实际输出与给定的输入不一致时，用下降法修正各层之间旧的结合强度，直到最终满足给定的输入输出关系为止，出于误差传播的方向与信号传播的方向正好相反，称为误差反向传播神经网络。BP 神经网络的理论认为：只要不断给出输入和输出之间的关系，则在神经网络的学习过程中，其内部就一定会形成表示这种关系的内部构造，并且只要使关系形成的速度达到实用值，那么 BP 的应用就不存在任何的困难。

【任务实施】

1. 手势判断技能开发

（1）准备工作。参见任务 5 中任务实施的相关内容。

（2）创建技能项目。参见任务 5 中任务实施的相关内容。

（3）准备测试数据。

视频 2-9 手势识别技能开发_1

1）单击示例数据下载链接，将手势判断案例示例数据 gesture_recognition_data 下载至本地。在本地将 gesture_recognition_data 压缩包解压，解压后的 gesture_recognition_data 文件夹下包括一个子文件夹 gesture-data 和一个 .py 文件。

2）登录华为云，单击"产品"→"存储"→"对象存储服务"→"立即购买创建"，在"创建桶"页面（图 2-37）中输入桶名 hilens-gesture9，选择区域后单击"立即创建"按钮。

3）单击"对象"→"新建文件夹"→gesture-data→"确定"（图 2-38），按照同样的方法分别创建 gesture-data-output、gesture-data-record 和 gesture-convert-output 等文件夹。

4）华为 HiLens 在公共 OBS 桶中提供了用于手势判断技能模型训练的数据，命名为 gesture_recognition_data，本任务将使用此示例模型进行技能开发。需要将模型文件上传至自己的 OBS 目录下，即上面准备工作中创建的 OBS 目录 hilens-gesture/ gesture-recognition。

图 2-37 "创建桶"页面

图 2-38 创建文件夹

5）将事先下载的手势识别案例示例模型 gesture_recognition_data 下载至本地。将 gesture_recognition_data 压缩包解压至本地 gesture_recognition_data 文件夹下，其中包括一个子文件夹 gesture-data 和一个 index.py 文件。

6）利用 OBS Browser+工具将下载解压后的 gesture_recognition_data/gesture-data 文件夹下的所有数据上传至 hilens-gesture/gesture-data OBS 路径下（图 2-39）。OBS Browser+使用方法可参见 OBS Browser+ 工具指南（https://support.huaweicloud.com/browsertg-obs/obs_03_1000.html）。

（4）创建数据集。

1）登录 ModelArts 管理控制台，根据要求完成访问权限配置。在左侧菜单栏中选择"数据管理"→"数据集"，在数据集管理页面中单击"创建数据集"。

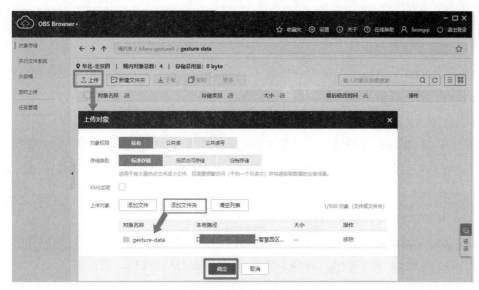

图 2-39　OBS 上传对象

2）在"创建数据集"页面中，"数据集输入位置"对话框选择准备数据中上传的数据存储目录（OBS 路径），需要选择到具体图片存储的父目录。

3）在"数据集输出位置"对话框中指定一个空目录，且此目录不能是数据来源目录下的子目录，将"标注类型"选择为"图像分类"，填写相关参数，然后单击"确定"按钮，如图 2-40 所示。

图 2-40　创建数据集

4）参数填写完成后单击"创建"按钮完成数据集创建。进入数据集管理页面，等待数据同步完毕，单击数据集名称进入预览页面，了解进度。由于提供的样例数据集已完成数据标注，当数据集预览页面显示图片已标注时表示数据已同步完成。

（5）发布数据集。在数据集管理页面中，单击"发布"按钮，在弹出的窗口中根据提示进行配置。由于本任务使用的算法必须使用切分的数据集进行训练，因此训练验证比例的参数必须设置，建议设置为 0.8 或 0.9，表示训练集和验证集的比例为 8:2 或 9:1。单击"确定"按钮完成发布数据集。

（6）订阅算法。ModelArts 官方提供了一个 ResNet_v1_50，算法用途为图像分类，我们可以使用此算法训练得到所需的模型。目前 ResNet_v1_50 算法发布在 AI Gallery 中。可以前往 AI Gallery 订阅此算法，然后同步至 ModelArts 中。

1）登录 ModelArts 管理控制台，在左侧菜单栏中选择 AI Gallery，进入新版 AI Gallery。在 AI Gallery 中选择"算法"页签，在搜索框中输入 ResNet_v1_50，查找对应的算法。ModelArts AI Gallery 有三个 ResNet_v1_50，可选择仅支持 Ascend 310 推理的算法进行应用，即图标中无 Ascend 910/Ascend 310 标识的算法。

2）单击算法名称进入算法详情页，单击右侧的"订阅"，根据界面提示完成算法订阅。此算法由 ModelArts 官方提供，目前免费开放。订阅算法完成后，页面的"订阅"按钮显示为"已订阅"。

3）单击详情页的"前往控制台"，此时弹出"选择云服务区域"对话框，选择 ModelArts 对应的区域，然后再单击"确定"按钮，页面将自动跳转至 ModelArts 的"算法管理"的"我的订阅"中同步对应的算法。

4）在 ModelArts 管理控制台的算法管理页面，算法将自动同步至 ModelArts 中。未同步的算法无法直接用于创建训练作业，因此从 AI Gallery 订阅完成后，需要在 ModelArts 管理控制台执行同步操作。同步成功后，下方界面中的"创建训练作业"按钮可用，且状态变更为"就绪"。

（7）使用订阅算法训练作业。

1）进入 ModelArts 管理控制台，单击左侧导航栏中的"训练管理"→"训练作业"进入"训练作业"页面。单击"创建"按钮，进入"创建训练作业"页面。

2）在"创建训练作业"页面填写训练作业相关参数，然后单击"下一步"按钮。

3）在基本信息区域，"计费模式"和"版本"为系统自动生成，不需要修改。可根据界面提示填写"名称"和"描述"。在训练作业基本信息中设置"算法来源"为订阅的 ResNet_v1_50 算法，即在"算法来源"中选择"算法管理"，单击"算法名称"右侧的"选择"，在弹出的对话框中选择"我的订阅"的算法。参照表 2-7 设置"训练输入""训练输出"和"调优参数"。

表 2-7　训练作业详细参数

参数	推荐填写
训练输入	选择"数据集"再选择步骤（4）中创建并发布的数据集及版本
训练输出	选择准备工作中新建的 hilens-gesture/gesture-data-output 文件夹，建议设置为一个 OBS 空目录，且此目录不能是数据来源目录下的子目录
调优参数	本示例可使用官方提供的默认参数值。如果需要调整，建议参考算法说明进行调整
作业日志路径	选择准备工作中新建的 gesture-data-record 文件夹用于存放日志
计费模式	系统自动生成，不需修改

4）在资源设置区域，选择"公共资源池"，并选择一个"规格"，建议选择一个 GPU

规格，运行效果更佳，将"计算节点个数"设置为 1。完成信息填写，单击"下一步"按钮。在"规格确认"页面，确认填写信息无误后单击"提交"按钮。

5）在"训练作业"管理页面可以查看新建训练作业的状态。训练作业的创建和运行需要一些时间，预计十几分钟，当状态变更为"运行成功"时表示训练作业创建完成。可以单击训练作业的名称进入详情页面，了解训练作业的"配置信息""日志"和"资源占用情况"等信息。在"训练输出位置"所在的 OBS 路径中可以获取生成的模型文件。

（8）转换模型。

1）在 ModelArts 管理控制台中，选择左侧导航栏的"模型管理"→"压缩/转换"，进入模型转换列表页面。单击左上角的"创建任务"，进入"创建任务"页面。在"创建任务"页面，参照表 2-8 填写相关信息。

表 2-8　创建任务参数

参数	推荐填写
名称	输入 gesture-recognition
描述	输入判断手势技能的简短描述，如将判断手势技能模型转换为.om 格式
输入框架	选择 TensorFlow
转换输入目录	选择转换输入目录为 hilens-gesture/gesture-data-output/frozen_graph
输出框架	选择 MindSpore
转换输出目录	选择转换输出目录为 hilens-gesture/gesture-convert-output
转换模板	选择 TF-FrozenGraph-To-Ascend-HiLens
高级选项	将"输入张量形状"设置为 images:1,224,224,3，其他选项均为默认值

2）任务信息填写完成后，单击右下角的"立即创建"。创建完成后，系统自动跳转至"模型压缩/转换列表"中。刚创建的转换任务将呈现在界面中，其"任务状态"为"初始化"。任务执行过程预计需要几分钟到十几分钟不等，请耐心等待，当"任务状态"变为"成功"时，表示任务运行完成并且模型转换成功。如果"任务状态"变为"失败"，建议单击任务名称进入详情页面，查看日志信息，根据日志信息调整任务的相关参数并创建新的转换任务。

（9）导入模型至华为 HiLens。

1）登录华为 HiLens 管理控制台，在左侧导航栏中选择"技能开发"→"模型管理"，进入"模型管理"页面。在"模型管理"页面，单击右上角的"导入（转换）模型"。在"导入模型"页面，参照表 2-9 填写参数，确认信息无误后单击"确定"按钮完成导入。

表 2-9　导入模型参数

参数	推荐填写
名称	输入 gesture-recognition
版本	输入 1.0.0
描述	输入导入模型的描述
模型来源	单击"从 ModelArts 导入"，在下拉列表中选择"OM（从转换任务中获取）"，在下方的转换任务列表中勾选转换的模型 gesture-recognition

2）模型导入后将进入"模型管理"页面，可从列表中查看已导入模型的模型状态，导入成功后模型"状态"为"导入成功"。

（10）新建技能。

1）在华为 HiLens 管理控制台的左侧导航栏中选择"技能开发"→"技能管理"，进入技能列表。在"技能管理"页面，单击右上角的"新建技能"进入"创建技能"页面。在"创建技能"页面的"技能模板"中选择"使用空模板"后填写基本信息和技能内容（可参照表 2-10）。

表 2-10　技能的基本信息

参数	推荐填写
技能模板	输入 Gesture_Recognition
技能名称	输入 1.0.0
技能版本	默认为 Ascend 310
适用芯片	输入 gesture，此处的检验值和 init 函数参数值应保持一致
检验值	选择"其他"，在文本框中输入"手势判断"
应用场景	上传技能图标
技能图标	用来向用户介绍技能的使用或技能的效果，可不上传
技能图片	选择 Linux 系统
OS 平台	输入技能的描述

2）根据模型和逻辑代码情况，参照表 2-11 填写技能内容，详细参数说明请参见技能内容。

表 2-11　技能内容基本信息

参数	推荐填写
技能模板	输入 Gesture_Recognition
技能名称	输入 1.0.0
技能版本	默认为 Ascend 310
适用芯片	根据准备数据所下载的"手势判断案例"，这里输入 gesture
检验值	选择"其他"，在文本框中输入"手势判断"
应用场景	上传技能图标

3）基本信息和技能内容填写完成后，可以在界面右侧查看其配置参数值，如果某个字段填写错误，在右侧会显示一个小红叉。确认信息无误后，单击"确定"按钮完成技能创建。

4）创建完成后，将进入"技能管理"页面，且技能状态为"未发布"，可以执行发布操作，将技能发布至技能市场；也可以安装技能至设备，并查看设备使用技能效果。

（11）发布技能。在华为 HiLens 管理控制台，单击左侧导航栏中的"技能开发"→"技能管理"，进入"技能管理"页面。选择需要发布的技能，单击右边的"发布"按钮。提交之后，将发送至华为 HiLens 后台，由工作人员进行审核，3 个工作日之内完成审核。当审核通过后，状态将变更为"审核通过，已发布"。

（12）安装技能。在"技能管理"页面，选择已开发的技能，单击右侧操作列的"安装"。勾选已注册且状态在线的设备，单击"安装"，安装成功后单击"确定"按钮，完成安装技能操作。安装过程中，华为 HiLens 管理控制台会将技能包下发到设备。下发技能包需要一段时间，可以从进度条中看到技能安装进度，下发完成后"进度"栏会提示"安装成功"。安装成功后，即可启动技能查看技能输出数据。

（13）启动技能（参见任务 2 中任务实施的相关内容）。技能处于"运行中"状态时，可以通过显示器查看技能输出的视频数据，此样例所开发的手势判断技能可识别一般的手势，技能输出的视频中会用矩形框标记出手势，并标记出手势含义。

【任务小结】

手势识别是让计算机理解人体肢体语言的一种手段，目的是通过数学算法来识别人类手势，使人们能够与机器（HMI）进行通信。手势识别技术从二维手型识别发展到三维手型识别，从静态的手势动作到包含一定深度信息的手势识别。手势识别实现方式有结构光、多角成像、基于双摄像头的手势识别。手势识别具有技术复杂性低的优势，也有受复杂环境因素制约、功耗较高等不足，同时还需要我们去适应无触摸感的特点。手势识别的关键技术有预处理时手势的分割、特征提取和选择、手势识别采用的算法。ModelArts 是面向 AI 开发者的一站式开发平台，使用 ModelArts 能够开发一个基于华为HiLens 平台的算法模型。

【考核评价】

评价内容	评分项	自评得分	教师考评得分	备注
学习态度	课堂表现、学习活动态度（40 分）			
知识技能目标	手势识别概述及技术发展（10 分）			
	手势识别的实现方式（10 分）			
	手势识别的优势及不足（10 分）			
	手势识别算法（10 分）			
	手势判断技能开发（20 分）			
总得分				

项 目 拓 展

1. 打开网址 https://support.huaweicloud.com/usermanual-hilens/hilens_02_0106.html，了解华为云车牌识别技能的相关知识。

2. 打开网址 https://www.mindspore.cn/tutorial/lite/zh-CN/r1.1/use/converter_tool.html，了解 MindSpore Lite 模型转换工具的使用方法。

3. 在华为云（https://www.huaweicloud.com/）中搜索"企业级 AI 应用开发套件 ModelArts Pro"，通过免费试用视觉套件认识华为云的视觉套件在智慧园区中的技术应用。

思考与练习

1. 简述人脸识别的流程。
2. 什么是神经网络？
3. 什么是卷积神经网络？
4. 目标检测和目标跟踪的异同主要表现在哪些方面？
5. 人体姿态识别包括哪些方面？
6. 手势识别的实现方式有哪些？

项目 3　智能管家语言模块开发

项目导读

随着信息技术的快速发展，智能语音技术已经成为人们获取信息和沟通最便捷、最有效的手段。智能语音技术是在传统语音系统的基础上，加入了自然语言处理、语音识别、语义理解等多项人工智能技术，通过机器去做大量重复性工作，从而为企业降本提效。

智能语音技术包括语音交互技术和对话机器人服务技术。那么，什么是语音交互技术？什么又是对话机器人服务技术？本项目将围绕语音唤醒和对话机器人服务的概念、原理、模型、测试、难点、分类、优势和应用场景等方面展开讨论，并通过相关任务进一步加深理解和实现 HiLens 语音唤醒技能的开发及华为云对话机器人服务的部署。

教学目标

- 了解语音唤醒的概念、原理、模型、测试、难点和应用场景。
- 了解对话机器人服务的概念、分类、优势和应用场景。
- 掌握注册设备到 HiLens 管理控制台的方法。
- 掌握 HiLens 语音唤醒技能的开发。
- 掌握使用华为云对话机器人服务的部署。
- 教导学生注意细节，重视细节设计对运行结果的影响及导向的社会意义，强化工程伦理认知。

任务 1　语 音 唤 醒

【任务描述】

随着移动智能终端的普及，语音交互作为一种新型的人机交互方式，正越来越引起整个 IT 业的重视。特别是苹果公司的 Siri 推出后，语音交互更取得了突飞猛进的广泛应用。而在语音交互设备中，语音唤醒技术越发显得重要，成为人与设备"沟通"的桥梁。那么，什么是语音唤醒？语音唤醒的原理又是什么？本任务将围绕语音唤醒的概念、原理、模型、测试、难点和应用等方面展开讨论，并通过任务实施让我们掌握 HiLens 语音唤醒技能的开发。

【任务目标】

- 了解语音唤醒的概念、原理、模型、测试、难点和应用。
- 掌握注册设备到 HiLens 管理控制台的方法。
- 掌握 HiLens 语音唤醒技能的开发。

【知识链接】

1. 语音唤醒概述

语音唤醒是语音交互前，设备需要先被唤醒，从休眠状态进入工作状态，才能正常地处理用户的指令。

语音交互前把设备从休眠状态叫醒到工作状态就叫作唤醒，常见的有触摸唤醒（锁屏键）、定时唤醒（闹钟）、被动唤醒（电话）等，而语音唤醒就是通过语音的方式将设备从休眠状态切换到工作状态。

语音唤醒（Keyword Spotting，KWS）指的是实现特定语音指令的唤醒，即在设备或软件中预置唤醒词，用户发出该语音指令时，在连续语流中实时检测出说话人的特定片段，无需触碰，设备便从休眠状态中被唤醒。这里要注意，检测的"实时性"是一个关键点，语音唤醒的目的就是将设备从休眠状态激活至运行状态，所以唤醒词说出之后，能立刻被检测出来，才会让用户的体验更好。

工作状态的设备会一直处理自己收到的音频信息，把不是和自己说话的声音也当作有效信息处理，就会导致乱搭话的情况。而语音唤醒就成功地避开了这个问题，在只有用户叫名字的时候工作，其他时间休眠。

2. 语音唤醒技术的原理

语音唤醒能力主要依赖于语音唤醒模型（以下简称"唤醒模型"），它是整个语音唤醒的核心。

唤醒模型主要负责在听到唤醒词后马上切换为工作状态，所以必须要实时监测，才能做到听到后即时反馈。由于需要实时响应，以及唤醒模型对算力要求不高等原因，一般唤醒模型是在本地的（区别于云端的 ASR 识别）。

唤醒模型的算法主要经历了下述三个发展阶段。

（1）基于模板匹配。用模板匹配的方法来做唤醒模型，一般会把唤醒词转换成特征序列，作为标准模板。然后再把输入的语音转换成同样的格式，使用 DTW（Dynamic Time Warping）等方法（图 3-1）计算当前音频是否和模板匹配，匹配则唤醒，不匹配则继续休眠。即找到唤醒词的特征，根据特征制定触发条件，然后判断音频内容是否满足触发条件。

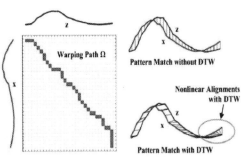
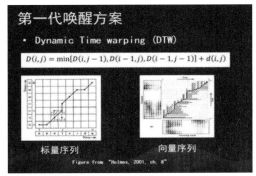

图 3-1　DTW 示意图

（2）隐马尔可夫模型。用隐马尔可夫模型（Hidden Markov Model，HMM）来做唤醒模型，一般会为唤醒词和其他声音分别建立一个模型，然后将输入的信号（会对音频信息进行切割处理）分别传入两个模型进行打分，最后对比两个模型的分值，决定是该唤醒还是保持休眠。将唤醒任务转换为两类识别任务，识别结果为 Keyword 和 Non-keyword（图 3-2）。即分别对唤醒词和非唤醒词做了一个模型，根据两个模型的结果对比决定是否唤醒。

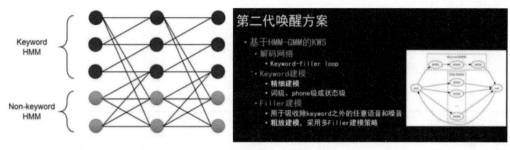

图 3-2　HMM 示意图

（3）基于神经网络。用神经网络来做唤醒模型，可以细分为以下几种类型：

1）基于 HMM 的语音唤醒。同第二代唤醒方案不同之处在于，将声学模型建模从高斯混合模型转换为神经网络模型，将模板匹配中的特征提取改为神经网络作为特征提取器（图 3-3）。

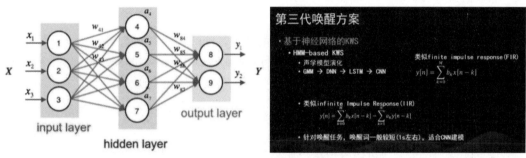

图 3-3　神经网络示意图

2）融入神经网络的模板匹配。采用神经网络作为特征提取器，在隐马尔可夫模型中的某个步骤使用神经网络模型。

3）基于端到端的方案。输入语音，输出为各唤醒的概率，用一个模型解决。

3. 语音唤醒模型训练

语音唤醒的模型训练主要分为以下 4 个步骤：

（1）定义唤醒词。定义唤醒词也是有讲究的，一般会定义 3~4 个音节的词语作为唤醒词。像我们常见的"芝麻开门""天猫精灵""小爱同学""小度小度"，全部都是 4 个音节，由于汉语的发音和音节的关系，你也可以简单地把音节理解为字数。唤醒词字数越少，越容易误触发；字数越多，越不容易记忆，这也是一般定义在 4 个字的原因。另外这 3~4 个字要避开一些常见的发音，避免和其他发音出现竞合，否则会频繁地出现误唤醒。一般唤醒词会做这样的处理，就是使用唤醒词中的连续 3 个字也可以唤醒，比如你喊"小爱同"，同样可以唤醒你的小爱同学。这是为了提高容错率而设定的规则。

（2）收集发音数据。收集唤醒词的发音，理论上来说发音人越多、发音场景越丰富，训练的唤醒效果越好。一般按照发音人数和声音时长进行统计，不同的算法模型对于时长的依赖不一样。基于端到端神经网络的模型，一个体验良好的唤醒词可能需要千人千时，就是一千个人的一千个小时。收集唤醒词发音的时候，一定要注意发音的清晰程度，有时候甚至要把相近的音也放到训练模型中，防止用户发音问题而导致无法进行唤醒。如果用户群体庞大，甚至可以考虑该唤醒词在各种方言下的发音。

（3）训练唤醒模型。数据都准备好了，就到了训练模型的阶段，这里常见的算法有（表3-1）：

1）基于模板匹配的KWS。

2）基于隐马尔可夫模型的KWS。

3）基于神经网络的方案。

表 3-1　常见算法模型的比较

算法模型	数据量	效果	基本原理
模板匹配	少	一般	正则匹配
隐马尔可夫	大	好	计算概率
端到端神经网络	巨大	很好	模拟人脑

（4）测试并迭代。测试并上线，一般分为性能测试和效果测试。性能测试主要包括响应时间、功耗、并发等，这个一般交给工程师来解决。产品会更关注效果测试，具体的效果测试我们会考虑唤醒率和误唤醒率这两个指标。后面的测试环节我们会详细介绍测试的流程和指标。

产品上线后，我们就可以收集用户的唤醒数据，唤醒词的音频数据就会源源不断。我们需要做的就是对这些唤醒音频进行标注、收集失败案例，然后不断地进行训练，再上线，就是这么一个标注、训练、上线的循环过程。直到边际成本越来越高的时候，一个好用的唤醒模型就形成了。

4. 语音唤醒测试

语音唤醒测试最好在可以模拟用户实际的使用场景中进行，因为不同环境可能实现的效果不一样。比如常见各个厂商说自己的唤醒率达99%，很可能就是在一个安静的实验室环境测试的，这样的数字没有任何意义。这里说的场景主要包括以下几点：周围噪声环境、说话人声音响度、说话距离等。测试的条件约束好，我们就要关心测试的指标，一般测试指标如下：

（1）唤醒率。在模拟用户使用的场景下，多人多次测试，重复的叫唤醒词，被成功唤醒的比例就是唤醒率。唤醒率在不同环境下，不同音量唤醒下，差别是非常大的。唤醒率越高，效果越好，常用百分比表示。用25dB的唤醒词测试，在安静场景下，5m内都可以达到95%以上的唤醒率（图3-4）；在65～75dB噪音场景下（日常交谈的音量），5m内的唤醒率能够达到90%以上就算不错了。所以在看到各厂家标识的唤醒率指标的时候，我们要意识到是在什么环境下测试的。

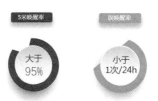

图 3-4　唤醒率（左）和误唤醒率指标（右）

（2）误唤醒率。在模拟用户使用的场景下，多人多次测试，随意叫一些非唤醒词内容，被成功唤醒的比例就是误唤醒率。误唤醒率越高，效果越不好，常用 24 小时被误唤醒多少次来表示（图 3-4）。如果误唤醒率高，就可能出现你在和别人说话的时候，智能音箱突然插嘴的情况。

（3）响应时间。响应时间即用户说完唤醒词后，到设备给出反馈的时间差。响应时间越短越好，纯语音唤醒的响应时间基本都在 0.5 秒以内，加上语音识别的响应时间就会比较长。

（4）功耗。功耗即唤醒系统的耗电情况。对于电池供电的设备，功耗越低越好。

5. 语音唤醒难点

语音唤醒的难点主要是低功耗要求和高效果需求之间的矛盾。目前很多智能设备采用的都是低端芯片，同时采用电池供电，这就要求唤醒所消耗的能源要尽可能少。目前语音唤醒主要应用于客户端，用户群体广泛，且要进行大量远场交互，对唤醒能力提出了很高的要求。

要解决两者之间的矛盾，对于低功耗需求，我们采用模型深度压缩策略，减少模型大小并保证效果下降幅度可控；而对于高效果需求，一般是通过模型闭环优化来实现。先提供一个效果可用的启动模型，随着用户的使用，进行闭环迭代更新，整个过程完成自动化，无需人工参与。

6. 语音唤醒应用

语音唤醒的应用领域十分广泛，主要是应用在语音交互的设备上面，用来解决不方便触摸，但是又需要交互的场景，如音箱、手机、机器人等。

生活中应用最好的是智能音箱，每个品牌的智能音箱都有自己的名字，我们通过音箱的名字进行唤醒，进行交互，控制家电。其次是手机，目前大部分手机都配有手机助手，从苹果公司 Siri 到现在的"小爱同学"，实现了让我们即使不触碰手机也可以实现一些操作。还有一些服务类型的机器人，也会用到语音唤醒。不过一般机器人会采用多模态的唤醒能力，它会结合语音唤醒、人脸唤醒、触摸唤醒、人体唤醒等多个维度的信息，在合适的时候进入工作状态。

比较有代表性的应用模式有如下几种：

（1）传统语音交互。先唤醒设备，等设备反馈后（提示音或亮灯），用户认为设备被唤醒了，再发出语音控制命令。缺点是交互时间长。

（2）One-shot。直接将唤醒词和工作命令一同说出。例如"叮咚叮咚，我想听周杰伦的歌"，客户端会在唤醒后直接启动识别以及语义理解等服务，缩短交互时间。

（3）Zero-shot。将常用用户指定设置为唤醒词，达到用户无感知唤醒。例如直接对车机说"导航到科大讯飞"，这里将一些高频前缀的说法设置成唤醒词。

（4）多唤醒。主要满足用户个性化的需求，给设备起多个名字。

（5）所见即所说。新型的 AIUI 交互方式。例如用户对车机发出"导航到海底捞"指令后，车机上会显示"之心城海底捞""银泰城海底捞"等选项，用户只需说"之心城"或"银泰城"即可发出指令。

语音唤醒的整个过程需要先定义唤醒词，再根据实际场景选择模型，收集数据，最后上线迭代。随着产品的用户越来越多，训练数据越来越大，整个唤醒模型进入一个正向循环，再考虑支持自定义唤醒词的能力。语音唤醒作为语音交互的前置步骤，主要负责判断什么时候切换为工作状态，什么时候保持休眠状态，而这个判断依据就是语音信息。其实到底是否需要语音唤醒这个能力也是看场景的，有些价格低的玩具，就是通过按住按钮进行语音交互的。

【任务实施】

HiLens 语音唤醒技能开发。

（1）注册设备到 HiLens 管理控制台（详见项目 2 任务 1 中任务实施的相关内容）。

（2）HiLens 语音唤醒技能开发

本任务介绍在 HiLens Studio 中开发一个语音唤醒案例，步骤如下：

1）申请 HiLens Studio 公测（详见项目 2 任务 1 中任务实施的相关内容）。

2）新建语音唤醒技能。使用 HiLens Studio 开发技能，开发者可以新建技能项目，在 HiLens Studio 中编写和调试技能代码，步骤如下：

步骤 1　登录华为 HiLens 管理控制台，在左侧导航栏中选择"技能开发"→HiLens Studio。等待大约 30 秒，进入 HiLens Studio 页面。在 HiLens Studio 页面中，单击 File→New Project。在弹出的"选择模板创建 HiLens Studio 项目"对话框中，选择"空白模板"，然后单击"新建技能"。

步骤 2　在"创建技能"页面中可以修改技能的基本信息，如名称、版本号，可以为技能添加图标和描述，也可以不修改任何信息，直接单击"确定"按钮（图 3-5），将会自动跳转到 HiLens Studio 主页（图 3-6）。

视频 3-1 HiLens 语音唤醒
技能开发

图 3-5　"创建技能"页面

图 3-6　HiLens Studio 主页

说明： 确认信息后请务必进入 HiLens Studio 页面查看所创建的技能项目，否则会创建空项目，造成后续无法在 HiLens Studio 页面中打开技能项目文件。如果打不开 HiLens Studio 页面，请检查浏览器是否设置了阻止弹出式窗口。如果浏览器设置了阻止弹出式窗口，请添加 HiLens Studio 网址为允许浏览器弹窗的白名单地址。

3）开发语音唤醒技能。新建技能开发项目后即可在 HiLens Studio 中通过编辑和调试技能逻辑代码开发自己的技能，步骤如下：

步骤 1　在 src\main\python 目录下新建文件 config.py（图 3-7）。

图 3-7　新建 config.py 文件

输入以下代码：

```
server_addr = "https://121.36.57.227/face/recognitionKeyWords"
start_keyWords = "芝麻开门"              # 0 退出 1 进入
end_keyWords = "吃面"
temp_audio_name = "temp.wav"            #临时文件目录
```

步骤 2　在 src\main\python 目录下新建文件 main.py（图 3-8），相关代码见代码 3-1。

代码 3-1 main.py

图 3-8　新建文件 main.py

步骤 3　上传字体文件 simsun.ttc（下载地址为 http://www.winwin7.com/soft/13718.html# xiazai，图 3-9）。

4）安装语音唤醒技能。针对已经在 HiLens Studio 中调试运行好的技能代码，可以在 HiLens Studio 页面中将其安装到技能部署到的设备中，查看技能的运行效果，判断此技能是否满足业务诉求（图 3-10）。

5）启动语音唤醒技能。把技能安装至设备后，可以直接在 HiLens Studio 中启动技能，查看技能运行效果（图 3-11）。

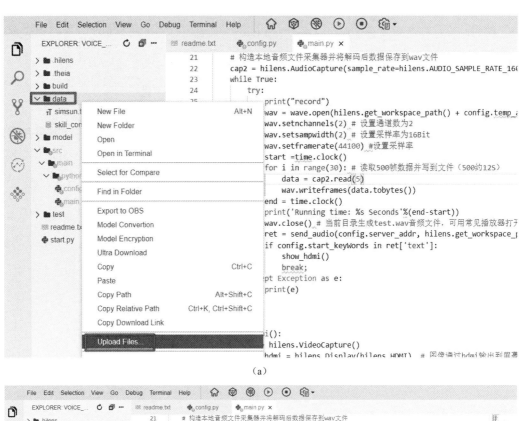

（a）

（b）

图 3-9　上传 simsun.ttc 文件

（a）

（b）

图 3-10　安装语音唤醒技能

（a）

（b）

图 3-11　启动语音唤醒技能

6）关闭 HiLens Studio。单击 File→Shutdown HiLens Studio（图 3-12），弹出 Shutdown HiLens Studio 对话框（图 3-13），单击 OK 按钮退出 HiLens Studio。

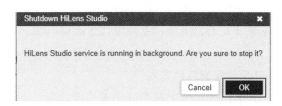

图 3-12　Shutdown HiLens Studio 选项　　　图 3-13　Shutdown HiLens Studio 对话框

【任务小结】

本任务主要介绍了语音唤醒的概念、原理、模型、测试、难点和应用等情况。通过连接 PC 和 HiLens Kit、升级 HiLens Kit 系统固件、同步时区和时间、组网配置等步骤，完成注册设备到 HiLens 管理控制台。通过申请 HiLens Studio 公测、新建语音唤醒技能、开发语音唤醒技能、安装语音唤醒技能、启动语音唤醒技能等步骤，完成 HiLens 语音唤醒技能的开发。

【考核评价】

评价内容	评分项	自评 得分	教师考评 得分	备注
学习态度	课堂表现、学习活动态度（40 分）			
知识技能目标	语音唤醒的概念、原理、模型、测试、难点和应用（30 分）			
	HiLens 语音唤醒技能开发（30 分）			
总得分				

任务 2　对话机器人服务

【任务描述】

人工智能技术的快速发展使得对话机器人服务的应用越来越广泛，除了传统的访客接待之外，对话机器人服务还能够基于客户的访问轨迹和历史数据预测访客意图和行为偏好，进而实现精准营销。那么，什么是对话机器人服务？对话机器人服务可以分为哪几类？又分别具有什么样的优势和适应什么样的场景？本任务将对此进行详细介绍，并进一步实现使用华为云创建自己的对话机器人服务。

【任务目标】

● 了解对话机器人服务的概念、分类、优势和应用场景。
● 使用华为云对话机器人服务。

【知识链接】

对话机器人服务（Conversational Bot Service）是一款基于人工智能技术，针对企业应用场景开发的云服务，主要包含智能问答机器人（QABot）、智能话务机器人（PhoneBot）、定制对话机器人（CBSC）和智能质检（SA）4 个子服务。

1. 智能问答机器人

智能问答机器人可帮助企业快速构建、发布和管理基于知识库的智能问答机器人系统，能够快速应用至售后自动回答、坐席助手、售前咨询等场景。

QABot 提供问答引擎、机器人管理平台来方便客户快速、低成本地构建智能问答服务。智能问答能满足用户快速上线、高度定制、数据可控的需求，具有问答准确率高、自主学习等特点，能够帮助企业节省客服人力，大大降低客服响应时间。

（1）QABot 的优势。

1）智能的问答管理。

- 热点问题、趋势、知识自动分析统计。
- 支持未知问题自动聚类，匹配相似问答，辅助人工不断扩充知识库。
- 支持问答调测，点对点的监测智能应答过程。
- 支持领域知识挖掘，提供易用的标注工具挖掘领域词。

2）全面的对话管理。

- 支持自然语言多能力融合，智能对话中控。
- 灵活的知识库管理，支持对知识的批量操作。
- 支持嵌入多轮对话技能，满足复杂的任务型对话场景。

3）高效训练部署。

- 基于 ModelArts 的底层算法能力，提供更快的模型训练、部署能力。
- 支持多算法模型效果验证，验证不同数据、参数、模型对问法效果的影响。
- 支持模型最优参数组合推荐，保证问答效果。

（2）QABot 的应用场景。QABot 能自动应答，拦截高频、易理解的问题，并根据日志、用户操作记录等进行语料挖掘和知识库构建，提升问答效果，降低企业客服运维人力成本。QABot 的应用场景如下：

1）售后自动问答。智能客服场景中，使用智能问答机器人来自动回答客户对产品售后支持、使用方法、疑难解答等的问询。在不同场景下，机器人可以自动回答 30%～80%的问题，显著降低企业人力成本。

2）坐席助手。实时理解呼叫中心坐席和客户的对话，在对话过程中，机器人自动提取关键字，凝练问题，搜索并呈现出匹配语义的答案，为坐席的工作提供实时支撑，极大地提高坐席工作效率和客户满意度。

3）售前咨询机器人。构建产品知识库和问答机器人，自动回答潜在客户对企业产品和服务的咨询，包括产品特性和相关产品的比较等。

（3）QABot 涉及的相关概念。

1）智能问答。基于用户提供的知识库，提供一问一答的对话机器人服务。

2）问答语料。一条问答语料由问题和答案组成。多条语料组成知识库，问答机器人基于知识库进行问答。

3）标准问。语料中的问题称为标准问，代表一个问题在知识库中的标准问法。

4）扩展问。扩展问是标准问的语义同义句，代表了标准问的相似问法。在创建语料时，可以添加标准问的扩展问。扩展问有助于提升问答效果。

5）问题类别。问题类别是用户根据自己所属领域知识对标准问进行的分类管理，例如咨询类、故障处理类。

6）用户问。用户问是用户在使用问答机器人时所提的问题，代表了用户真实的问题。

7）标注数据。标注数据由一个用户问和标准问组成，用于模型训练。一条标注数据如果是匹配的，则表示用户问和标准问是同义的，标准问的答案可以回答用户问。

8）模型。模型是问答机器人用于匹配用户问题和知识库中的语料的机器学习模型。用户可以对机器人进行模型训练、测试，并将调试好的模型发布上线，替换当前机器人正在使用的模型。

9）阈值。阈值是指问答机器人是否直接返回答案的数值。该数值影响机器人直接回答率、直接回答正确占比、直接问答正确率指标。用户可根据自身业务需求进行调节。

2. 智能话务机器人

智能话务机器人，可帮助企业完成批量外呼任务，完成回访、通知、促销提醒等任务。支持自定义的机器人音色、语速，可视化的对话流程配置，清晰的客户画像分析等。

（1）PhoneBot 的优势。

1）算法领先。使用领先的自然语言算法，精准理解用户意图，抽取槽位关键信息，让对话更智能。

2）稳定可靠。能够处理语义的不确定性，用户也可自助添加语料适配更多死角场景。

3）简单易用。提供简单易用的操作界面和 API 接口，不需要下载 SDK 或购买服务器，支持跨平台调用。

4）自助服务。用户可以通过对话机器人服务提供的界面添加多个意图，定义多个槽位，添加更多语料，并一键重新训练和部署对话机器人。

5）完善的对话管理。对话机器人引擎具备完善的对话管理能力，支持多轮对话，跟踪状态，策略选择，并支持对话生成。

6）快速调试。提供快速调试功能，在添加语料或重新训练模型之后可以方便地重新验证更改效果。

（2）PhoneBot 的应用场景。适用于呼叫中心，主动呼出或接听被动呼入的电话，也可以嵌入到用户的常用聊天软件或 APP 中，作为一个虚拟助手，辅助用户完成日常业务需求。

在呼叫中心系统中加入语音识别和智能话务机器人等语义理解技术，让机器人自动外呼实现交互式对话。典型的使用场景包括业务满意度回访、提醒、招聘预约、促销推广、筛选优质客户等。

（3）PhoneBot 的基本概念。

1）话术流程。是指在某个对话场景下，为达成某些目的所制定的对话流程。

2）会话设置。话务机器人与客户对话过程中遇到特殊情况时机器人采取的答复策略。例如，客户多次要求重复同一个问题，可以设置机器人采用固定回复或者直接挂机。

3）节点。节点是制定话术流程所需的会话元素，用于表达机器人与客户交流时一问一答的话术信息。节点包含机器人问话内容和客户可能的回复。

4）话术模板。话术模板是定制话术的载体，用户基于话术模板创建话术流程。

3. 定制对话机器人

定制对话机器人根据客户需求构建具备知识库和知识图谱问答、任务型对话、阅读理解、自动文本生成、多模态等多种能力的 AI 机器人，赋能不同行业客户。

4. 智能质检

智能质检使用自然语言算法和预定义规则，分析呼叫中心场景下坐席人员与客户的对话，实现质量检查，提高坐席效率和客户满意度。

（1）SA 的优势。

1）前沿技术。采用最前沿的自然语言理解技术和机器学习算法。

2）智能分析。全量自动分析所有客服对话，无需人工抽查。

3）简单易用。提供易用的操作界面，可自定义质检规则和提醒事项。

4）客户第一。识别客户投诉，挖掘高价值客户反馈，提升质检效率。

（2）SA 的应用场景。为在线客服平台或呼叫中心提供智能对话分析或质检服务，提供自动化、智能化对话分析能力，第一时间发现问题，提高客户满意度。

1）离线质检。为呼叫中心提供全面、可靠的质检服务。结合语音识别和自然语言处理技术，对海量录音数据进行批量的智能化分析。

2）坐席实时质检。在坐席和客户通话过程中，提供实时质检功能，辅助坐席判断客户情绪，提醒坐席注意礼仪和用词等。

【任务实施】

1. 自动问答对话机器人开发

问答机器人可提供智能对话引擎，通过对机器人知识的配置可以让机器人回答不同的问题。配置后，可以通过 API 接口的方式接入已有的对话应用，比如智能客服、通信软件、公众号等，以实现智能对话的功能。

视频 3-2　自动问答对话
机器人开发

（1）智能问答机器人。

1）购买问答机器人。在使用智能问答机器人之前，必须先购买问答机器人（详见"项目拓展"中的第 1 点）。

2）创建问题类别。当创建好智能问答机器人后，需要在知识库中创建问题类别、新建问答语料，为机器人提供单轮、FAQ 形式的语料。问题类别用于区分问题的分类，可更好地管理不同场景、领域的问题，例如问候类、咨询类、故障处理类等。步骤如下：

步骤 1　在智能问答机器人列表中单击"机器人管理"按钮（图 3-14），进入"机器人管理"页面。

图 3-14　智能问答机器人列表

步骤 2　在"机器人管理"页面左侧的导航栏中选择"知识库"→"问答管理"（图 3-15），进入"问答管理"页面。

图 3-15　"机器人管理"页面

步骤 3　在"问答管理"页面中单击 图标新建问题类别，在"新建问题类别"对话框中输入问题类别名称，例如"咨询类"和"默认分类"，单击"确定"按钮（图 3-16）。

图 3-16　"新建问题类别"对话框

3）新建或导入问答语料。当创建完问题类别后，开始新建问答语料。每个问答语料都有自己所属的问题类别，一个完整的问答对包括问题类别、问题、扩展问、问题规则、答案。步骤如下：

在"问答管理"页面中，单击"新建"或"导入"开始新建或导入语料，编辑完成后单击"确定"按钮（图 3-17）。相关参数说明请详见"项目拓展"中的第 2 点。

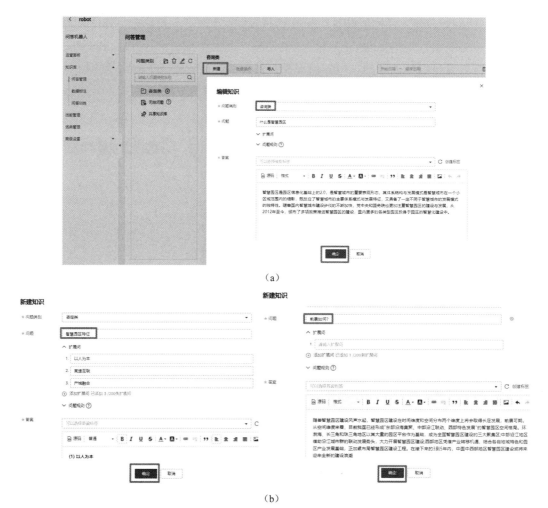

（a）

（b）

图 3-17　创建问答语料页面

4）对话体验。在配置完问答数据后，可以通过对话体验的方式直接调用对话机器人，为客户提供问答服务。步骤如下：

步骤 1 在"机器人管理"页面中，单击右上角的"对话体验"（图 3-18），展开"对话体验"窗口。

图 3-18 "对话体验"按钮

步骤 2 在"对话体验"窗口中，输入有关问题，或者通过单击返回的推荐问，获得答案（图 3-19）。

图 3-19 "对话体验"窗口

说明：在窗口中，输入"蓝屏了怎么办"，查看是否可以获得准确答案。可以根据业务实际情况进行提问，当机器人无法回答时，建议根据实际情况补充语料或补充扩展问。

5）调用问答接口。如果需要开发一个问答机器人的问答 Portal 界面，可以通过调用 API 的方式直接调用对话机器人，为客户提供问答服务（详见"项目拓展"中的第 3 点）。

6）问答机器人运营。在此问答机器人运作一段时间后，可以参考问答数据总览查看问答机器人的运营信息，包含问答数据、访问数据、热点问题和关键词统计，并根据运营信息反向推动知识库、模型的优化和改进。除已有的运营信息外，还可以处理系统记录的未解决问题或问答日志，反向推动知识库的丰富和优化。

（2）问答对话流程。在智能问答机器人中，配置一个灵活好用的多轮对话流程需要投入大量的时间和人力。但是一个图形化对话流程图可以大大提高智能对话系统配置的效率，提升多轮对话的效果，降低开发者的配置成本。因此，对话机器人服务提供对话流程功能，用流程图的方式模拟真实的对话场景，来完成灵活的多轮对话功能。

本任务以某园区网站为例，为了降低人工成本，该园区网站拟使用 CBS 智能问答机器人专业版的对话流程来为每天的客户解答大量的园区问题。本任务以查询某城市所在园区天气信息为例，介绍如何创建一个园区的对话流程。

1）创建技能。给机器人创建一个名为 Park_skill 的技能（详见"项目拓展"中的第4点）。

2）配置意图。给"查天气"技能中创建一个"查园区信息"的意图，步骤如下：

步骤 1　在"技能管理"页面中，单击技能名称进入"配置意图"页面。

步骤 2　在"配置意图"页面中，单击"创建"，弹出"创建意图"对话框。

步骤 3　输入"意图标识"为 check_park，"意图名称"为"查园区信息"，"描述"非必填，单击"确认并继续设置"（图 3-20）进入意图编辑页面。

图 3-20　"创建意图"对话框

3）编辑意图。当创建好一个意图后，需要设置用户问法、槽位信息等，使机器人可以理解用户的这个意图，并作出回复。

步骤 1　设置用户问法。当用户与机器人进行对话时，如果用户问题与设置的用户问法具有相同的语义，则可以触发该意图。在输入框中输入常用问法，单击"添加"，下方显示添加的问法（图 3-21）。

图 3-21　添加查询天气用户问法

步骤 2　添加槽位。触发意图的关键信息即为槽位。比如，用户咨询"查园区天气"，其中"园区"为"某城市"槽位，触发机器人查询实时的园区天气。单击"添加槽位"，弹出"添加槽位"对话框，填写相关参数，单击"确定"按钮（图 3-22），保存槽位信息。

图 3-22　"添加槽位"对话框

步骤 3　创建词典。可以提前创建词典信息，也可以选择"问答机器人"→"词典管理"→"创建词典"来新增词典信息（图 3-23）。

图 3-23　"创建词典"对话框

步骤 4　标注槽位。鼠标左键滑动选中关键词，显示"选择槽位"悬浮框，悬浮框中会显示槽位管理中配置的所有槽位，单击需要标注的槽位（图 3-24）。

用户问法

用户问法语料　　用户问法模板

通过添加用户常用问法，训练模型泛化语料，从而让机器人理解用户的意图

添加用户常用问法，比如查下工资，再按回车或点击添加按钮。　　　　　　　　添加

批量添加用户问法语料

北京天气　选择槽位　　　　　　　　🗑
　　　国内城市
查北京天气　　　　　　　　　　　　🗑
　　　＋ 添加槽位
查天气　　　　　　　　　　　　　　🗑

图 3-24　"选择槽位"悬浮框

4）配置对话流程。

①新建条件判断节点。

步骤 1　在"对话流程管理"页面中，通过"当前版本"选择需要编辑的版本，默认显示编辑版本（图 3-25）。

图 3-25　"当前版本"下拉列表

步骤 2　添加条件判断节点，用于判断是否查询天气。在左上角节点列表中拖拽"条件判断"节点到中间空白区域，同时界面右侧展开"条件判断"页签。

步骤 3　设置节点名称为"是否查询天气"，通过"添加条件分支"按钮添加两种结果分支（图 3-26），设置完成后，单击页面空白处退出"条件判断"页签并保存设置结果。

分支 1：在下拉列表中选择"意图识别"，设置条件为"等于""查天气"，表示判断用户问题中包含"查天气"。

分支 2：在下拉列表中选择"意图识别"，设置条件为"不等于""查天气"，表示判断用户问题中不包含"查天气"。

步骤 3　在"对话流程"页面中，用连线将"对话开始"和"是否查询天气"连接起来（图 3-27）。

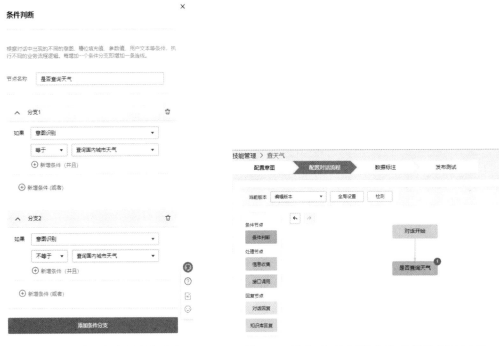

图 3-26　配置查天气条件判断节点　　　图 3-27　连接"对话开始"和"是否查询天气"

②新建信息收集节点。

步骤 1　添加信息收集节点，用于收集分支 1 的"查询城市和时间"。在左上角节点列表中拖拽"信息收集"节点到中间空白区域，同时界面右侧展开"信息收集"页签。

步骤 2 设置节点名称为"查询城市和时间",在"槽位管理"下拉列表中选择"查天气",系统会自动关联出槽位信息(图 3-28),可以根据实际情况设置"取值保留时间""是否必须""追问轮数"和"追问话术"。设置完成后,单击页面空白处退出"收集信息"页签并保存设置结果。

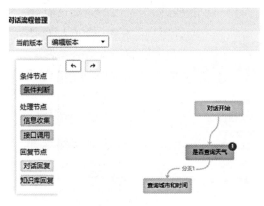

图 3-28 配置"查询城市和时间"信息收集节点

步骤 3 用连线将"是否查询天气"和"查询城市和时间"连接起来(图 3-29)。

图 3-29 连接"是否查询天气"和"查询城市和时间"

③新建接口调用节点。

步骤 1 添加接口调用节点,用于分支 1 调用天气接口查询天气。在左上角节点列表中拖拽"接口调用"节点到中间空白区域,同时界面右侧展开"接口调用"页签。

步骤 2 设置节点名称为"查天气",选择"函数模式",配置调用的函数及入参和出参信息(图 3-30),设置完成后,单击页面空白处退出"接口调用"页签并保存设置结果。

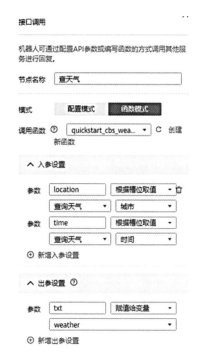

图 3-30　配置"查天气"接口调用节点

调用函数：通过"创建函数"按钮前往函数工作流控制台创建函数，再调用该函数。该功能需要用户自行创建函数并调用，CBS 服务目前未提供创建的函数代码。

入参设置：需要设置城市和时间两个入参。设置城市入参名称为 location，参数值为"根据槽位取值"，意图为"查询天气"，槽位为"城市"；设置时间入参名称为 time，参数值为"根据槽位取值"，意图为"查询天气"，槽位为"时间"。

出参设置：设置出参名称为 txt，赋值目标为"赋值给变量"，变量为 weather。如果系统中没有 weather 变量，可以通过单击"新建变量"按钮新建一个全局变量。新建变量时，需要输入变量名称并按回车键，才可添加变量信息。

步骤 3　用连线将"查询城市和时间"和"查天气"连接起来（图 3-31）。

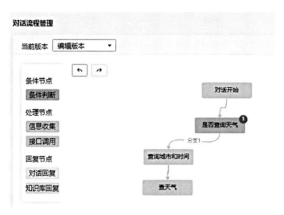

图 3-31　连接"查询城市和时间"和"查天气"

④新建对话回复节点（分支 1）。

步骤 1　添加对话回复节点，用于分支 1 呈现查询结果。在左上角节点列表中拖拽"对话回复"节点到中间空白区域，同时界面右侧展开"对话回复"页签。

步骤 2　设置节点名称为"查询结果"，通过插入槽位和插入变量设置机器人回复内容。

在输入框中填充槽位和变量之间的文本，例如 [S:check_weather-城市][S:check_weather-时间]的天气是[V:weather]，表示机器人回复的术语可以是"北京 2022.08.08 的天气是多云"（图 3-32）。

步骤 3　在"对话流程管理"页面中，用连线将"查天气"和"查询结果"连接起来（图 3-33）。

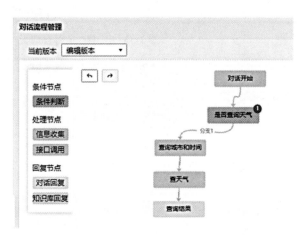

图 3-32　配置查询结果对话回复节点　　　　图 3-33　连接"查天气"和"查询结果"

⑤新建对话回复节点（分支 2）。

步骤 1　添加对话回复节点，用于分支 2 呈现回复话术。在左上角节点列表中拖拽"对话回复"节点到中间空白区域，同时界面右侧展开"对话回复"页签。

步骤 2　设置节点名称为"指定话术"，回复内容为"请重新输入问题。"（图 3-34）。

图 3-34　配置"指定话术"对话回复节点

步骤 3　在"对话流程管理"页面中，用连线将"是否查询天气"和"指定话术"连接起来（图 3-35）。

⑥检测对话流程。对话流程配置后，单击放大按钮可检测当前流程是否有误。对话流程在训练发布前一定要经过检测。当检测结果图标为绿色时，表示流程图检测通过（图3-36）；当检测结果图标为黄色时，表示流程图存在参数未设置、不存在或流程逻辑有问题的情况，可能导致流程不通畅；当检测结果图标为红色时，表示流程图部分节点关键信息未设置或不存在，将导致流程不通畅；若检测结果为黄色或红色，那么将鼠标悬浮在"检

测"按钮左侧的图标上，配置有问题的节点就会高亮显示。

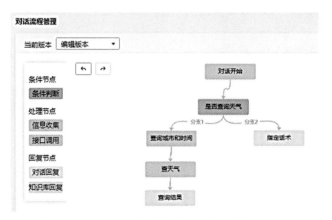

图 3-35　连接"是否查询天气"和"指定话术"

图 3-36　检测流程图

5）训练发布。当配置好对话流程后，需要训练发布才能在对话体验中生效。

步骤 1　在"技能管理"页面中，单击左侧导航栏中的"训练发布"，进入"训练发布"页面。

步骤 2　单击"训练模型"，弹出"训练模型"对话框（图 3-37）。若对话流程检测后有严重错误未修改，会提示先去修改再进行训练。

图 3-37　训练模型

步骤 3　勾选"用户常用问法",设置技能阈值、描述信息。

步骤 4　单击"确认"按钮,在下方版本列表中显示发布的版本信息,状态为"训练中"。

步骤 5　训练结束后,版本状态变为"训练完成",单击右侧操作列的"线上发布"按钮即可将当前版本发布到线上。

6)对话体验。

步骤 1　单击右上角的"对话体验",右侧展开"对话体验"页签。

步骤 2　在输入框中输入"查询今天北京的天气",对话结果如图 3-38 所示。

图 3-38　对话体验

【任务小结】

本任务主要介绍了对话机器人服务的概念、分类、优势和应用场景。通过购买问答机器人、创建问题类别、新建或导入问答语料、对话体验、调用问答接口、问答机器人运营等步骤,完成智能问答机器人的开发。通过创建技能、配置意图、编辑意图、配置对话流程、训练发布、对话体验等步骤,完成问答对话流程的开发。

【考核评价】

评价内容	评分项	自评得分	教师考评得分	备注
学习态度	课堂表现、学习活动态度(40 分)			
知识技能目标	对话机器人服务 4 种子服务的定义、优势、应用场景、基本概念(30 分)			
	自动问答对话机器人开发(30 分)			
总得分				

项 目 拓 展

1. 打开网址 https://support.huaweicloud.com/usermanual-cbs/cbs_01_0029.html#cbs_01_0029__section925195712161,了解如何购买和查看问答机器人。

2．打开网址 https://support.huaweicloud.com/usermanual-cbs/cbs_01_0244.html，了解新建问答语料的相关参数说明。

3．打开网址 https://support.huaweicloud.com/usermanual-cbs/cbs_01_0242.html，了解调用问答接口的相关方法。

4．打开网址 https://support.huaweicloud.com/qs-cbs/cbs_05_0010.html，了解创建技能的方法。

思考与练习

1．什么叫作唤醒？常见的唤醒方式有哪些？

2．什么叫作语音唤醒？

3．唤醒模型的算法主要经历了哪几个发展阶段？

4．语音唤醒的模型训练主要包含哪几个步骤？

5．语音唤醒的测试主要包括哪几个指标？

6．什么叫作唤醒率？

7．HiLens Kit 有几种注册方式？分别是什么？

8．什么是对话机器人服务？它主要包含哪几个子服务？

9．QABot 的优势是什么？

10．PhoneBot 的优势是什么？

11．设置问答对话流程包括哪些实验步骤？

项目 4　智慧园区系统集成

项目导读

传统园区的管理系统、业务系统以及系统等监控难以集成，沟通不畅，同质化严重，缺乏技术创新。随着新技术的发展，智慧园区利用云计算、物联网等技术来感知、检测、分析、控制、整合园区运行的各个关键环节，从而提高园区运行效率，降低运行成本，增强创新、服务和管理能力。

智慧园区主要有中控网站平台、人脸识别服务接口和移动端微信小程序等系统。那么如何选择技术架构进行中控网站平台的开发？人脸识别服务如何贯穿到整个园区管理之中？本项目将围绕中控平台的功能开发工具选择及系统的集成进行讨论，并通过实验进一步加深理解和实现对智慧园区系统的功能开发。

教学目标

- 了解智慧园区项目案例的建设目标、基本模块、软硬件指标和非功能需求。
- 掌握园区中控网站各管理功能模块的案例开发。
- 掌握中控服务人脸识别接口的案例开发。
- 掌握智慧园区移动端微信小程序功能的案例开发。
- 了解国家近年来科技方面的进步，提升民族认同感和自豪感。

任务 1　园区中控网站及系统集成

【任务描述】

园区中控网站拥有多个功能模块，主要包括出入管理、安全管理、信息监控三大业务园区管理模块。网站使用 Spring Boot 框架和 MyBatis 集成工具，以及华为 HiLens AI 开发平台，系统部署在华为云服务上。

园区集成系统建设的目标是什么？为何使用 Spring Boot 框架，它的优点是什么？建设中控网站需要用到哪些技术和工具，对开发环境又有怎样的要求？本任务将对以上问题进行讨论学习，并且通过两个任务让我们掌握使用 Spring Boot 和 MyBatis 进行园区中控网站业务功能的开发。

【任务目标】

- 了解智慧园区项目的案例任务。
- 了解 Sping Boot 的核心机制、安装配置、常用注解以及 MyBatis 的集成。
- 掌握利用 Spring Boot 和 MyBatis 进行业务功能开发。

【知识链接】

1. 智慧园区项目的建设背景、目标及部署需求

（1）建设背景。传统园区的业主数量庞大，使用传统刷卡的方式出入，且进出人员较多，业主忘带 IC 卡，小区外卖及快递上门需求量大，经常需要业主下楼取物或是电联保安开门，确认身份难，影响便捷性；老旧社区多年来院落毫无规划，停车杂乱无章，出入口通行无阻，治安难以管理；小区物业管理、访客管理等业务关联不强、沟通不畅，影响管理效率，缺乏技术创新。

（2）建设目标。以信息化平台为依托，完善园区公共服务体系，以实体产业集群为面带动园内各企业及组织共同参与，资源共享，建立一站式服务的综合性公共服务系统或体系。

（3）部署需求。

- 部署环境：智慧园区内部包含硬件部署、软件部署、物联网部署和云平台部署等环节。

- 网络环境：智慧园区的软硬件环境应部署在一个独立的局域网内，有助于终端设备与服务器直连，同时服务器需要访问外网以保证正常访问云环境。

- 云平台部署：系统使用华为云服务器搭建服务运行环境，并调用华为 EI 服务开发相关的人工智能模块。

- 端侧部署：系统使用 HiLens 作为端侧，HiLens 具备摄像采集、模型安装、分类以及识别程序执行等功能，同时也可以与云端交互访问。

具体功能模块如图 4-1 所示。

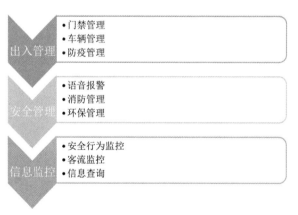

图 4-1　园区功能模块

2. 案例开发场景介绍及准备

（1）微服务架构介绍。微服务是一种架构风格，一个大型复杂的软件应用由一个或多个微服务组成。系统中的各个微服务可被独立部署，各个微服务之间是松耦合的。每个微服务仅关注于完成一件任务并能很好地完成该任务。在所有情况下，每个任务代表着一个小的业务能力。

（2）Spring Boot 介绍。Spring Boot 基于 Spring 4.0 设计，不仅继承了 Spring 框架原有的优秀特性，而且还通过简化配置来进一步简化 Spring 应用的整个搭建和开发过程。另外 Spring Boot 通过集成大量的框架使得依赖包的版本冲突以及引用的不稳定性等问题得到了很好的解决。它的特点如下：

- 基于 Spring 的封装版本。Spring 项目配置烦琐，XML 文件过多。
- 基于 Maven 来构建项目。通过依赖关系进行包管理、项目构建以及打包。
- 新的编程范式。可以创建独立的 Spring 应用程序，并且基于其 Maven 或 Gradle 插件，可以创建可执行的 JARs 和 WARs。
- 多种注解。例如：@SpringBootApplication，Spring Boot 的主类标注一个应用，@EnableAutoConfiguration，Spring Boot 自动配置注解，@Configuration 用于定义配置类等。
- 内置服务器。内嵌 Tomcat 或 Jetty 或 Undertow 等 Servlet 容器，使部署变得简单，只需要一个 Java 的运行环境就可以运行 Spring Boot 的项目，并且可以将 Spring Boot 应用部署到任何兼容 Servlet 3.0+的容器。
- 使监控变得简单。Spring Boot 提供了 Actuator 包，可以使用它来对应用进行监控。

（3）开发环境要求。门禁系统技术架构如图 4-2 所示。

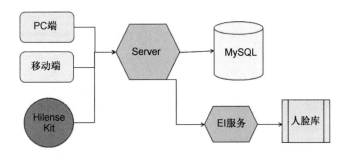

图 4-2 门禁系统技术架构

【任务实施】

园区中控网站包含了数据库初始化、管理员登录、查询、创建人脸库、删除人脸库、查询用户信息、创建人员信息等功能，通过对业务功能的开发达到了解 Spring Boot 的核心机制，掌握 Spring Boot 的安装、基本配置以及常用注解，掌握 Spring Boot 与 MyBatis 的集成方式，以及掌握如何使用现有框架完成功能开发。实施步骤如下：

（1）安装及准备开发工具，搭建初始开发环境。

- 安装 JDK 1.8 以上版本。
- 安装 MySQL 8.0 以上版本。
- 安装 Navicat for MySQL（数据库管理可视化工具）。
- 安装 STS（Java 开发工具）。
- 安装 HBuilder（前端开发工具）。
- 架构目录说明：架构搭建有 4 个目录，其中 db 为数据库执行脚本，server 为 Spring Boot+MyBatis 框架，web 为前端静态资源，weixin 为小程序静态资源。开发时我们仅需要在基础框架下进行核心代码的开发。

（2）初始化数据库。

- 新建数据库并设定编码。字符集请选择 UTF-8，数据库名要求符合数据库规范。

视频 4-1 环境准备-数据库
初始化及导入项目

- 执行数据库脚本，完成数据初始化。
- 单击"开始"，运行 SQL。
- 执行成功并检查。

（3）导入项目，更新 Maven，完成项目初始化。

1）完成 Maven 项目更新。第一次更新需要下载相应文件，需要等待一些时间，如图 4-3 所示。

视频 4-2 前后端开发环境-yml
文件说明

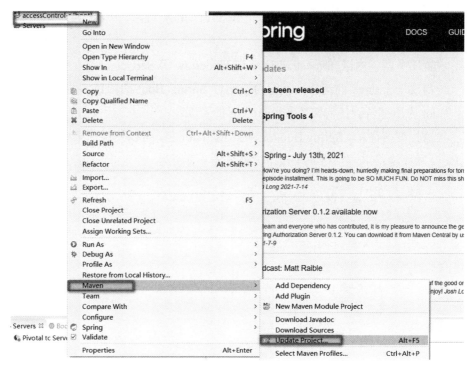

图 4-3　更新 Maven 项目

2）在 sts 中打开 accessControl-c\src\main\resources\application.yml 文件，完成系统配置。

步骤 1　端口配置。代码如下：

```
server:
    Port:8080
```

步骤 2　spring 属性配置。重点修改数据库的用户名和密码，以及静态资源所在的物理路径，代码如下：

```
spring:
    # 静态资源访问相对路径
    mvc:
        static-path-pattern: /static/**
    resources:
    # 静态资源所在的物理路径，这里要配置 HbuilderX 打开的项目目录
        static-locations: file:D://6-workspace/web/hbuilderx/accessControl-c
        mode: HTML5
        encoding: UTF-8
        content-type: text/html
    # 开发禁用缓存
        cache: false
    # 数据库属性配置
    datasource:
```

```
url: jdbc:mysql://localhost:3306/accesscontrol?serverTimezone=GMT%2B8&autoReconnect=
true&characterEncoding=UTF-8&useSSL=true
username: XXXX
password: XXXX
# 可省略驱动配置，sprin-boot 会由 url 检测出驱动类型 1
# driver-class-name: com.mysql.jdbc.Driver
  hikari:
    connection-timeout: 6000000
```

步骤 3 mybatis 配置。声明配置文件所在路径，此处可以不用修改，代码如下：

```
mybatis:
  mapperLocations: classpath:com/chinasofti/mapper/*.xml
  typeAliasesPackage: com.chinasofti.domain
```

步骤 4 日志等级配置。此处可以不用修改，代码如下：

```
# spring-boot 默认打印输出 info 级别以上的，可在此处修改输出级别
logging:
  level:
    com.chinasofti.dao : debug
    root: debug
```

步骤 5 分页组件配置。指明数据库类型为 MySQL，代码如下：

```
pagehelper:
  helperDialect: mysql
```

步骤 6 华为云的人脸识别工程配置。根据华为官网的步骤创建工程并获取 AK、SK 等标识，代码如下：

```
huawei:
  ak: VUJBRBHLRTSDFPBLZWIZ
  sk: 914oJxh2AzGiZ2pqRTKNp8XzFeo4w3yfiq6BgSPs
  projectId: 091423aace00f4d42fd5c000d7178a14
  url: https://face.cn-north-4.myhuaweicloud.com
  region: cn-north-4
```

3）启动测试。右击工程，以 Spring Boot 方式运行，选择 Application.java 作为启动文件。在浏览器地址栏中输入 http://localhost:8080/static/pages/login.html，如能打开登录页面则代表项目框架搭建成功。

（4）管理员登录功能开发。

1）前端程序文件。在 HbuilderX 开发环境下，创建 JS 文件，目录为 accessControl-c\dist\js\pages\login.js。

步骤 1 在 JS 文件中加入 jQuery 延迟执行闭包，代码如下：

```
$(function () {
//此处为后续程序文件放置位置。
}
```

视频 4-3 登录户验证

步骤 2 在闭包内增加"提交"按钮，选中变色功能，代码如下：

```
$('input').iCheck({
    checkboxClass: 'icheckbox_square-blue',
    radioClass: 'iradio_square-blue',
    increaseArea: '20%' // optional
});
```

步骤 3　设定提交验证对象，使用 jqueryForm 组件实现，案例验证了用户名与密码不为空，代码如下：

```
$('form').bootstrapValidator({
        message: 'This value is not valid',
        feedbackIcons: {
        valid: 'glyphicon glyphicon-ok',
        invalid: 'glyphicon glyphicon-remove',
        validating: 'glyphicon glyphicon-refresh'
    },
    fields: {
        loginName: {
        message: '用户名验证失败',
        validators: {
                notEmpty: {
                message: '用户名不能为空'
            }
          }
        },
        password: {
                validators: {
                notEmpty: {
                    message: '密码不能为空'
                }
              }
            }
        }
    });
```

步骤 4　在闭包内增加提交按钮响应函数，根据服务器端返回的状态 state 判断登录状态。其中，0 为用户名错误，1 为密码错误，2 为正确登录。登录成功后将登录状态写入到 sessionStorage 中，代码如下：

```
$('#submit').click(function() {
    var bootstrapValidator = $("form").data('bootstrapValidator');
    bootstrapValidator.validate();
    if(bootstrapValidator.isValid()) {
        $.post("../../account/login",{loginName:$("#loginName").val(),loginPassword:
            $("#password").val()},function(e) {
        if (e.state == "0") {
            toastr.error('用户名错误请重新输入')
            $("#loginName").select()
            $("#loginName").focus()
        } else if(e.state == "1") {
            toastr.error('密码错误请重新输入')
            $("#password").select()
            $("#password").focus()
        } else {
            sessionStorage.setItem("admin", JSON.stringify(e.admin));
            window.location.href = "./index.html"
        }

        })
    }
})
```

步骤 5　在 login.html 文件中的下方，使用 script 标签引入对应的 login.js 文件，代码如下：

```
//所在目录 ccessControl-c\dist\js\pages\login.html
<script src="../dist/js/pages/login.js"></script>
```

2）持久层程序开发。服务器端持久层文件系统登录活动的服务器程序编写在 STS 开发环境中，本步骤包含 3 个环节：声明 DAO 接口、配置 MyBatis 查询属性和配置 MyBatis 查询语句，接口根据用户姓名查询系统管理员信息。

步骤 1　声明 DAO 接口。接口文件的目录为 accessControl/src/main/java/com/chinasofti/dao/account/AccountDao.java，此处声明根据管理员登录名获取管理员对象的接口，代码如下：

```
@Mapper
public interface AccountDao {
    SysAdmin findByLoginName(String pLoginName);
}
```

步骤 2　配置 MyBatis 的查询属性。MyBatis 配置文件的目录为 accessControl-c\src\main\resources\com\chinasofti\mapper\AccountMapper.xml，此处配置返回对象类型，返回对象需要配置 Java 的对象与数据库表字段之间的关联关系，代码如下：

```
<mapper namespace="com.chinasofti.dao.account.AccountDao">
    <resultMap id="adminMap" type="com.chinasofti.domain.account.SysAdmin">
        <id column="ADMIN_ID" property="adminId" javaType="Long" />
        <result column="ADMIN_NAME" property="adminName" javaType="String" />
        <result column="LOGIN_NAME" property="loginName" javaType="String" />
        <result column="LOGIN_PASSWORD" property="loginPassword" javaType="String" />
        <result column="ADMIN_DESC" property="adminDesc" javaType="String" />
        <result column="UPDATE_TIME" property="updateTime" javaType="java.util.Date" />
        <result column="STATUS" property="status" javaType="String" />
    </resultMap>
</mapper>
```

步骤 3　配置 MyBatis 查询语句。仍然在 AccountMapper.xml 文件中完成查询语句配置，在 mapper 表内增加如下配置：

```
<select id="findByLoginName"    resultMap="adminMap">
    select * from sys_admin a where    a.login_name = #{arg0} and a.`status` != 0
</select>
```

3）业务层程序开发。服务器端业务层文件的目录为 accessControl-c\src\main\java\com\chinasofti\service\account，其中 AccountService 为业务层接口文件，AccountServiceImpl 为实现类。

步骤 1　声明接口函数，代码如下：

```
public interface AccountService {
    /**
     * 根据登录账号获取管理员信息
     * @param pLoginName
     * @return
     */
    SysAdmin findByLoginName(String pLoginName);
}
```

步骤 2　声明实现函数，代码如下：

```java
@Transactional(rollbackFor=Exception.class)
public SysAdmin findByLoginName(String pLoginName) {
    try {
        return accountDao.findByLoginName(pLoginName);
    } catch (DataAccessException e) {
        LOG.info(e.getMessage());
        throw new BusinessException(BusinessException.DB_EXCEPTION);
    }
}
```

4）控制层程序开发。开发控制层程序的主要目的是接收前端传递的参数，并调用业务层程序完成业务的实现。登录活动的控制层程序编写在文件 accessControl-c\src\main\java\com\chinasofti\web\account\AccountController.java 中。

步骤 1　声明全局变量和常量，代码如下：

```java
private static final String WRONG_NAME = "0";
    private static final String WRONG_PASSWORD = "1";
    private static final String ADMIN = "2";
    private static final String SUPER_ADMIN = "3";
    @Autowired
    private AccountService accountService;
    public AccountService getAccountService() {
        return accountService;
    }
    public void setAccountService(AccountService accountService) {
        this.accountService = accountService;
    }
}
```

步骤 2　系统登录，代码如下：

```java
@RequestMapping(value = "/login")
@ResponseBody
public JSONObject login(String loginName,String loginPassword){
    try {
        JSONObject ret = new JSONObject();
        SysAdmin admin = this.accountService.findByLoginName(loginName);
        if (admin == null) {//账号不存在
            ret.put(ConstantField.RETURN_TYPE, WRONG_NAME);
            return ret;
        } else {
            String passMd5 = DigestUtils.md5Hex(loginPassword);
            if (passMd5.equals(admin.getLoginPassword())) {//密码正确
                if (admin.getStatus().equals("2")) {//超级管理员
                    ret.put(ConstantField.RETURN_TYPE, SUPER_ADMIN);
                } else {//普通管理员
                    ret.put(ConstantField.RETURN_TYPE, ADMIN);
                }
                JSONObject adminJson = JSONObject.fromObject(admin,super.jsonConfig);
                getHTTPRequest().getSession().setAttribute(ConstantField.LOGIN_NAME, admin);
                ret.put("admin", adminJson);
                return ret;
            } else {//密码错误
```

```
                    ret.put(ConstantField.RETURN_TYPE, WRONG_PASSWORD);
                    return ret;
                }
            }
        } catch (BusinessException e) {
            return super.getJSONByException(e);
        }
    }
}
```

步骤 3　退出登录，代码如下：

```
@RequestMapping(value = "/logout")
@ResponseBody
public JSONObject logout(){
try { getHTTPRequest().getSession().removeAttribute(ConstantField.LOGIN_NAME);
    getHTTPRequest().getSession().removeAttribute(ConstantField.LOGIN_RIGHT);
    getHTTPRequest().getSession().removeAttribute(ConstantField.LOGIN_MENU);
        return this.getJSONByObject("退出登录成功", ConstantField.RETURN_MESSAGE);
    } catch (BusinessException e) {
        return super.getJSONByException(e);
    }
}
```

5）登录验证。重启服务器后，登录系统 http://localhost:8080/static/pages/login.html。默认超级管理员登录账号为 admin，密码为 123。

（5）查询系统绑定的人脸库。系统需要绑定华为的人脸库，并借助华为云提供的人脸库比对功能实现智能门禁功能。目前系统仅仅支持绑定一个人脸库，创建人脸库后在人脸库中显示人脸库的基本信息。创建的人员信息也是直接传递到华为云的人脸库中，一旦删除人脸库，系统自动删除华为云的人脸库以及本系统相关的人员信息，但保留系统的访客信息，以便于查询。本节先来实现人脸库的显示功能。

首先需要获取所有的系统配置信息，配置信息目前在 Java 开发环境的 application.yml 文件中，配置信息需要用户自己申请并修改。此外，若系统已经绑定了人脸库，则会显示人脸库的基本信息。

1）前端程序文件。在 HbuilderX 开发环境下，创建 JS 文件，目录为 accessControl-c\dist\js\pages\faceset.js。

步骤 1　在 JS 文件中加入 jQuery 延迟执行闭包。

步骤 2　在闭包内添加显示系统配置信息的功能函数，该函数先从服务器读取配置信息，再通过 DOM 操作显示在页面中，代码如下：

```
function showConfig() {
    $.post("../../face/getConfig",{},function(e) {
        if (e.state == "1") {
            datas = e.config;
            $("#projectId").html(datas.projectId);
            $("#ak").html(datas.ak);
            $("#sk").html(datas.sk);
            $("#region").html(datas.region);
            $("#url").html(datas.url);}
    })
}
```

步骤 3　添加显示系统绑定的人脸库信息，前端先发送请求获取绑定的人脸库，若人脸库没有创建，则提示未创建人脸库，并显示"创建人脸库"按钮。如系统已经绑定了人脸库，则显示人脸库的基本信息，并显示"删除人脸库"按钮，代码如下：

```javascript
function showFaceset() {
    $.post("../../face/findActiveSet",{},function(e) {
        if (e.state == "1") {
            faceset = e.faceset;
            if (!faceset.hasOwnProperty('faceSetId')) {//未创建人脸库
            $("#faceName").html("未创建");
                $("#capacity").html("");
                $("#faceDesc").html("还未创建人脸库，请先创建人脸库后再进入系统访问");
                $("#insertBu").css("visibility","visible");
                $("#delBut").css("visibility","hidden");
            } else {
                $("#faceName").html(faceset.faceSetName);
                $("#capacity").html("容量" + faceset.faceSetCapacity);
                $("#faceDesc").html('<span>人脸库目前已经收录了<span><strong id="faceNum">
                '+faceset.faceNumber +'</strong><span>个人员信息，您可以访问用户管理模块查看
                用户信息，人脸库的创建时间为</span><strong id = "time">' + faceset.createDate+
                '</strong>');
                $("#insertBu").css("visibility","hidden");
                $("#delBut").css("visibility","visible");
            }
        }
    })
}
```

步骤 4　定义初始化函数 init。在 init 中分别调用显示配置信息以及显示人脸库信息的函数，并在闭包内调用 init 函数显示人脸库信息，代码如下：

```javascript
init();
function init() {
    showConfig();
    showFaceset();
}
```

步骤 5　在 faceset.html 文件中的下方，使用 Script 标签引入对应的 faceset.js 文件，具体操作同前。

2）业务层程序开发。服务器端业务层文件目录为 accessControl-c\src\main\java\com\chinasofti\service\face。其中，faceService 为业务层接口文件，faceServiceImpl 为实现类。本节中获取配置信息不需要编写业务程序，仅需要在控制层程序中查询服务器配置。

步骤 1　声明获取系统可以使用的人脸库接口，代码如下：

```java
public interface FaceService {
    /**
     * 获取激活的人脸库
     * @return
     */
    FaceSet findActiveSet();
}
```

步骤 2　在 FaceServiceImpl 文件中定义全局属性并生成 get 和 set 函数，这些属性用于获取 spring 配置文件中配置的属性，服务器启动时，属性值由 spring 自动注入，代码如下：

```
@Value("${huawei.ak}")
private String ak;
@Value("${huawei.sk}")
private String sk;
@Value("${huawei.projectId}")
private String projectId;
@Value("${huawei.url}")
private String url;
@Value("${huawei.region}")
private String region;
private static final Logger LOG = LoggerFactory.getLogger(FaceServiceImpl.class);
@Autowired
private FaceDao faceDao;
```

步骤 3　在 FaceServiceImpl 文件中声明获取系统可以使用的人脸库的实现函数，需要通过人脸服务 FRS 提供的 SDK 包中的接口获取，代码如下：

```
@Transactional(rollbackFor=Exception.class)
public FaceSet findActiveSet() {
    try {
        AuthInfo authInfo = new AuthInfo(url, region, ak, sk);
        FrsClient frsClient = new FrsClient(authInfo, projectId);
        GetAllFaceSetsResult result = frsClient.getV2().getFaceSetService().getAllFaceSets();
        List<FaceSet> facesets = result.getFaceSetsInfo();
        if (facesets.isEmpty()) {
            return null;
        } else {
            return facesets.get(0);
        }
    } catch (DataAccessException e) {
        LOG.info(e.getMessage());
        throw new BusinessException(BusinessException.DB_EXCEPTION);
    } catch (FrsException e) {
        throw new BusinessException("无法检测到人脸库", BusinessException.BUS_EXCEPTION);
    } catch (IOException e) {
        throw new BusinessException("无法检测到人脸库", BusinessException.BUS_EXCEPTION);
    }
}
```

3）控制层程序开发。登录活动的控制层程序编写在文件 accessControl-c\src\main\java\com\chinasofti\web\face\FaceController.java 中。

步骤 1　声明全局变量和常量，代码如下：

```
private static final String WRONG_NAME = "0";
    public final static String IDENTITY_USER_URL = "/imgs/user/";
    @Autowired
    private FaceService faceService;
    @Value("${huawei.ak}")
    private String ak;
    @Value("${huawei.sk}")
    private String sk;
    @Value("${huawei.projectId}")
    private String projectId;
    @Value("${spring.resources.static-locations}")
```

```
private String staticUrl;
@Value("${huawei.url}")
private String url;
@Value("${huawei.region}")
private String region;
```

步骤 2　声明获取系统配置文件的响应程序，函数不需要接收参数，仅从配置文件中获取配置信息并封装为 JSON 对象返回，代码如下：

```
@RequestMapping(value = "/getConfig")
@ResponseBody
public JSONObject getConfig() {
    try {
        JSONObject ret = new JSONObject();
        ret.put("ak", this.getAk());
        ret.put("sk", this.sk);
        ret.put("url", this.url);
        ret.put("region", this.region);
        ret.put("projectId", this.projectId);
        return super.getJSONByObject(ret, "config");
    } catch (BusinessException e) {
        return super.getJSONByException(e);
    }
}
```

步骤 3　声明获取系统可以使用的人脸库响应程序，函数不需要接收参数，需要查询目前绑定的人脸库并封装为 JSON 对象返回，若系统没有绑定人脸库则返回空对象，代码如下：

```
/**
 * 获取系统目前可以使用的人脸库
 * @return
 */
@RequestMapping(value = "/findActiveSet")
@ResponseBody
public JSONObject findActiveSet() {
    try {
        FaceSet faceset = this.faceService.findActiveSet();
        if (faceset == null) {
            return super.getJSONByObject(new JSONObject(), "faceset");
        } else {
            return super.getJSONByObject(faceset, "faceset");
        }
    } catch (BusinessException e) {
        return super.getJSONByException(e);
    }
}
```

4）查询人脸库程序验证。重启服务器后，登录系统，单击左侧菜单栏中的"人脸库管理"，查看系统人脸库相关信息。

（6）创建人脸库。当系统未创建人脸库时，无法创建用户，也无法进行人脸检测验证。因此，进入系统后首先需要创建人脸库。

1）前端程序文件。在 HbuilderX 开发环境下，创建 JS 文件，目录为 accessControl-c\

dist\js\pages\faceset.js。

步骤 1　在闭包内增加单击"创建"按钮的响应函数，该函数会显示创建页面的模态框，代码如下：

```
$("#insertBu").click(function() {
    $('#createModel').modal({keyboard: false})
});
```

步骤 2　在闭包内增加模态框隐藏的响应函数，可用来重置表单的内容，代码如下：

```
$('#createModel').on('hidden.bs.modal', function (e) {
    $("#form")[0].reset()
})
```

步骤 3　在闭包内增加用户输入人脸库信息后单击"提交"按钮的响应函数，将用户编写的信息提交到服务器端保存，注意容量字段为整数，建议使用 10000，代码如下：

```
$("#createSetBut").click(function() {
    let param = {
            faceSetCapacity:$("#faceSetCapacity").val(),
            faceSetName:$("#faceSetName").val()
    }
    $.post("../../face/createFaceSet",param,function(e) {
        if (e.state == "1") {
            debugger;
            alert("操作成功");
            $('#createModel').modal('hide')
            showFaceset();
        }
    })
});
```

2）业务层程序开发。服务器端业务层文件目录为 accessControl-c\src\main\java\com\chinasofti\service\face。其中，faceService 为业务层接口文件，faceServiceImpl 为实现类。本节中获取配置信息不需要编写业务程序，仅需要在控制层程序中查询服务器配置。

步骤 1　声明创建人脸库接口，代码如下：

```
/**
 * 创建人脸库
 * @param busFaceSet
 */
void createFaceSet(BusFaceSet busFaceSet);
```

步骤 2　在 FaceServiceImpl 文件中定义私有函数 createSetInCloud，调用接口完成人脸库的创建，代码如下：

```
private void createSetInCloud(BusFaceSet busFaceSet) throws FrsException, IOException {
    AuthInfo authInfo = new AuthInfo(url, region, ak, sk);
    FrsClient frsClient = new FrsClient(authInfo, projectId);
    CreateExternalFields createExternalFields = new CreateExternalFields();
    createExternalFields.addField("userId", FieldType.INTEGER);
    CreateFaceSetResult createFaceSetResult = frsClient.getV2().getFaceSetService().
    createFaceSet(busFaceSet.getFaceSetName(), busFaceSet.getFaceSetCapacity(), createExternalFields);
}
```

步骤 3　在 FaceServiceImpl 文件中声明创建人脸库的实现函数。判断是否创建人脸库，并调用 createSetInCloud 方法完成人脸库验证，代码如下：

```
@Transactional(rollbackFor=Exception.class)
public void createFaceSet(BusFaceSet busFaceSet) {
    try {
        FaceSet faceset = this.findActiveSet();
        if(faceset != null) {
            throw new BusinessException("人脸库已经存在", BusinessException.BUS_EXCEPTION);
        }
        createSetInCloud(busFaceSet);
    } catch (DataAccessException e) {
        LOG.info(e.getMessage());
        throw new BusinessException(BusinessException.DB_EXCEPTION);
    } catch (FrsException e) {
        throw new BusinessException(BusinessException.BUS_EXCEPTION);
    } catch (IOException e) {
        throw new BusinessException(BusinessException.BUS_EXCEPTION);
    }
}
```

3）控制层程序开发。登录活动的控制层程序编写在文件 accessControl-c\src\main\java\com\chinasofti\web\face\FaceController.java 中。声明创建人脸库响应函数，接收人脸库名称以及容量参数，并返回创建是否成功的状态，代码如下：

```
/**
 * 创建人脸库
 *
 * @return
 */
@RequestMapping(value = "/createFaceSet")
@ResponseBody
public JSONObject createFaceSet(BusFaceSet busFaceSet) {
    try {
        this.faceService.createFaceSet(busFaceSet);
        return super.getJSONByObject("创建成功", "value");
    } catch (BusinessException e) {
        return super.getJSONByException(e);
    }
}
```

4）创建人脸库程序验证。重启服务器后，登录系统。单击左侧菜单栏中的"人脸库管理"，创建人脸库后显示人脸库信息。

（7）删除人脸库。在已经创建人脸库后，可以通过单击删除按钮的方式删除人脸库，同时删除人脸库中所有已经建立的人员信息。

1）前端程序文件。在 HbuilderX 开发环境下，创建 JS 文件，目录为\accessControl-c\dist\js\pages\login.js。在闭包内增加删除人脸库按钮的响应函数，代码如下：

```
$("#delBut").click(function() {
    $.post("../../face/deleteFaceSet",{},function(e) {
        if (e.state == "1") {
            faceset = e.faceset;
            showFaceset();
        }
    })
});
```

2）持久层程序开发。本步骤包含 2 个环节：声明 DAO 接口、配置 MyBatis 的删除语句。

步骤1　声明DAO接口。接口文件在accessControl/src/main/java/com/chinasofti/dao/face/FaceDao.java 目录中。此处声明删除全部用户接口，代码如下：

```
/**
 * 删除全部用户
 */
void deleteUser();
```

步骤2　配置 MyBatis 的删除语句。在 FaceMapper.xml 文件中完成配置，代码如下：

```
<delete id="deleteUser" parameterType = "com.chinasofti.domain.face.BusFaceSet">
    delete from sys_user
</delete>
```

3）业务层程序开发。服务器端业务层文件在 accessControl-c\src\main\java\com\chinasofti\service\face 目录中。其中，FaceService 为业务层接口文件，FaceServiceImpl 为实现类。

步骤1　声明接口函数，代码如下：

```
/**删除人脸库
 */
void deleteFaceSet();
```

步骤 2　声明实现函数。在函数中通过接口删除华为人脸库，并调用持久层接口删除全部用户，代码如下：

```
@Transactional(rollbackFor=Exception.class)
public void deleteFaceSet() {
    try {
        FaceSet faceset = this.findActiveSet();
        if(faceset == null) {
            throw new BusinessException("人脸库已经被移除", BusinessException.BUS_EXCEPTION);
        }
        AuthInfo authInfo = new AuthInfo(url, region, ak, sk);
        FrsClient frsClient = new FrsClient(authInfo, projectId);
        frsClient.getV2().getFaceSetService().deleteFaceSet(faceset.getFaceSetName());
        faceDao.deleteUser();
    } catch (DataAccessException e) {
        LOG.info(e.getMessage());
        throw new BusinessException(BusinessException.DB_EXCEPTION);
    } catch (FrsException e) {
        throw new BusinessException(BusinessException.BUS_EXCEPTION);
    } catch (IOException e) {
        throw new BusinessException(BusinessException.BUS_EXCEPTION);
    }
}
```

4）控制层程序开发。控制层程序编写在文件 accessControl-c\src\main\java\com\chinasofti\web\account\FaceController.java 中。声明删除人脸库响应函数，不需要接收参数，返回删除状态，代码如下：

```
/**
 * 删除人脸库
 *
```

```
 * @return
 */
@RequestMapping(value = "/deleteFaceSet")
@ResponseBody
public JSONObject deleteFaceSet() {
    try {
        this.faceService.deleteFaceSet();
        return super.getJSONByObject("删除成功", "value");
    } catch (BusinessException e) {
        return super.getJSONByException(e);
    }
}
```

5）删除人脸库验证。重启服务器后，登录系统，访问人脸库管理模块，单击"删除"按钮删除人脸库，则可以看到删除成功界面。

（8）查询用户信息。在已经创建人脸库后，单击"用户管理"进入用户管理界面，查看当前系统所有用户。

1）前端程序文件。创建 JS 文件，在其中加入 jQuery 延迟执行闭包，创建人员信息（请参考前面内容，此处不再赘述）。

步骤1　在闭包内增加显示用户信息的函数，并在页面加载时调用，代码如下：

```
showUser();
    function showUser() {

        $.post("../../face/findUsers",{nameInput:$("#nameInput").val().trim()},function(e) {
            if (e.state == "1") {
                let users = e.users;

                for (let i = 0 ; i < users.length;i++) {
                    let user = users[i];
                    let html = '<tr>'
                            +'<td style="vertical-align:center;">'
                                    +'<img src="' +user.imgUrl + '"
                                    style="width: 7vw;" alt="User Image">'
                            +'</td>'
                            +'<td style="vertical-align: middle;">'
                                    +user.userCode
                            +'</td>'
                            +'<td style="vertical-align: middle;">'+
                                    user.userName+'</td>'
                            +'<td style="vertical-align: middle;">'+
                                    user.postName+'</td>'
                            +'<td style="vertical-align: middle;">' +
                                    user.lastInvest+ '</td>'
                            +'<td style="vertical-align: middle;">'
                                    +'<button type="button" name="delBut"
                                    data_id="'+ user.userId +'" class=
                                    "btn  btn-sm btn-danger
                                    btn-flat">delete</button>'
                            +'</td>'
                    +'</tr>'
```

```
                        let tr = $(html);
                        $("#users").append(tr);
                    }
                    table = $("#example2").DataTable({
                        "paging": false,
                        "lengthChange": false,
                        "searching": false,
                        "ordering": false,
                        "info": true,
                        "autoWidth": false,
                        'iDisplayLength': 7
                    });
                }
            })
        }
```

2）持久层程序开发。

步骤1　声明DAO接口，接口文件在accessControl/src/main/java/com/chinasofti/dao/face/FaceDao.java目录中。接口为查询全部用户信息，参数nameInput为用户姓名筛选条件，代码如下：

```
/**
 * 查询全部人员信息
 * @param nameInput  姓名筛选条件
 * @return
 */
List<SysUser> findUsers(@Param("nameInput") String nameInput);
```

步骤2　配置MyBatis的resultMap，用于绑定Java对象与数据库表字段，在MyBatis的查询中封装查询结果。在FaceMapper.xml文件中完成配置，代码如下：

```
<resultMap id="userMapper" type="com.chinasofti.domain.face.SysUser">
    <id column="user_id" property="userId" javaType="int" />
    <result column="user_code" property="userCode" javaType="String" />
    <result column="user_name" property="userName" javaType="String" />
    <result column="post_name" property="postName" javaType="String" />
    <result column="img_url" property="imgUrl" javaType="String" />
    <result column="last_invest" property="lastInvest" javaType="java.util.Date" />
</resultMap>
```

步骤3　配置MyBatis的查询语句，如果参数不为空，则要增加筛选条件在FaceMapper.xml文件中完成配置，代码如下：

```
<select id="findUsers"   resultMap="userMapper" >
    SELECT
        *
    FROM
        sys_user t
    WHERE
        1=1
    and user_Name like   CONCAT('${nameInput}','%')
        order by user_id desc
</select>
```

3）业务层程序开发。服务器端业务层文件目录为 accessControl-c\src\main\java\com\

chinasofti\service\face。其中，FaceService 为业务层接口文件，FaceServiceImpl 为实现类。

步骤 1   声明接口函数，查询全部用户，代码如下：

```
/**
 * 根据 set 获取人员信息
 * @param nameInput
 * @return
 */
List<SysUser> findUsers(String nameInput);
```

步骤 2   声明实现函数，在函数中通过调用持久层接口查询全部用户，代码如下：

```
@Transactional(rollbackFor=Exception.class)
public List<SysUser> findUsers(String nameInput) {
    try {
        return this.faceDao.findUsers(nameInput);
    } catch (DataAccessException e) {
        LOG.info(e.getMessage());
        throw new BusinessException(BusinessException.DB_EXCEPTION);
    }
}
```

4）控制层程序开发。控制层程序编写在文件 accessControl-c\src\main\java\com\chinasofti\web\account\FaceController.java 中。声明查询用户的响应函数，接收姓名筛选条件参数，返回用户信息列表，代码如下：

```
/**
 * 获取系统全部用户
 *
 * @return
 */
@RequestMapping(value = "/findUsers")
@ResponseBody
public JSONObject findUsers(String nameInput) {
    try {
        List<SysUser> users = this.faceService.findUsers(nameInput);
        return getJSONByObject(users, "users");
    } catch (BusinessException e) {
        return super.getJSONByException(e);
    }
}
```

5）查询用户验证。重启服务器后，登录系统，访问用户管理模块，显示用户列表，若没有用户则显示空列表。

（9）创建用户信息。

1）前端程序文件。在 HbuilderX 开发环境下，创建 JS 文件，目录为 accessControl-c\dist\js\pages\userManager.js。

步骤 1   本案例中采用 ajaxForm 实现表单的异步提交，本步骤声明 ajaxForm 配置属性。在页面加载时声明一次即可。表单提交时，只需要调用 ajaxForm 的提交接口即可完成表单的异步提交，代码如下：

```
var options = {
        type: 'post',
```

```
        url: "../../face/createUser",
        success:function(ret) {
            debugger;
        },
        error:function (responseText, statusText) {
            alert("shang chuan cuo wu");
        }
    };
    // pass options to ajaxForm
$('#createForm').ajaxForm(options);
```

步骤 2　单击创建的响应函数，目的是显示创建用户的模态框，代码如下：

```
$("#showModelBut").click(function() {
    $('#myModal').modal({keyboard: false})
});
```

步骤 3　输入用户信息后单击"提交"按钮时的响应函数如下（当用户提交表单时，需要调用 ajaxForm 的接口完成表单提交并隐藏模态框）：

```
$("#submitBut").click(function() {
    $('#createForm').ajaxSubmit(function () {
        $('#myModal').modal('hide')
        location.reload()
    })
});
```

步骤 4　模态框隐藏时的响应函数如下，目的是清除表单内元素的内容：

```
$('#myModal').on('hidden.bs.modal', function (e) {
    $("#createForm")[0].reset()
})
```

2）持久层程序开发。

步骤 1　声明 DAO 接口，接口文件在 accessControl/src/main/java/com/chinasofti/dao/face/FaceDao.java 目录中，接口为创建用户信息，代码如下：

```
/**
 * 创建人员信息
 * @param busFaceSet
 */
void createUser(SysUser sysUser);
```

步骤 2　配置 MyBatis 的创建语句，根据传递的参数属性对表的记录赋值。在 FaceMapper.xml 文件中完成配置，代码如下：

```
<insert id="createUser" parameterType = "com.chinasofti.domain.face.SysUser"
 useGeneratedKeys="true"  keyProperty="userId">
    INSERT INTO sys_user (
        user_code,
        user_name,
        post_name,
        img_url
    )
    VALUES
        (#{userCode},#{userName},#{postName},#{imgUrl})
</insert>
```

3）业务层程序开发。服务器端业务层文件的目录为 accessControl-c\src\main\java\com\chinasofti\service\face。其中，FaceService 为业务层接口文件，FaceServiceImpl 为实现类。

步骤 1　声明接口函数，创建用户。其中，abImgUrl 为头像图片保存到服务器的临时目录。本案例中，调用华为云的 FRS 服务添加人脸时需要上传头像图片，代码如下：

```
/*
 * 创建用户
 */
void createUser(SysUser sysUser,String abImgUrl);
```

步骤 2　声明实现函数。在函数中通过调用持久层保存用户信息，同时要在华为云的人脸库中添加一条人脸记录，代码如下：

```
@Transactional(rollbackFor=Exception.class)
public void createUser(SysUser sysUser , String abImgUrl) {
    try {
        FaceSet faceset = this.findActiveSet();
        if(faceset == null) {
            throw new BusinessException("人脸库已经被移除", BusinessException.BUS_EXCEPTION);
        }
        faceDao.createUser(sysUser);
        String imageId = "image1";
        File image = new File(abImgUrl);
        byte[] fileData = FileUtils.readFileToByteArray(image);
        String imageBase64 = Base64.encodeBase64String(fileData);
        AddExternalFields addExternalFields = new AddExternalFields();
        //增加额外字段保存用户 id，在查询时根据 id 对接本系统和 FRS 的服务
        addExternalFields.addField("userId", sysUser.getUserId());
        AuthInfo authInfo = new AuthInfo(url, region, ak, sk);
        //构建客户端对象
        FrsClient frsClient = new FrsClient(authInfo, projectId);
        //在人脸库中添加一条人脸信息，并同时保存当前人员在本系统中的主键 id
        AddFaceResult addFaceResult = frsClient.getV2().getFaceService().
            addFaceByBase64(faceset.getFaceSetName(), imageId, imageBase64, addExternalFields);
    } catch (DataAccessException e) {
        LOG.info(e.getMessage());
        throw new BusinessException(BusinessException.DB_EXCEPTION);
    } catch (IOException e) {
        throw new BusinessException("无法检测到人脸库", BusinessException.BUS_EXCEPTION);
    } catch (FrsException e) {
        throw new BusinessException("无法检测到人脸库", BusinessException.BUS_EXCEPTION);
    }
}
```

4）控制层程序开发。控制层程序编写在文件 accessControl-c\src\main\java\com\chinasofti\web\account\FaceController.java 中。创建用户的响应函数，接收用户信息，并同时接收用户头像图片，借助 Spring Boot 自动完成图片存储，调用业务层程序完成存储后返回操作状态，代码如下：

```
/**
 * 创建用户
 */
```

```
@RequestMapping(value = "/createUser")
@ResponseBody
public JSONObject createUser(@RequestParam("img") MultipartFile file, SysUser user)
        throws IllegalStateException, IOException {
    try {
        String pDestFileName = new Date().getTime()
                + file.getOriginalFilename().substring(file.getOriginalFilename().lastIndexOf("."));
        String pFolderUrl = this.staticUrl.substring(this.staticUrl.indexOf(":") + 1)
                + ConstantField.IDENTITY_USER_URL;
        File pDest = new File(pFolderUrl + pDestFileName);
        file.transferTo(pDest);
        user.setImgUrl("/static" + ConstantField.IDENTITY_USER_URL + pDestFileName);
        this.faceService.createUser(user, pFolderUrl + pDestFileName);
        return super.getJSONByObject("创建成功", "value");
    } catch (BusinessException e) {
        return super.getJSONByException(e);
    }

}
```

5）创建用户验证。重启服务器后，登录系统，访问用户管理模块，显示用户列表，单击"创建"按钮，输入用户信息并上传头像图片后在页面中显示新创建的用户，如图 4-4 所示。

图 4-4　创建用户界面

（10）删除用户信息。在用户列表页面中单击 delete 按钮，删除系统用户，删除后的用户将无法访问园区，如图 4-5 所示。

头像	用户编号	用户姓名	用户岗位	最后访问时间	操作
	00001	李伟	总监	2021-07-14	delete
	aas	李伟1	sdsd	2021-07-14	delete

图 4-5　删除展示

1）前端程序文件。在 HbuilderX 开发环境下，创建 JS 文件，目录为 accessControl-c\dist\js\pages\userManager.js。在 jQuery 的闭包内添加删除用户的响应函数，将需要删除的用户 id 传递给服务器端，等待服务器响应后刷新页面，代码如下：

```javascript
$("#example2").on("click",".btn",function(e){
    let id = $(e.currentTarget).attr("data_id")
    $.post("../../face/deleteUser",{userId:id},function(e) {
        if (e.state == "1") {
            location.reload()
        }
    })
})
```

2）持久层程序开发。

步骤 1　声明 DAO 接口，接口文件在 accessControl/src/main/java/com/chinasofti/dao/face/FaceDao.java 目录中，接口为删除用户信息，代码如下：

```java
/**
 * 删除用户
 * @param user
 */
void deleteUserById(SysUser user);
```

步骤 2　配置 MyBatis 的删除语句，根据传递的用户 id 完成删除操作。在 FaceMapper.xml 文件中完成配置，代码如下：

```xml
<delete id="deleteUserById" parameterType = "com.chinasofti.domain.face.SysUser">
    delete from sys_user where user_id = #{userId}
</delete>
```

3）业务层程序开发。服务器端业务层文件目录为 accessControl-c\src\main\java\com\chinasofti\service\face。其中，FaceService 为业务层接口文件，FaceServiceImpl 为实现类。

步骤 1　声明接口函数，删除用户包含两部分操作。首先删除华为云人脸库中的人脸信息记录，然后删除本地数据库中的用户信息，代码如下：

```java
/**
 * 根据 id 删除人员信息
 * @param busFaceSet
 */
void deleteUser(SysUser sysUser);
```

步骤 2　声明实现函数。在函数中通过调用持久层完成删除用户操作，调用 FRS 接口完成人脸库中人脸的删除，代码如下：

```java
@Transactional(rollbackFor=Exception.class)
public void deleteUser(SysUser sysUser) {
    try {
        this.faceDao.deleteUserById(sysUser);
        FaceSet faceset = this.findActiveSet();
        if(faceset == null) {
            throw new BusinessException("人脸库已经被移除", BusinessException.BUS_EXCEPTION);
        }
        AuthInfo authInfo = new AuthInfo(url, region, ak, sk);
        FrsClient frsClient = new FrsClient(authInfo, projectId);
        frsClient.getV2().getFaceService().deleteFaceByFieldId(faceset.getFaceSetName(), "userId",
            sysUser.getUserId()+"");
    } catch (DataAccessException e) {
        LOG.info(e.getMessage());
```

```
        throw new BusinessException(BusinessException.DB_EXCEPTION);
    } catch (FrsException e) {
        throw new BusinessException("无法检测到人脸库", BusinessException.BUS_EXCEPTION);
    } catch (IOException e) {
        throw new BusinessException("无法检测到人脸库", BusinessException.BUS_EXCEPTION);
    }
}
```

4）控制层程序开发。控制层程序编写在文件 accessControl-c\src\main\java\com\chinasofti\web\account\FaceController.java 中。删除用户的响应函数，接收用户 id，并调用业务层函数完成数据库以及人脸库的删除操作，代码如下：

```
/**
 * 删除员工信息
 *
 * @return
 */
@RequestMapping(value = "/deleteUser")
@ResponseBody
public JSONObject deleteUser(SysUser user) {
    try {
        this.faceService.deleteUser(user);
        return super.getJSONByObject("删除成功", "value");
    } catch (BusinessException e) {
        return super.getJSONByException(e);
    }
}
```

5）删除用户验证。重启服务器后，登录系统，访问用户管理模块，显示用户列表，单击删除按钮，删除后页面自动刷新，删除的用户无法显示在列表中，如图 4-6 所示。

图 4-6　删除界面

（11）访客信息查询。在访客信息页面可以查询所有正常进入或退出园区的用户访问记录，在日志信息查询模块中包含所有正常访问的访客，同时包含被门禁系统拦截的用户。访客信息由 HiLens Kit 结束人脸识别后自动录入系统中，如图 4-7 所示。

图 4-7　查看访客界面

1）前端程序文件。在 HbuilderX 开发环境下，创建 JS 文件，目录为 accessControl-c\
dist\js\pages\invest.js。

步骤1　在 JS 文件中增加 jQuery 延迟加载闭包，在其中加入渲染页面显示的响应函数，
函数从服务器获取所有访客信息，并通过动态 DOM 加载的方式显示在页面中，代码如下：

```
function showInvest() {
    $("#users").html("");
    $.post("../../face/findInvest", {
        nameInput: $("#nameInput").val().trim(),
        result: '1'
    }, function(e) {
        if (e.state == "1") {
            let users = e.invests;
            for (let i = 0; i < users.length; i++) {
                let user = users[i];
                let status = user.invest_type == "0" ? "进入" : "退出"
                let html = '<tr>' +
                    '<td style="vertical-align:center;">' +
                    '<img src="" + user.imgUrl + '" style="width: 7vw;" alt="User Image">' +
                    '</td>' +
                    '<td style="vertical-align: middle;">' +
                    user.userCode +
                    '</td>' +
                    '<td style="vertical-align: middle;">' + user.userName + '</td>' +
                    '<td style="vertical-align: middle;">' + status + '</td>' +
                    '<td style="vertical-align: middle;">' + user.investTime + '</td>' +
                    '</tr>'
                let tr = $(html);
                $("#users").append(tr);
            }
            $("#example2").DataTable({
                "paging": true,
                "lengthChange": false,
                "searching": false,
                "ordering": false,
                "info": true,
                "autoWidth": false,
                'iDisplayLength': 7
            });
        }
    })
}
```

步骤2　在 JS 文件中增加"搜索"按钮的响应函数，代码如下：

```
$("#search").click(function() {
    showInvest();
});
```

步骤3　在 JS 文件的闭包里面调用显示用户列表函数。

2）持久层程序开发。

步骤1　声明 DAO 接口，接口文件在 accessControl/src/main/java/com/chinasofti/dao/face/
FaceDao.java 目录中。接口为根据状态获取门禁系统的访问信息，代码如下：

```
/**
 * 根据访问状态返回所有园区访问记录
 * @param nameInput 用户姓名筛选条件
 * @param result 识别类型，当值为 1 时代表访客查询，为其他时代表日志查询
 * @return
 */
List<BusInvest> findInvest(@Param("nameInput") String nameInput,@Param("result") String result);
```

说明： 由于系统中用户的访问记录都存储在 BUS_INVEST 表中，其中 result 字段代表是否识别成功（验证结果：0 为验证失败，1 为验证成功）。因此访客信息查询与日志信息查询的服务器接口为同一个，仅仅是传递的参数不同。

步骤 2 配置 MyBatis 访客信息的 resultMap，用于绑定 Java 对象和数据库字段属性。在 FaceMapper.xml 文件中完成配置，代码如下：

```xml
<resultMap id="investMapper" type="com.chinasofti.domain.face.BusInvest">
    <id column="INVEST_ID" property="investId" javaType="int" />
    <result column="INVEST_TYPE" property="investType" javaType="String" />
    <result column="INVEST_TIME" property="investTime" javaType="java.util.Date" />
    <result column="USER_ID" property="userId" javaType="int" />
    <result column="USER_NAME" property="userName" javaType="String" />
    <result column="USER_CODE" property="userCode" javaType="String" />
    <result column="POST_NAME" property="postName" javaType="String" />
    <result column="IMG_URL" property="imgUrl" javaType="String" />
    <result column="RESULT" property="result" javaType="String" />
</resultMap>
```

步骤 3 配置 MyBatis 的查询语句，本案例中用来根据用户输入的姓名筛选条件及查询状态查询访客信息表。在 FaceMapper.xml 文件中完成配置，代码如下：

```xml
<select id="findInvest"    resultMap="investMapper" >
    SELECT
        i.*, u.user_name,
        u.user_code,
        u.post_name
    FROM
        bus_invest i
    left JOIN sys_user u ON i.user_id = u.user_id
    WHERE
        1=1
    <if test='param1 != "">
            and u.user_Name like    CONCAT('${nameInput}','%')
    </if>

    <if test='param2 == "1"'>
            and result = '1'
    </if>
        order by invest_time desc
</select>
```

3）业务层程序开发。服务器端业务层文件目录为 accessControl-c\src\main\java\com\chinasofti\service\face。其中，FaceService 为业务层接口文件，FaceServiceImpl 为实现类。

步骤 1 声明接口函数，根据状态和用户名筛选提交查询访客信息，代码如下：

```
/**
 * 根据访问状态返回所有园区访问记录
 * @param nameInput
 * @param result
 * @return
 */
List<BusInvest> findInvest(String nameInput,String result);
```

步骤 2 声明实现函数，代码如下：

```
@Transactional(rollbackFor=Exception.class)
public List<BusInvest> findInvest(String nameInput, String result) {
    try {
        return this.faceDao.findInvest(nameInput, result);
    } catch (DataAccessException e) {
        LOG.info(e.getMessage());
        throw new BusinessException(BusinessException.DB_EXCEPTION);
    }
}
```

4）控制层程序开发。控制层程序编写在文件 accessControl-c\src\main\java\com\chinasofti\web\account\FaceController.java 中。查询访客信息的响应函数接收用户姓名筛选条件以及查询状态参数，查询后将查询结果以列表的方式返回，代码如下：

```
/**
 * 获取系统目前可以使用的人脸库
 *
 * @return
 */
@RequestMapping(value = "/findInvest")
@ResponseBody
public JSONObject findInvest(String nameInput, String result) {
    try {
        List<BusInvest> invests = this.faceService.findInvest(nameInput, result);
        String[] dateFormats = new String[] { "yyyy-MM-dd HH:mm:ss" };
        net.sf.json.util.JSONUtils.getMorpherRegistry().registerMorpher(new
        DateMorpher(dateFormats));
        JsonConfig jc = new JsonConfig();
        DateJsonValueProcessor djv = new DateJsonValueProcessor();
        djv.setFormat("yyyy-MM-dd HH:mm:ss");
        jsonConfig.registerJsonValueProcessor(java.util.Date.class, djv);
        return getJSONByObject(invests, "invests");
    } catch (BusinessException e) {
        return super.getJSONByException(e);
    }
}
```

5）查询访客信息验证。重启服务器后，登录系统中的访客信息模块，显示访客信息列表。

（12）日志查询。在日志信息查询模块中，可以通过系统查询所有访问信息（包括被门禁系统拦截的用户）。调用的后台服务接口与访客信息查询一致，只是调用接口时传递的参数不同。

【任务小结】

微服务是一种架构风格，一个大型复杂的软件应用由一个或多个微服务组成。系统中的各个微服务可被独立部署，各个微服务之间是松耦合的。每个微服务仅关注于完成一件任务并能很好地完成该任务。Spring Boot 基于 Maven 来构建项目，通过依赖关系进行包管理、项目构建以及打包。使用 Spring Boot 架构需要了解前端程序文件、持久层程序文件、业务层程序文件和控制层程序文件以及它们之间的联系。

【考核评价】

评价内容	评分项	自评得分	教师考评得分	备注
学习态度	课堂表现、学习活动态度（40 分）			
知识技能目标	开发环境部署安装（5 分）			
	登录、查询功能开发（25 分）			
	创建人脸库、创建人员、删除人脸库（30 分）			
总得分				

任务 2　园区中控服务接口

【任务描述】

智慧园区系统集成项目主要利用华为 HiLens 云端协同 AI 应用平台（简称 HiLens）完成包括出入管理、安全管理、信息监控三大业务园区管理模块的 AI 人脸识别功能。通过园区中控服务接口无缝集成 HiLens Kit 设备以及华为 HiLens 云端 AI 功能，从而完成智慧园区系统集成并实现园区各项业务功能及建设目标。

华为云人脸服务的访问方式以及常用的调用接口方式有哪些？华为 HiLens Kit 的基本功能有哪些？HiLens 的核心原理是什么？HiLens Kit 与服务器交互通过什么方式进行？本任务将围绕以上问题进行讨论，并通过实验让我们掌握利用 HiLens Kit 完成中控服务接口的开发。

【任务目标】

- 掌握华为 HiLens 的基本功能和使用场景。
- 了解 HiLens 的核心原理，并能够下载和使用常用的模型。
- 了解华为云人脸服务（Face Recognition Service，FRS）的访问方式以及接口调用方式。
- 掌握实现智能门禁系统的基本原理以及 HiLens Kit 与服务器交互的方式。

【知识链接】

1. 华为 HiLens 的基本功能和使用场景

（1）Hilens 简单介绍。华为 HiLens 为端云协同多模态 AI 开发应用平台，提供简单易用的开发框架、开箱即用的开发环境、丰富的 AI 技能市场和云上管理平台，对接多种端侧计算设备，支持视觉及听觉 AI 应用开发、AI 应用在线部署、海量设备管理等。

（2）Hilens 产品架构。华为 HiLens 是一个端云协同的多模态 AI 开发应用平台，云侧提供开发框架 HiLens Framework、开发环境 HiLens Studio、管理平台和多模态 AI 技能，供用户在云侧选购或开发技能，用户可以安装技能到端侧设备，使端侧设备具备 AI 技能，也可以发布技能至技能市场，共享给其他用户，架构如图 4-8 所示。

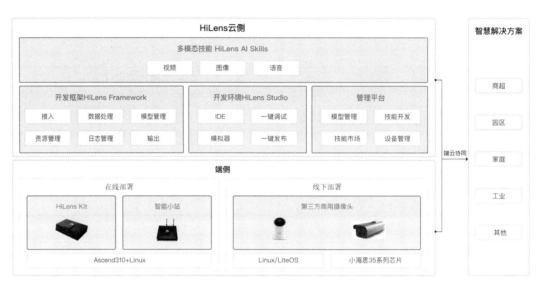

图 4-8　云端架构图

1）开发框架 HiLens Framework。封装了视频分析算法的基础组件，如图像处理、推理、日志等，开发者只需少量代码即可开发自己的技能。

2）开发环境 HiLens Studio。提供给开发者的一种多语言类集成开发环境，包括代码编辑器、编译器、调试器等，开发者可以在 HiLens Studio 中编写和调试技能代码。

3）管理控制台。提供模型管理、技能开发等功能，供用户在云侧管理模型和技能，一键安装技能到端侧设备。

4）多模态 AI 技能。技能市场预置丰富的 AI 技能，支持部署算法到端侧设备，覆盖商超、家庭、园区等多种商用场景。

（3）应用场景。从用户角色的维度来看，华为 HiLens 主要有 3 种类型的用户角色：普通用户、AI 开发者和摄像头厂商。通过 HiLens 管理控制台将 AI 技能下发到集成 Ascend 芯片的智能小站，让边缘设备具备处理一定数据的能力，可应用于以下场景：

1）车牌/车型判断：在园区、车库等进出口对车辆进行车牌、车型判断，可实现特定车牌和车型的权限认证。

2）安全帽检测：从视频中发现未佩戴安全帽的工人，并在指定设备发起告警。

3）轨迹还原：将多个摄像头判断出的同一个人脸或车辆，协同分析来还原行人或车辆的前进路径。

4）异常声音检测：检测到玻璃破碎、爆炸等异常声音时上报告警。

5）入侵检测：在视频指定区域检测到人形时发出告警。

6）商超智能化：商超场景适用的终端设备包括 HiLens Kit、智能小站、商用摄像头。小型商超可配套集成 HiLens Kit，支持 4～5 路视频分析场景，体积小，可放置于室内环境。

2．HiLens 的核心功能和常用模型

HiLen 作为多模态 AI 开发应用平台，核心是云侧提供开发框架 HiLens Framework、开发环境 HiLens Studio、管理平台及多模态 AI 技能。

（1）技能介绍。技能是运行在端侧摄像头的人工智能应用，一般由模型和逻辑代码组成。其中，逻辑代码是技能的框架，负责控制技能的运行，包括数据读入、模型导入、模型推理、结果输出等；模型是人工智能算法经大数据训练而成，负责技能运行中关键场景的推理。

（2）常用模板。可以登录华为 HiLens 管理控制台，在左侧导航栏中选择"技能开发"→"技能模板"，默认进入"全部模板"页面，如图 4-9 所示。

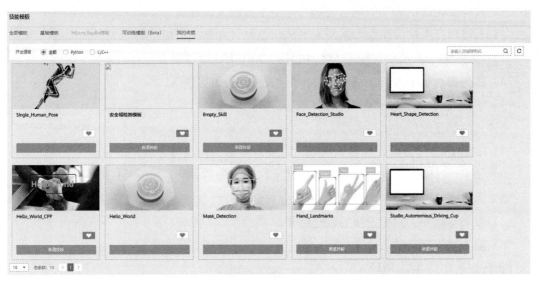

图 4-9　技能模板

在"全部模板"页面中，单击技能模板的卡片可进入技能详情页面，查看技能的基本信息、运行时参数等。可以单击"我的收藏"页签查看收藏的技能列表，也可在此页面中单击技能卡片进入详情页。

（3）下载技能模板。在"全部模板""基础模板"或"我的收藏"页面中，单击技能模板的卡片可进入技能详情页面。在技能详情页面中，单击右上角的"下载模板"，技能模板将以压缩包的形式下载至本地，如图 4-10 所示。

图 4-10　下载技能模板

3．华为云 EI 服务的访问方式以及常用的接口类型

华为 HiLens 服务提供了 REST（Representational State Transfer）风格的 API，支持通过 HTTPS 请求调用，调用方式有以下几种：

（1）通过华为云 API Explorer 在线调用 FRS 服务 API。无须编码，只需要输入相关参数即可调用 API，体验服务应用效果。

（2）通过工具（如 cURL、Postman）发送请求调用人脸识别服务 API。通过 HTTP 请求方式调用人脸服务接口，可跨语言操作。

（3）通过软件开发工具包（SDK）调用 FRS 服务 API。FRS 服务提供 Java、Python、Go、CSharp 版本的 SDK。

常用的接口类型主要有基础版控制台接口：获取设备列表及获取设备告警列表。

4. 中控服务接口实现准备

（1）智能门禁系统介绍。智能门禁系统的相关业务功能如下：

1）人脸库管理：建立华为云人脸库，用于存储人脸标识。

2）人员信息维护：建立本系统人员档案信息，并将人员信息与华为云人脸库同步。

3）人脸识别：人员进入园区，将 HiLens Kit 作为终端捕捉人脸特征，并上传到服务器。

4）服务器通过华为云 EI 服务接口判定人员是否可以进入。

5）访客查询：访问所有访客的访问信息。

（2）门禁系统程序执行流程。

1）Hilens Kit 需要验证是否一人通过，并且是否比较靠近设备。

2）如果通过验证，则捕捉当前图像并上传到服务器。

3）服务器通过 EI 接口访问人脸库，并传送人脸图像。

4）服务器接受人脸库返回的判定结果。

5）服务器将判定结果传送给客户端，由客户端程序显示判定结果。

执行流程如图 4-11 所示。

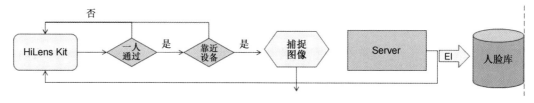

图 4-11　执行流程

（3）开发环境。本案例使用 HiLens 提供的端云协同平台，在技能市场选择人脸检测模型中的 Face_dection_Studio 模型来识别靠近设备的人脸，如图 4-12 所示。

图 4-12　模型选择

服务器响应流程如下：

1）服务器接收图片二进制信息并保存到本地临时目录中。

2）调用 EI 服务接口并上传本地图片，接口返回匹配列表。

3）程序判定列表中最高匹配项，若匹配概率大于阈值（90%）则代表匹配成功。

4）通过 JSON 返回匹配状态。

服务器访问接口如图 4-13 所示。

访问类型	路径	参数	返回参数

http	http://ip:port/face/vertifyFace	file:XX
		investType: 0/1
			{
			　resutl:1,
			　user:{}
			}

图 4-13　服务器接口访问地址

Spring Boot 端响应函数格式代码如图 4-14 所示。

```
@RequestMapping(value = "/vertifyFace")
@ResponseBody
public JSONObject vertifyFace(@RequestParam("file") MultipartFile file,
        String investType)
```

图 4-14　响应函数代码

【任务实施】

（1）人脸识别客户端开发。

1）环境准备。已注册华为云账号并完成实名认证；在使用华为 HiLens 前检查账号状态，账号不能处于欠费或冻结状态；已购买 HiLens Kit 设备并注册 HiLens Kit；成功申请 HiLens Studio 公测权限。

2）安装第三方库。通过 pip 安装第三方库 requests 和 PIL。

在 HiLens Studio 页面中，单击上方的 Terminal→New Terminal 打开技能的终端窗口，也可以右击并选择 Open in Terminal 来打开技能的终端窗口，输入如下指令进行安装：

```
pip3 install requests --user
```

安装完成后可在/home/huser/.local/lib/python3.7/site-packages/位置下查看。

PIL 的安装方式与 requests 相同。

3）创建人脸识别工程。在华为云的技能库中已经提供了用于人脸识别的模型，客户可以下载后直接使用。本案例通过模板的方式创建工程并加载人脸识别模型，这样做的好处是保证模型下载以及配套模型的使用方式。

步骤 1　创建项目，如图 4-15 所示。

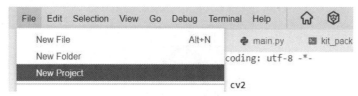

图 4-15　创建项目

步骤 2　选择人脸识别模板，单击 Face_Detection_Studio 模板上的"新建技能"按钮，如图 4-16 所示。

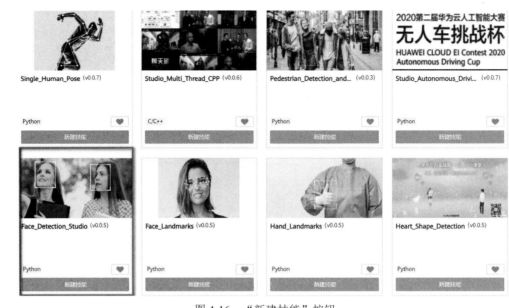

图 4-16　"新建技能"按钮

步骤 3　输入技能参数，可以修改技能名称，其他采用默认配置。单击右侧的"确定"按钮创建技能。构建项目后的目录结构如图 4-17 所示。

```
├── .hilens
│   ├── rtmp.txt        生成的uuid，用于构成技能rtmp推流临时地址。
│   ├── rtmp_source     推流方式，内容是File则用预置视频推流，内容是CAM则用手机推流，
│                       内容为空或者AUTO则会判断有无手机推流，一秒后若无手机推流会转成
│                       预置视频推流。
│   ├── skill_info.json  项目的元信息。
├── .theia
│   ├── lanuch.json      项目启动配置。
├── data    工程需要使用的数据。
│   ├── skill_config.json    用于模拟运行时配置，开发者可增加需要的参数（可选）。
├── model   模型文件。
├── src     项目源代码。
├── test    测试数据。
│   ├── cameras0.mp4    HiLens Studio中Video Capture默认读取的视频文件。
├── start.py    技能的启动脚本，建议不要修改。
├── readme.txt  技能说明。
```

图 4-17　构建项目后的目录结构

步骤 4　单击上方的"运行"按钮，在开发工具右侧播放测试视频并标注人脸位置，如图 4-18 所示。

图 4-18　测试视频

4）编写配置文件。由于 HiLens Kit 需要调用远程服务器，服务器地址变更会导致 HiLens 无法访问，因此我们需要构建一个配置文件，用来声明配置信息。

在 src/main/python 目录下创建 config.py 文件，用于声明配置信息和配置属性，代码如下：

```
# -*- coding: utf-8 -*-
server_addr = "https://121.36.57.227/face/vertifyFace"
investType = "1" # 0 退出 1 进入
temp_img_name = "temp12.jpg" # 临时文件目录
```

5）编写工具类。由于在人脸识别的技能中通过 Python 的 cv2 包来显示摄像头拍摄的信息，但 cv2 不支持中文，因此借助 PIL 包的绘图功能完成中文显示。

在 src/main/python 目录下创建 utils.py 文件，用于声明绘制中文文字的工具函数，代码如下：

```
import cv2
import numpy as np
from PIL import Image, ImageDraw, ImageFont
import hilens
def cv2ImgAddText(img, text, left, top, textColor=(0, 255, 0), textSize=20):
    if (isinstance(img, np.ndarray)):        # 判断是否是 OpenCV 图片类型
        img = Image.fromarray(cv2.cvtColor(img, cv2.COLOR_BGR2RGB))
    # 创建一个可以在给定图像上绘图的对象
    draw = ImageDraw.Draw(img)
    print(hilens.get_workspace_path().replace("data/", "") + "skill/data/simsun.ttc")
    # 字体的格式
    fontStyle = ImageFont.truetype(hilens.get_workspace_path().replace("data/", "") +
        "skill/data/simsun.ttc", textSize, encoding="utf-8")
    # 绘制文本
    draw.text((left, top), text, textColor, font=fontStyle)
    # 转换回 OpenCV 格式
    return cv2.cvtColor(np.asarray(img), cv2.COLOR_RGB2BGR)
```

6）编写核心类。人脸识别的技能通过调用训练好的模型捕捉摄像头拍摄的人脸，并标注人脸所在的位置和大小。在智能门禁系统中，我们要在原技能中进行修改，修改的流程如图 4-19 所示。

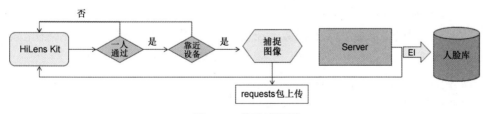

图 4-19　修改流程图

- 为了保证人脸识别的准确率，在人脸识别时我们需要保证屏幕中只有一个人通过。
- 为了减少与服务器的交互次数，我们需要等待人脸靠近屏幕后再去捕捉图像，一方面减少了与服务器的交互次数，另外也避免了识别不准确的情况。这里靠近设备我们需要通过摄像头拍摄的人脸大小进行判断。
- 当一张人脸靠近摄像头后，通过调用 cv2 的接口完成截图，并使用 requests 包完成图像上传功能。

- 目前 requests 包无法在 HiLens Studio 中使用，只能在完成开发后发布到 HiLens Kit 硬件上去调试。在 main.py 中引入所需要的包，这里需要引入 requests、config.py、utils.py、json 等包，代码如下：

```
import cv2
import numpy as np
import os
import hilens
from postprocess import im_detect_nms
import copy
import requests
import json
import config
import datetime
import time
from utils import cv2ImgAddText
```

定义上传图片的工具函数，用于将捕捉的图片信息上传给服务器进行人脸对比，代码如下：

```
def send_img(serverUrl, imgUrl, investType):
    header = {"ct": "eyJhbGciOiJIUzI1NiIsInR5cCI6IkpXVCJ9"}
    files = {'file': open(imgUrl,'rb')}        #此处是重点！我们操作文件上传的时候把目标文件以 open
                                               #打开，并将文件数据放到变量 file 中
    upload_data = {"investType": investType}
    try:
        upload_res = requests.post(serverUrl, upload_data, files=files,headers=header, verify=False)
        #此处是重点！我们操作文件上传的时候，接口请求参数直接存到 upload_data 变量里面，
        #在请求的时候直接作为数据传递过去
        retJson = json.loads(upload_res.content)
        return retJson
    except Exception as e:
        print(e)from utils import cv2ImgAddText
```

定义屏幕显示的工具函数，根据处理后的 cv 对象内容将图片显示在终端设备中，代码如下：

```
def show_screen(input_bgr, display_hdmi):
    output_nv21 = hilens.cvt_color(input_bgr, hilens.BGR2YUV_NV21)
    display_hdmi.show(output_nv21)
```

定义向图像中增加文字的工具函数，在设备识别过程中我们需要提示用户靠近屏幕等信息，代码如下：

```
def add_text(input_bgr, camera, input_words):
    height = camera.height
    width = camera.width
    return cv2ImgAddText(input_bgr,input_words, int(width/2 - 150), int(height/2 - 50),
        textColor=(255,0,0),textSize =50)
```

修改 main 函数，该函数完成人脸识别的过程，包含读取模型，并通过 while 循环不断监控摄像头拍摄的图片（如代码 4-1 所示）。

7）程序发布。在之前的内容中已经介绍过如何将程序发布到 HiLens Kit 上进行功能展示，由于 HiLens Studio 无法模拟网络请求，所以整个人脸的捕捉并识别的过程无法在开发工具中测试，只能发布到硬件上测试。在发布前，我们需要完成 HiLens Kit 注册等操作，

代码 4-1 main()

开发完成后要借助 HiLens Studio 完成发布。

在 HiLens Studio 右侧通过按钮完成发布操作，如图 4-20 所示。

图 4-20 程序发布

（2）人脸识别接口开发。人脸识别的服务器接口使用 Spring Boot 框架完成，代码由 STS 的开发工具实现，接口仍然定义在服务器端网站中。在服务器端程序中，调用 FRS 接口完成人脸对比操作，如果人脸对比的相似度超过 90% 则代表与人脸匹配，对比结束后将对比结果保存到数据库中。

1）持久层程序开发。服务器端持久层文件系统登录活动的服务器程序编写在 STS 开发环境中，接口的目的是保存人脸对比的结果。

步骤1 声明DAO接口，接口文件在accessControl/src/main/java/com/chinasofti/dao/face/FaceDao.java 目录中，代码如下：

```
/**
 * 保存访问信息
 * @param invest
 */
void insertInvest(BusInvest invest);
/**
 * 根据 id 获取用户
 * @param id
 * @return
 */
SysUser findUserById(@Param("userId") int userId);
```

步骤2 配置 MyBatis 的查询语句。完成根据 id 查询用户接口的实现，代码如下：

```
<select id="findUserById"    resultMap="userMapper" >
    SELECT
    FROM
        sys_user t
    WHERE
        user_Id = #{userId}
</select>
```

步骤3 实现插入访问信息配置，代码如下：

```
<insert id="insertInvest" parameterType = "com.chinasofti.domain.face.BusInvest"
  useGeneratedKeys="true"   keyProperty="investId">
```

```
    INSERT INTO bus_invest (
        invest_type,
        invest_time,
        user_id,
        img_url,
        result
    )
    VALUES
        (#{investType},#{investTime},#{userId},#{imgUrl},#{result})
</insert>
```

2）业务层程序开发。服务器端业务层文件目录为 accessControl-c\src\main\java\com\chinasofti\service\face。其中，FaceService 为业务层接口文件，FaceServiceImpl 为实现类。

步骤 1　声明接口函数，接口函数验证头像是否能够通过验证，如果通过验证，则返回用户信息，否则返回 null，代码如下：

```
/**
 * 验证头像是否能够验证通过，如果验证通过，则返回用户信息，否则返回 null
 * @param imgUrl
 * @param investType
 * @return
 */
SysUser vertifyFace(BusInvest invest, String abUrl);
```

步骤 2　声明私有函数，根据图片获取匹配的人脸，默认选取置信度最高的图片，若该图片置信度大于 90% 则代表识别成功，代码如下：

```
/**
 * 根据图片获取匹配的人脸，默认选取置信度最高的图片，若该图片置信度大于90%则代表识别成功。
 * @param abUrl
 * @return
 * @throws IOException
 * @throws FrsException
 */
private ComplexFace searchFace(String abUrl,FrsClient frsClient,FaceSet faceset) throws FrsException,
IOException {
    SearchFaceResult result = frsClient.getV2().getSearchService().
            searchFaceByFile(faceset.getFaceSetName(), abUrl);
    List<ComplexFace> faces = result.getFaces();
    if (!faces.isEmpty()) {
        ComplexFace face = faces.get(0);
        if (face.getSimilarity() > ConstantField.SIMILARITY_LEVE) {
            return face;
        }
    }
    return null;
}
```

步骤 3　声明私有函数，根据人脸库中的人脸 id 获取人员主键 id。由于在华为云人脸库中录入人脸信息时同时将数据库中的主键作为额外字段保存到了华为云人脸库中，因此此处根据 faceId 获取人脸库中保存的数据库主键 id，代码如下：

```
private int getUserIdByFace(FaceSet faceset, FrsClient frsClient, String faceId) throws FrsException, IOException {
```

```
        GetFaceResult result = frsClient.getV2().getFaceService().getFace(faceset.getFaceSetName(), faceId);
        List<Face> faces = result.getFaces();
        if (!faces.isEmpty()) {
            Face fa = faces.get(0);
            int userId = Integer.valueOf(fa.getExternalFields().get("userId").toString());
            return userId;
        }
        return 0;
    }
```

步骤 4　声明验证人脸的实现函数。根据上传的图像从华为云中查找相似度最高的人员，如果相似度超过 90%则代表识别成功，从系统数据库中获取人员信息并返回给 HiLens Kit 用于信息显示，代码如下：

```
public SysUser vertifyFace(BusInvest invest, String abUrl) {
    try {
        FaceSet faceset = this.findActiveSet();
        if(faceset == null) {
            throw new BusinessException("人脸库已经被移除", BusinessException.BUS_EXCEPTION);
        }
        AuthInfo authInfo = new AuthInfo(url, region, ak, sk);
        FrsClient frsClient = new FrsClient(authInfo, projectId);
        ComplexFace face = this.searchFace(abUrl, frsClient, faceset);
        if(face !=  null) {
            String faceId = face.getFaceId();
            int userId = getUserIdByFace(faceset, frsClient, faceId);
            SysUser user = this.faceDao.findUserById(userId);
            invest.setResult(ConstantField.VERFY_PASS);
            invest.setUserId(user.getUserId());
            this.faceDao.insertInvest(invest);
            return user;
        } else {
            invest.setResult(ConstantField.VERFY_UNPASS);
            this.faceDao.insertInvest(invest);
            return null;
        }
    } catch (DataAccessException e) {
        LOG.info(e.getMessage());
        throw new BusinessException(BusinessException.DB_EXCEPTION);
    } catch (FrsException e) {
        throw new BusinessException("无法检测到人脸库", BusinessException.BUS_EXCEPTION);
    } catch (IOException e) {
        throw new BusinessException("无法检测到人脸库", BusinessException.BUS_EXCEPTION);
    }
}
```

3）控制层程序开发。登录活动的控制层程序编写在文件 accessControl-c\src\main\java\com\chinasofti\web\face\FaceController.java 中。

声明人脸验证接口函数，代码如下：

```
@RequestMapping(value = "/vertifyFace")
@ResponseBody
public JSONObject vertifyFace(@RequestParam("file") MultipartFile file, String investType)
        throws IllegalStateException, IOException {
    try {
```

```
String pDestFileName = new Date().getTime()
        + file.getOriginalFilename().substring(file.getOriginalFilename().lastIndexOf("."));
String pFolderUrl = this.staticUrl.substring(this.staticUrl.indexOf(":") + 1)
        + ConstantField.IDENTITY_VERY_URL;
File pDest = new File(pFolderUrl + pDestFileName);
file.transferTo(pDest);
BusInvest invest = new BusInvest();
invest.setImgUrl("/static" + ConstantField.IDENTITY_VERY_URL + pDestFileName);
invest.setInvestTime(new Date());
invest.setInvestType(investType);
SysUser user = this.faceService.vertifyFace(invest, pFolderUrl + pDestFileName);
if (user != null) {
    JSONObject ret = getJSONByObject(user, "user");
    ret.put("result", "1");
    return ret;
} else {
    JSONObject ret = getJSONByObject("验证失败", "value");
    ret.put("result", "0");
    return ret;
    }
} catch (BusinessException e) {
return super.getJSONByException(e);
}

}
```

4）使用验证。启动 HiLens Kit，当系统中收录了指定用户后，该用户进入人脸识别范围时，系统验证是否是合法登录，并在系统的日志查询中可以查找到访客的访问信息，如图 4-21 所示。

图 4-21　验证结果

【任务小结】

华为 HiLens 是端云协同多模态 AI 开发应用平台，在使用华为 HiLens 的过程中，涉及购买 HiLens Kit、HiLens Studio 开发技能、端云协同开发以及技能市场等。已有技能的算法模板和逻辑代码可快速便捷地在开发环境 HiLens Studio 中使用。开发技能时，可导入新的算法模型至 HiLens Studio 中，也可在 HiLens Studio 中修改和调试逻辑代码。HiLens Kit

需要调用远程服务器，服务器地址变更会导致 HiLens 无法访问，因此我们需要构建一个配置文件，用来声明配置信息。

【考核评价】

评价内容	评分项	自评得分	教师考评得分	备注
学习态度	课堂表现、学习活动态度（40 分）			
知识技能目标	HiLens 的基本功能架构（15 分）			
	华为云 EI 服务的访问（5 分）			
	人脸识别客户端开发（20 分）			
	人脸识别接口开发（20 分）			
总得分				

任务 3　移动端功能开发

【任务描述】

随着网络以及科技的发展，智能手机作为移动通信工具，除了可以进行娱乐休闲外，许多计算机上的软件功能也能够在手机上使用，如外勤打卡、美团外卖等软件，智慧园区系统也不例外，移动端的智慧门禁、车辆管理、环保管理等功能也是智慧园区项目不可或缺的部分。

那么如何选择移动端的开发平台？微信小程序是如何进行开发的？什么是前端的 MVVM 架构？本任务将通过对这些问题的讨论及园区系统各种业务功能模拟的实现来学习微信小程序的开发。

【任务目标】

- 了解移动端开发平台的特点。
- 理解前端 MVVM 架构。
- 掌握微信小程序开发的步骤。

【知识链接】

1. 移动端开发平台的特点

微信小程序作为国内使用人数最多的移动端工具之一有着广泛的人群基础。在小程序上进行开发，不需要额外安装 APP，可以给客户带来更大的便利。因此，微信小程序受到越来越多企业的欢迎。

2. 前端 MVVM 架构

VM（视图模型）层通过接口从后台 M（模型）层请求数据，VM 层继而和 V（视图）层实现数据的双向绑定，原来的 C（控制）层成了 VM 层。

（1）前端框架 MVVM 出现的意义。MVVM 的出现促进了 GUI 前端开发与后端业务逻辑的分离，极大地提高了前端开发效率。MVVM 用接口实现了前后端数据的通信，这样可以使前后端之间的业务逻辑没有什么关系。

（2）前端框架 MVVM 中的 VM 层。ViewModel 是由前端开发人员组织生成和维护的视图模型层。在这一层，前端开发者对从后端获取的 Model 数据进行转换处理，做二次封装，以生成符合 View 层使用预期的视图数据模型。

View 层展现的不是 Model 层的数据，而是 ViewModel 的数据，由 ViewModel 负责与 Model 层交互，这就完全解耦了 View 层和 Model 层，这个解耦是至关重要的，它是前后端分离方案实施的重要一环。MVVM 架构如图 4-22 所示。

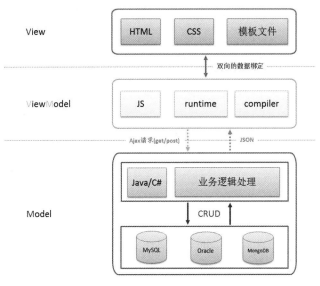

图 4-22　MVVM 架构

3. 微信小程序开发基础

（1）小程序入门。

1）开发工具。开发工具界面如图 4-23 所示。

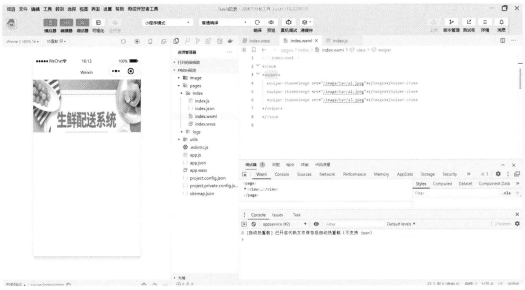

图 4-23　UI 界面

2）项目页面结构介绍。

①页面根目录。

- Pages：页面的根目录，建议页面以文件目录为独立保存单位。
- Utils：系统推荐的工具目录。
- app.js：全局逻辑控制层，用于声明全局数据属性、系统登录或升级处理等。
- app.json：小程序全局配置文件，用于输入全局窗口配置，路由配置等。
- app.wxss：小程序全局样式文件。
- project.config.json：项目配置文件，保存项目开发的个性化配置。
- sitemap.json：通知搜索引擎检索当前小程序时包含哪些内容。

②新建 page 后的文件组成。

- page.wxml：页面 DOM 结构。
- page.json：页面配置。
- page.wxss：页面样式。
- page.js：页面的逻辑控制层。

页面结构如图 4-24 所示。

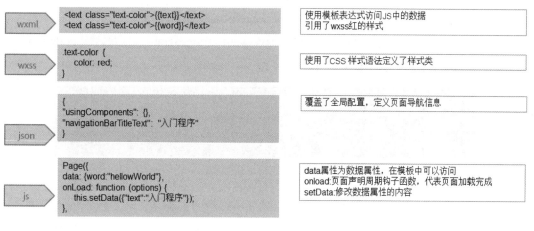

图 4-24　页面结构

③页面路由配置。小程序项目中的每一个显示页面都需要在 app.json 中配置页面的访问路径（路由）。

- 页面之间的切换与跳转需要与路由相同的路径进行访问。
- 新建页面后，IDE 自动在 app.json 中生成了当前页面的路由配置。
- 小程序的首页默认为 pages 数组中的第一个页面，如图 4-25 所示。

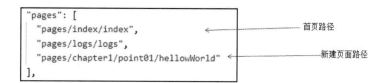

图 4-25　路由设置

④小程序的页面调试。通过添加编译模式的方式快速调试某一个页面，减少了开发者的操作步骤。

3）视图层介绍。

①小程序是参照 MVVM 设计模式提供的开发工具。

● 小程序中 JS 文件中的 data 可以理解为 Model 层。

● ViewModel 由小程序框架级别实现，可以自动完成数据绑定。

● 小程序没有实现双向绑定，但可以通过 DOM 事件监听实现。

②weUI 介绍。weUI 是一套基于样式库 weui-wxss 开发的小程序扩展组件库，是同微信原生视觉体验一致的 UI 组件库，由微信官方设计团队和小程序团队为微信小程序量身设计，令用户的使用感知更加统一。案例是以非组件的方式使用 weUI 的，weUI 的下载地址为 https://github.com/Tencent/weui-wxss。

③weUI 的演示环境说明。

● 使用小程序开发工具可以直接打开 dist 目录。

● 演示环境并没有采用组件的方式使用 weUI 的样式，而是直接使用样式类渲染页面的元素。

通过 npm 下载 weUI 组件的步骤如下：

步骤 1　初始化项目。通过 cmd 指令进入小程序根目录，然后在命令行中输入 npm init，在初始化过程中参数可以不配置，之后在 package.json 中配置。

步骤 2　安装 weUI。执行 npm install --save weui-miniprogram。在默认的 node-modules 下安装了 weUI 的程序，如图 4-26 所示。

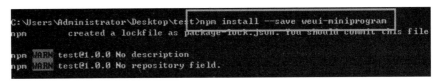

图 4-26　执行 npm install 命令

步骤 3　构建 npm。执行小程序开发工具菜单栏中的"工具"→"构建 npm"菜单，此时在 miniprogram_npm 中生成了小程序可以访问的静态资源目录，如图 4-27 所示。

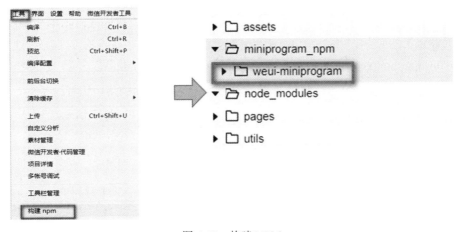

图 4-27　构建 NPM

步骤 4　导入核心样式文件。为了保证在所有页面都可以使用核心样式文件，可以在 app.wxss 文件中引用 weui.wxss，如图 4-28 所示。

```
@import '/miniprogram_npm/weui-miniprogram/weui-wxss/dist/style/weui.wxss';
```

图 4-28　导入样式

步骤 5　在 JSON 中声明页面需要的组件，如图 4-29 所示。

```
"usingComponents": {
"mp-checkbox-group": "../../../../miniprogram_npm/weui-miniprogram/checkbox-group/checkbox-group",
"mp-checkbox": "../../../../miniprogram_npm/weui-miniprogram/checkbox/checkbox",
"mp-cells": "../../../../miniprogram_npm/weui-miniprogram/cells/cells"
}
```

图 4-29　声明组件

步骤 6　在页面中使用组件标签，如图 4-30 所示。

```
<mp-checkbox
wx:for="{{checkboxItems
}}" wx:key="value"
label="{{item.name}}"
value="{{item.value}}"
checked="{{item.checked
}}"></mp-checkbox>
```

```
<label class="weui-cell weui-check__label" wx:for="{{checkboxItems}}"
wx:key="value">
<checkbox class="weui-check" value="{{item.value}}"
checked="{{item.checked}}"/>

<view class="weui-cell__hd weui-check__hd_in-checkbox">
<icon class="weui-icon-checkbox_circle" type="circle" size="23"
wx:if="{{!item.checked}}"></icon>
<icon class="weui-icon-checkbox_success" type="success" size="23"
wx:if="{{item.checked}}"></icon>
</view>
<view class="weui-cell__bd">{{item.name}}</view>
</label>
```

图 4-30　使用组件

（2）小程序更新策略。

- 未启动更新：微信平台将自动更新结果同步到客户端，一般为 24 小时之内。
- 强制更新：调用小程序接口完成强制更新，依赖于 updateManager 对象。
- 获取方式：const updateManager = wx.getUpdateManager()。

更新的 API 接口方法如图 4-31 所示。

接口	描述
onCheckForUpdate(fun)	在回调函数中获取小程序是否有更新
onUpdateReady(fun)	强制小程序重启并使用新版本。在小程序新版本下载完成后调用回调函数
applyUpdate()	强制小程序重启并使用新版本。在小程序新版本下载完成后（即收到 onUpdateReady 回调）调用
onUpdateFailed(fun)	更新失败后执行回调函数

图 4-31　更新的 API 接口方法

【任务实施】

1. 移动端微信小程序开发

（1）搭建客户端开发环境。

1）通过开发者工具导入项目，导入的目录为微信小程序开发框架。

2）修改程序配置，在根目录的 utils 下修改 ajax.js 文件，设定服务器 IP 和服务端口，修改文件内容部分如图 4-32 所示。

```
const agreement = "https";
const ip = "121.36.57.227";
const port = "80";
const net = "";
```

图 4-32　修改端口

3）设定编译模式，设定编译模式的启动页面为 pages/main/main。

（2）智能门禁首页。

1）设置智能门禁首页为导航页。

2）创建程序文件。在 smartpark-c\pages\intellgate 目录下建立 index 目录，在 index 目录下创建 index 页面（page），如图 4-33 所示。

图 4-33　页面文件

3）设定智能门禁首页的 CSS。在 pages/intellgate/index/index.wxss 中设定页面的样式，语法结构与 CSS 基本一致（如代码 4-2 所示）。

4）编写页面的 DOM 结构。在 pages/intellgate/index/index.wxml 中设定页面的 DOM 结构，语法结构与 HTML 基本一致，但包含很多特殊组件标签，并设定导航地址（目前三级页面没有开发），代码如下：

代码 4-2 index.wxss

```
<view class="head">
<text class="title">智能门禁</text>
</view>
<view class="content">
  <view class="box">
    <navigator class="item" url="../user/user">
      <text class="text-msg">用户信息</text>
    </navigator>
    <navigator class="item" url="../invest/invest">
      <text class="text-msg">访客信息</text>
    </navigator>
    <navigator class="item" url="../history/history">
      <text class="text-msg">历史记录</text>
    </navigator>
  </view>
</view>
```

5）程序验证。单击首页的"智能门禁"图标进入智能门禁首页，如图 4-34 所示。

（3）用户信息查询。

1）创建程序文件。在 smartpark-c\pages\intellgate 目录下建立 user 目录，在 user 目录下创建 user 页面（page）。可参考门禁首页的创建页面文件。

2）设定用户信息的样式。在 pages/intellgate/user/user.wxss 中设定页面的样式，语法结构与 CSS 基本一致。可参考门禁首页的 CSS 样式。

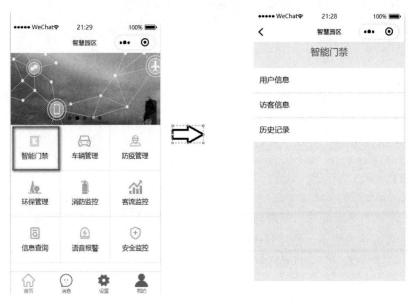

图 4-34　门禁验证

3）编写页面的 DOM 结构。在 pages/intellgate/user/user.wxml 中设定页面的 DOM 结构，语法结构与 HTML 基本一致，通过小程序自带的指令集合遍历数据完成页面渲染，代码如下：

```
<view class="page">
    <view class="page__bd">
        <view class="weui-panel weui-panel_access">
            <view class="weui-panel__hd">用户信息</view>
            <view class="weui-panel__bd">
                <navigator url="" class="weui-media-box weui-media-box_appmsg"
                data-infor="{{item}}" wx:for="{{infors}}" wx:key="investId"
                hover-class="weui-cell_active">
                    <view class="weui-media-box__hd weui-media-box__hd_in-appmsg">
                        <image class="weui-media-box__thumb" src="{{staticPath + item.imgUrl}}" />
                    </view>
                    <view class="weui-media-box__bd weui-media-box__bd_in-appmsg">
                        <view class="weui-media-box__title">{{item.userName}}</view>
                        <view class="weui-media-box__desc">{{item.userName}} 工号：
                            {{item.userCode}}，最后访问时间{{item.lastInvest}}</view>
                    </view>
                </navigator>
            </view>
        </view>
    </view>
</view>
```

4）编写页面的逻辑层。在 pages/intellgate/user/user.js 中完成逻辑层编写，与前端的 VUE 开发框架很类似。

步骤 1　声明 data 属性，相当于 MVVM 架构中的 Model 层，代码如下：

```
data: {
    invests:[],
    staticPath:ajax.staticPath
},
```

步骤 2　声明同步函数，用于获取系统全部用户，并对 data 属性赋值，代码如下：

```
async initInfor() {
    let infors = await ajax.getSync('face/findUsers', {nameInput:""});
    this.setData({
        infors: infors.users
    });
},
```

步骤 3　声明页面生命周期的页面加载函数，在页面加载时调用同步函数完成 data 属性赋值，代码如下：

```
async onLoad(options) {
    await this.initInfor();
    // this.initList();
},
```

5）程序验证。单击智能门禁首页中的"用户信息"导航，进入用户信息列表页面。

步骤 1　访客信息查询。创建程序文件、创建日志信息样式、编写页面 DOM 结构、编写页面逻辑，与用户信息查询功能的建立基本一致，请参考用户信息查询。

步骤 2　日志信息查询。创建程序文件、创建日志信息样式、编写页面 DOM 结构、编写页面逻辑，与用户信息查询功能的建立基本一致，请参考用户信息查询。

【任务小结】

小程序可以在微信内被便捷地获取和传播，同时具有出色的使用体验。MVVM 的出现促进了 GUI 前端开发与后端业务逻辑的分离，极大地提高了前端开发效率。MVVM 用接口实现了前后端数据的通信，这样可以使前后端之间的业务逻辑没有什么关系。ViewModel 是由前端开发人员组织生成和维护的视图模型层。在这一层，前端开发者对从后端获取的 Model 数据进行转换处理，做二次封装，以生成符合 View 层使用预期的视图数据模型。微信小程序参照的是 MVVM 模式，小程序中 JS 文件的 data 可以理解为 Model 层，ViewModel 由小程序框架级别实现，可以自动完成数据绑定。小程序没有实现双向绑定，但可以通过 DOM 事件监听实现。WeUI 组件库是一套基于样式库 weui-wxss 开发的小程序扩展组件库，是同微信原生视觉体验一致的 UI 组件库，由微信官方设计团队和小程序团队为微信小程序量身设计，令用户的使用感知更加统一。

【考核评价】

评价内容	评分项	自评得分	教师考评得分	备注
学习态度	课堂表现、学习活动态度（40 分）			
知识技能目标	MVVM 的基本功能架构（15 分）			
	微信小程序开发环境准备（5）			
	门禁首页的开发（20 分）			
	用户查询、访客、日志查询（20 分）			
总得分				

项 目 拓 展

打开网址 https://developers.weixin.qq.com/miniprogram/dev/framework/ realtimelog/，了解微信小程序实时日志的使用方法。

思考与练习

1. 什么是华为 HiLens？
2. 什么是华为 HiLens Kit？
3. 什么是技能？
4. 如何使用华为 HiLens 开发技能？
5. 如何注册并使用微信小程序开发项目？

项目 5　基于 MindSpore 建模实践

MindSpore 是由华为于 2019 年 8 月推出的新一代全场景 AI 计算框架，并于 2020 年 3 月宣布正式开源。MindSpore 着重提升易用性并降低 AI 开发者的开发门槛，原生适应每个场景，包括端、边和云，并能够在按需协同的基础上，通过实现 AI 算法即代码，使开发态变得更加友好，显著减少模型开发时间，降低模型开发门槛。通过 MindSpore 自身的技术创新及 MindSpore 与华为昇腾 AI 处理器的协同优化，实现了运行态的高效，大大提高了计算性能；MindSpore 也支持 GPU、CPU 等其他处理器。本项目通过实践学习图像分类识别、物体监测、智能语音和 NLP 是如何在 MindSpore 平台下建模的。

- 掌握基于 MindSpore 图像分类识别建模。
- 掌握基于 MindSpore 物体检测建模。
- 掌握基于 MindSpore 智能语音和 NLP 建模。
- 激发学生学习专业知识的热情及科技报国的情怀。

任务 1　基于 MindSpore 图像分类识别建模

【任务描述】

在进行海量图像处理时，将图像进行分类将是最基本的任务。本任务将通过 MindSpore 框架构建卷积神经网络模型以解决图像分类的问题。

【任务目标】

- 了解 MindSpore 的核心架构。
- 掌握 MindSpore 的部署安装。
- 利用 MindSpore 平台进行图像分类建模实践。

【知识链接】

1. MindSpore 的核心架构

（1）MindSpore 简介。MindSpore 是华为公司推出的新一代深度学习框架，是源于全产业的最佳实践，能最佳匹配昇腾处理器算力，支持终端、边缘、云全场景灵活部署，开创全新的 AI 编程范式，降低 AI 开发门槛。

考虑到大量用户使用 C++/C 编程方式，MindSpore 提供了 C++的推理编程接口，相关编程接口在形态上与 Python 接口的风格较接近。

　　同时，通过提供第三方硬件的自定义离线优化注册和第三方硬件的自定义算子注册机制实现快速对接新的硬件，同时对外的模型编程接口及模型文件保持不变，如图 5-1 所示。

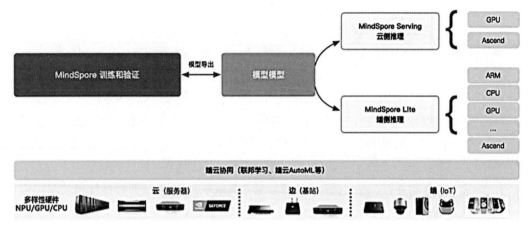

图 5-1　MindSpore 全景架构图

　　（2）MindSpore 核心架构。MindSpore 整体架构分为 4 层：模型层（多领域扩展），为用户提供开箱即用的功能，该层主要包含预置的模型（Model Zoo 模型库）和开发套件，以及图神经网络（GNN）、深度概率编程等热点研究领域拓展库；表达层（开发态友好），为用户提供 AI 模型开发、训练、推理的接口，支持用户用原生 Python 语法开发和调试神经网络，其特有的动静态图统一能力使开发者可以兼顾开发效率和执行性能，同时该层在生产和部署阶段提供全场景统一的 C++接口；编译优化层（运行态高效），作为 AI 框架的核心，以全场景统一中间表达（MindIR）为媒介，将前端表达编译成执行效率更高的底层语言，同时进行全局性能优化，包括自动微分、代数化简等硬件无关优化，以及图算融合、算子生成等硬件相关优化；运行时（全场景部署），按照上层编译优化的结果对接并调用底层硬件算子，同时通过"端—边—云"统一的运行时架构，支持包括联邦学习在内的"端—边—云"AI 协同。如图 5-2 所示。

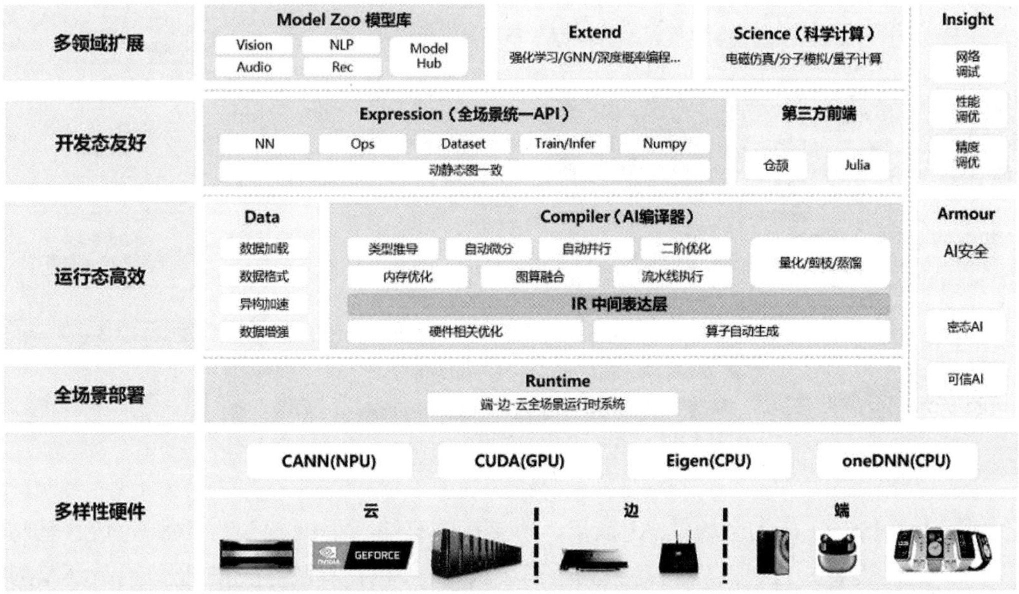

图 5-2　MindSpore 框架架构

- Extend（扩展库）：昇思 MindSpore 的领域扩展库，支持拓展新领域场景，如 GNN、深度概率编程、强化学习等，期待更多开发者来一起贡献和构建。

- Science（科学计算）：MindScience 是基于昇思 MindSpore 融合架构打造的科学计算行业套件，包含了业界领先的数据集、基础模型、预置高精度模型和前后处理工具，加速了科学行业应用开发。

- Expression（全场景统一 API）：基于 Python 的前端表达与编程接口，同时未来计划陆续提供 C/C++、华为自研编程语言前端—仓颉（目前还处于预研阶段）等第三方前端，引入更多的第三方生态。

- Data（数据处理层）：提供高效的数据处理、常用数据集加载等功能和编程接口。

- Compiler（AI 编译器）：图层的核心编译器，主要基于端云统一的 MindIR 实现三大功能，包括硬件无关的优化（类型推导、自动微分、表达式化简等）、硬件相关优化（自动并行、内存优化、图算融合、流水线执行等）、部署推理相关的优化（量化、剪枝等）。

- Runtime（全场景运行时）：昇思 MindSpore 的运行时系统，包含云侧/主机侧运行时系统、端侧以及更小 IoT 的轻量化运行时系统。

- Insight（可视化调试调优工具）：昇思 MindSpore 的可视化调试调优工具，能够可视化地查看训练过程、优化模型性能、处理精度问题、解释推理结果。

- Armour（安全增强库）：面向企业级运用时，安全与隐私保护相关增强功能，如对抗鲁棒性、模型安全测试、差分隐私训练、隐私泄露风险评估、数据漂移检测等技术。

- MindExpress（表达层）：基于 Python 的前端表达，未来计划陆续提供 C/C++、Java 等不同的前端；MindSpore 也在考虑自研编程语言前端—仓颉，目前还处于预研阶段；同时，内部也在做与 Julia 等第三方前端的对接工作，引入更多的第三方生态。

（3）执行流程。流程图如图 5-3 所示。

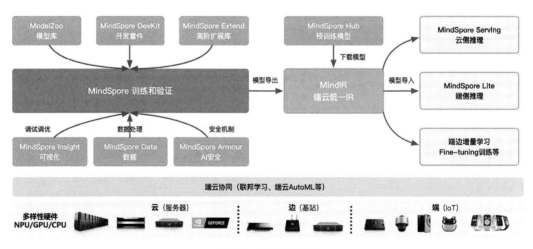

图 5-3　执行流程图

- MindSpore 作为全场景 AI 框架，所支持的有端（手机与 IoT 设备）、边（基站与路由设备）、云（服务器）场景的不同系列硬件，包括昇腾系列产品、英伟达 NVIDIA 系列产品、ARM 系列的高通骁龙、华为麒麟芯片等。

- MindSpore 训练和验证是 MindSpore 主体框架，主要提供神经网络在训练、验证方面的基础 API 功能，另外还会默认提供自动微分、自动并行等功能。

- MindSpore 训练和验证往下是 MindSpore Data 模块，可以利用该模块进行数据预处理，包括数据采样、数据迭代、数据格式转换等不同的数据操作。在训练的过程中会遇到很多调试调优的问题，因此有 MindSpore Insight 模块对 loss 曲线、算子执行情况、权重参数变量等调试调优相关的数据进行可视化，方便用户在训练过程中进行调试调优。

- MindSpore 训练和验证往上的内容与算法开发相关的用户更加贴近，包括存放大量的 AI 算法模型库 ModelZoo，提供面向不同领域的开发工具套件 MindSpore DevKit，另外还有高阶拓展库 MindSpore Extend，这里值得一提的是 MindSpore Extend 中的科学计算套件 MindSciences，MindSpore 首次探索将科学计算与深度学习结合，通过深度学习来支持电磁仿真、药物分子仿真等。

- 神经网络模型训练完后，可以导出模型或者加载存放在 MindSpore Hub 中已经训练好的模型。接着由 MindIR 提供端云统一的 IR 格式，通过统一 IR 定义了网络的逻辑结构和算子的属性，将 MindIR 格式的模型文件与硬件平台解耦，实现一次训练多次部署。

2. MindSpore 训练模型的环境准备

MindSpore 训练模型环境如表 5-1 所示。

表 5-1　MindSpore 训练模型环境

类别	版本	获取方式	说明
Windows	Windows 10	—	需要 64 位系统，CPU 支持 AVX2 指令集
PyCharm	2020.1.4 Community Edition	https://www.jetbrains.com/PyCharm/download/#section=windows	—
Miniconda	Python 3.x	https://docs.conda.io/en/latest/miniconda.html	Miniconda 可在线安装不同的 Python 版本，无须刻意下载特定版本，但需要下载 64 位 Python 3.x 版本

（1）下载及安装 Miniconda。

1）下载 Miniconda 的 Windows 版本对应的 64 位安装包。

官方下载地址：https://docs.conda.io/en/latest/miniconda.html。

清华镜像源地址：https://mirrors.tuna.tsinghua.edu.cn/anaconda/miniconda/。

Miniconda 可在线安装不同的 Python 版本，无须刻意下载特定版本，但需要下载 64 位 Python 3.x 版本。

2）安装 Miniconda。选中"环境变量"复选项，等待安装成功，然后单击 Finish 按钮，这样可以直接在命令行中启动 Miniconda。

（2）创建虚拟环境。TensorFlow 是谷歌公司推出的机器学习框架，可以运行在 Ubuntu、MacOS 和 Windows 系统中。其中在 MacOS 中只支持 CPU，同时由于在 Ubuntu 系统中安装 GPU 版本所需的 CUDA 较为烦琐，因此实验手册中不包含这部分。

输入以下命令分别为 MindSpore 和 TensorFlow CPU 版创建虚拟环境，如果 Python 版本不同会联网下载两个版本，指定为 3.7.5 可节省下载时间，安装过程需要打开两个命令窗口，创建过程需要输入 y 确认。

```
conda create -n MindSpore python==3.7.5
conda create -n TensorFlow-CPU python==3.7.5
```

（3）pip 换源。新建文本文件 pip.ini，文件内容如下：

```
[global]
    index-url = https://mirrors.huaweicloud.com/repository/pypi/simple
    trusted-host = mirrors.huaweicloud.com
    timeout = 120
```

（4）安装 MindSpore 获取安装命令。

1）获取命令，如图 5-4 所示。

图 5-4　获取命令

2）新建一个命令行窗口，输入 activate MindSpore 激活 MindSpore 安装虚拟环境。

（5）确认系统环境信息。

1）确认安装的 Windows 10 是 x86 架构 64 位操作系统。

2）确认安装 Python 3.7.5 版本。

3）如果未安装或者已安装其他版本的 Python，则需要从华为云下载 64 位 Python 3.7.5 版本进行安装。

4）安装 Python 完毕后，将 Python 和 pip 添加到系统环境变量。

● 添加 Python：控制面板→系统→高级系统设置→环境变量。双击系统变量中的 Path，将 python.exe 的路径添加进去。

● 添加 pip：python.exe 同一级目录中的 Scripts 文件夹即为 Python 自带的 pip 文件，将其路径添加到系统环境变量中即可。

5）输入 python，确认安装 Python 3.7.5 版本。

（6）安装 MindSpore。

1）先进行 SHA-256 完整性校验，校验一致后再执行如下命令安装 MindSpore：

```
pip install
https://ms-release.obs.cn-north-4.myhuaweicloud.com/{version}/MindSpore/cpu/windows_x64/mindspore-
    {version}-cp37-cp37m-win_amd64.whl --trusted-host
ms-release.obs.cn-north-4.myhuaweicloud.com -i https://pypi.tuna.tsinghua.edu.cn/simple
```

2）在连网状态下，安装 whl 包时会自动下载 MindSpore 安装包的依赖项，其余情况需要自行安装。{version}表示 MindSpore 版本号，例如安装 1.1.0 版本 MindSpore 时，{version} 应写为 1.1.0。

新建一个命令行窗口，输入以下命令激活 MindSpore 安装虚拟环境：

activate MindSpore

3）输入以下命令安装 MindSpore，因为版本更新较快，可以参考官网安装不同的版本：

pip install https://ms-release.obs.cn-north-
myhuaweicloud.com/1.0.1/MindSpore/cpu/windows_x64/mindspore-1.0.1-cp37-cp37m-win_amd64.whl
　　--trusted-host ms-release.obs.cn-north-4.myhuaweicloud.com -i
https://pypi.tuna.tsinghua.edu.cn/simple

4）验证。输入如下命令，如果输出 MindSpore 版本号，说明 MindSpore 安装成功了，如果输出 No module named 'mindspore'则说明未安装成功：

python -c "import mindspore;　print(mindspore.__version__)"

5）升级。当需要升级 MindSpore 版本时，可执行如下命令：

pip install --upgrade mindspore

（7）本地 IDE 使用配置。

1）Jupyter notebook 安装。

● 任意位置启动一个终端（命令行），然后输入以下命令激活 miniconda 的 base 环境：

conda activate

● 依次输入以下命令安装 Jupyter notebook 和 ipykernl：

pip install jupyter notebook　-i https://pypi.tuna.tsinghua.edu.cn/simple
pip install ipykernel　-i https://pypi.tuna.tsinghua.edu.cn/simple

● 激活创建的虚拟环境，如 MindSpore，然后输入命令 pip install ipykernel 安装。

● 输入以下命令将当前环境添加到 Jupyter notebook 的 Kernel 中，--user --name 后面：

python -m ipykernel install --user --name MindSpore --display-name "MindSpore(0.5)"

2）虚拟环境的名称必须与创建的虚拟环境名称一致，--display-name 为 Jupyter notebook 中的显示名称，可根据自己的喜好取名，如图 5-5 所示。

（a）

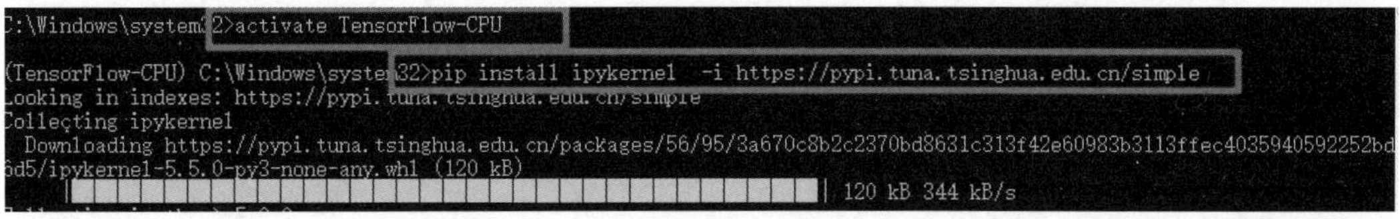

（b）

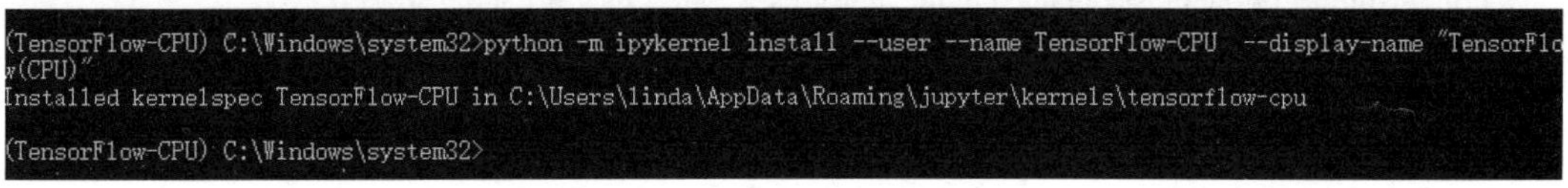

（c）

图 5-5（一）　添加虚拟环境

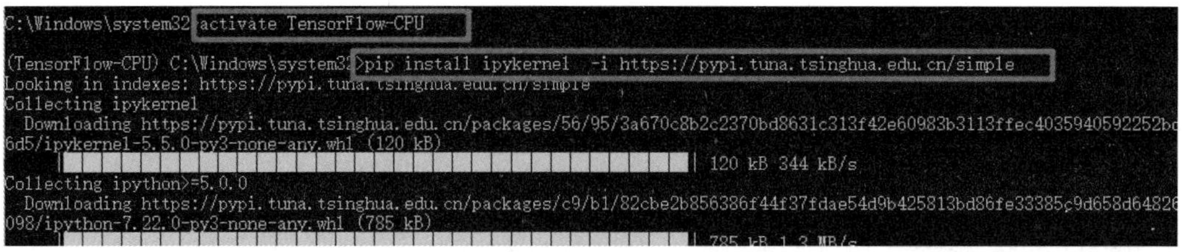

(d)

(e)

图 5-5（二）　添加虚拟环境

重复步骤，把所有虚拟环境都添加到 Jupyter notebook 的 Kernel 中。

（8）PyCharm 安装。

下载地址：https://www.jetbrains.com/PyCharm/download/#section=windows。

安装比较简单，安装路径选择有足够空间的磁盘，按照提示安装即可。

【任务实施】

1．图像分类建模

（1）数据处理。

1）将 MNIST 原始数据集解压后放至 Jupyter 的工作目录下。

- 训练数据集放在----./datasets/MNIST_Data/train/中，此时 train 目录内应该包含两个文件，即 train-images-idx3-ubyte（训练数据集图像）和 train-labels-idx1-ubyte（训练数据集标签）。

- 测试数据集放在----./datasets/MNIST_Data/test/中，此时 test 目录内应该包含两个文件，即 t10k-images-idx3-ubyte（测试数据集图像）和 t10k-labels-idx1-ubyte（测试数据集标签）。

2）查看数据。处理 MNIST 数据集，代码如下：

```
#导入对应库
from mindspore import context
import matplotlib.pyplot as plt
import matplotlib
import numpy as np
import mindspore.dataset as ds
context.set_context(mode=context.GRAPH_MODE, device_target="CPU")
train_data_path = "./datasets/MNIST_Data/train"
test_data_path = "./datasets/MNIST_Data/test"
mnist_ds = ds.MnistDataset(train_data_path)
print('The type of mnist_ds:', type(mnist_ds))
print("Number of pictures contained in the mnist_ds:", mnist_ds.get_dataset_size())
dic_ds = mnist_ds.create_dict_iterator()
item = dic_ds.get_next()
img = item["image"].asnumpy()
label = item["label"].asnumpy()
print("The item of mnist_ds:", item.keys())
print("Tensor of image in item:", img.shape)
```

视频 5-1 数据处理

```
print("The label of item:", label)
plt.imshow(np.squeeze(img))
plt.title("number:%s"% item["label"].asnumpy())
plt.show()
```

输出：

```
The type of mnist_ds: <class 'mindspore.dataset.engine.datasets.MnistDataset'>
Number of pictures contained in the mnist_ds: 60000
The item of mnist_ds: dict_keys(['image', 'label'])
Tensor of image in item: (28, 28, 1)
The label of item: 9
<Figure size 640x480 with 1 Axes>
```

训练数据集 train-images-idx3-ubyte 和 train-labels-idx1-ubyte 对应的是 6 万张图片和 6 万个数字下标，载入数据后经过 create_dict_iterator 转换字典型的数据集，取其中的一个数据查看，这是一个 key 为 image 和 label 的字典，其中 image 的张量（高度 28，宽度 28，通道 1）和 label 为对应图片的数字。

3）处理数据。

①定义数据集及数据操作。数据集对于训练来说非常重要，好的数据集可以有效提高训练的精度和效率，在加载数据集前通常会对数据集进行一些处理。我们定义一个函数 create_dataset 来创建数据集。在这个函数中，我们定义好需要进行数据增强和处理的操作：

● 定义数据集。

● 定义进行数据增强和处理所需要的一些参数。

● 根据参数生成对应的数据增强操作。

● 使用 map 映射函数将数据操作应用到数据集。

● 对生成的数据集进行处理。

定义完成后，使用 create_datasets 对原始数据进行增强操作，并抽取一个 batch 的数据，查看数据增强后的变化。

②数据增强（如代码 5-1 所示）。

③数据增强过程。

● 数据集中的 label 数据增强操作：

➤ C.TypeCast：将数据类型转化为 int 32。

● 数据集中的 image 数据增强操作：

➤ datasets.MnistDataset：将数据集转化为 MindSpore 可训练的数据。

➤ CV.Resize：对图像数据像素进行缩放，适应 LeNet5 网络对数据的尺寸要求。

➤ CV.Rescale：对图像数据进行标准化、归一化操作，使得每个像素的数值大小在范围(0,1)中，可以提升训练效率。

➤ CV.HWC2CHW：对图像数据张量进行变换，张量形式由高×宽×通道（HWC）变为通道×高×宽（CHW），方便进行数据训练。

● 其他增强操作：

➤ mnist_ds.shuffle：本任务中表示随机将数据存放在可容纳 10000 张图片地址的内存中进行混洗。

➤ mnist_ds.batch：本任务中表示从混洗的 10000 张图片中抽取 32 张图片组成一个 batch。

代码 5-1　数据增强

➢ mnist_ds.repeat：将 batch 数据进行复制增强。

先进行 shuffle 和 batch 操作，再进行 repeat 操作，这样能保证一个 epoch 内数据不重复。

调用数据增强函数后，查看数据集 size 由 60000 变成了 1875，符合我们数据增强中 mnist_ds.batch 操作的预期（60000/32=1875）。

4）查看增强后的数据。

①从 1875 组数据中取出一组数据查看其数据张量及 label，代码如下：

```
data = datas.create_dict_iterator(output_numpy=True).get_next()
images = data["image"]
labels = data["label"]
print('Tensor of image:', images.shape)
print('labels:', labels)
```

输出：

```
Tensor of image: (32, 1, 32, 32)
labels: [1 7 8 9 1 3 9 3 0 5 9 2 6 3 3 7 2 5 7 7 7 5 4 7 1 6 2 1 3 4 1 8]
```

②对张量数据和下标对应的值进行可视化，代码如下：

```
count = 1
for i in images:
    plt.subplot(4, 8, count)
    plt.imshow(np.squeeze(i))
    plt.title('num:%s'%labels[count-1])
    plt.xticks([])
    count += 1
    plt.axis("off")
plt.show()
```

输出结果如图 5-6 所示。

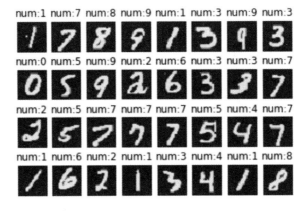

图 5-6　输出结果

③通过上述查询操作，看到经过变换后的图片如下：

● 数据集内分成了 1875 组数据。

● 每组数据中含有 32 张图片。

● 每张图片像素数值为 32×32。

● 数据全部准备好后，就可以进行下一步的数据训练了。

输出：

Number of groups in the　dataset:1875

（2）创建神经网络。在字体识别上，通常采用卷积神经网络架构（CNN）进行学习预测，最经典的是 1998 年由 Yann LeCun 创建的 LeNet5 架构。其中分为：

视频 5-2 创建神经网络

- 输入层。
- 卷积层 C1。
- 池化层 S2。
- 卷积层 C3。
- 池化层 S4。
- 全连接 F6。
- 全连接。
- 全连接 OUTPUT。

我们需要对全连接层和卷积层进行初始化。

- Normal：参数初始化方法，MindSpore 支持 TruncatedNormal、Normal、Uniform 等多种参数初始化方法，具体可以参考 MindSpore API 的 mindspore.common. initializer 模块说明。
- 使用 MindSpore 定义神经网络需要继承 mindspore.nn.Cell，Cell 是所有神经网络（Conv2d 等）的基类。
- 神经网络的各层需要预先在 __init__ 方法中定义，然后通过定义 construct 方法来完成神经网络的前向构造，按照 LeNet5 的网络结构定义网络各层，代码如下：

```python
#步骤1：导入对应库
import mindspore.nn as nn
from mindspore.common.initializer import Normal
#步骤2：定义 LeNet5 类
class LeNet5(nn.Cell):
    """Lenet network structure."""
    # define the operator required
    def __init__(self, num_class=10, num_channel=1):
        super(LeNet5, self).__init__()
        self.conv1 = nn.Conv2d(num_channel, 6, 5, pad_mode='valid')
        self.conv2 = nn.Conv2d(6, 16, 5, pad_mode='valid')
        self.fc1 = nn.Dense(16 * 5 * 5, 120, weight_init=Normal(0.02))
        self.fc2 = nn.Dense(120, 84, weight_init=Normal(0.02))
        self.fc3 = nn.Dense(84, num_class, weight_init=Normal(0.02))
        self.relu = nn.ReLU()
        self.max_pool2d = nn.MaxPool2d(kernel_size=2, stride=2)
        self.flatten = nn.Flatten()
    # use the preceding operators to construct networks
    def construct(self, x):
        x = self.max_pool2d(self.relu(self.conv1(x)))
        x = self.max_pool2d(self.relu(self.conv2(x)))
        x = self.flatten(x)
        x = self.relu(self.fc1(x))
        x = self.relu(self.fc2(x))
        x = self.fc3(x)
        return x
```

```
network = LeNet5()
print("layer conv1:", network.conv1)
print("*"*40)
print("layer fc1:", network.fc1)
```

输出：

```
layer conv1: Conv2d<input_channels=1, output_channels=6, kernel_size=(5, 5),stride=(1, 1), pad_mode=
valid, padding=0, dilation=(1, 1), group=1, has_bias=False,weight_init=normal, bias_init=zeros>
****************************************
layer fc1: Dense<in_channels=400, out_channels=120, weight=Parameter (name=fc1.weight, value=
[[-0.00758117 -0.01498233   0.01308791 ...   0.03045311 -0.00079244
   -0.01519072]
 [-0.00077699 -0.01607893 -0.00215094 ... -0.00235667 -0.01918699
   -0.00828544]
 [-0.00105981 -0.01547002 -0.01332507 ...   0.01294748   0.00878882
    0.01031067]
 ...
 [ 0.01414873 -0.02673322   0.01534838 ...   0.00437457 -0.01688845
   -0.00188475]
 [ 0.01756713 -0.0201801   -0.0223504  ...   0.00682346 -0.00856738
    0.00753205]
 [-0.01119993   0.01894077 -0.02048291 ...   0.03681218 -0.01461048
    0.0045935 ]]), has_bias=True, bias=Parameter (name=fc1.bias, value=
[0. 0. 0. 0. 0. 0. 0. 0. 0. 0. 0. 0. 0. 0. 0. 0. 0. 0. 0. 0. 0. 0. 0. 0.
 0. 0. 0. 0. 0. 0. 0. 0. 0. 0. 0. 0. 0. 0. 0. 0. 0. 0. 0. 0. 0. 0. 0. 0.
 0. 0. 0. 0. 0. 0. 0. 0. 0. 0. 0. 0. 0. 0. 0. 0. 0. 0. 0. 0. 0. 0. 0. 0.
 0. 0. 0. 0. 0. 0. 0. 0. 0. 0. 0. 0. 0. 0. 0. 0. 0. 0. 0. 0. 0. 0. 0. 0.
 0. 0. 0. 0. 0. 0. 0. 0. 0. 0. 0. 0. 0. 0. 0. 0. 0. 0. 0. 0. 0. 0.])>
```

构建完成后，可以使用 print(LeNet5()) 将神经网络中的各层参数全部打印出来，也可使用 LeNet().{layer 名称} 打印相应的参数信息。本任务选择打印第一个卷积层和第一个全连接层的相应参数。

（3）自定义回调函数收集模型的损失值和精度值。自定义一个收集每一步训练的 step，每训练一个 step 模型对应的 loss 值，每训练 25 个 step 模型对应的验证精度值 acc 的类 StepLossAccInfo，该类继承了 Callback 类，可以自定义训练过程中的处理措施，非常方便，等训练完成后可用数据绘图查看 step 与 loss 的变化情况，以及 step 与 acc 的变化情况。
参数解释如下：

- model：函数的模型。
- eval_dataset：验证数据集。
- step_loss：收集 step 和 loss 值的字典，数据格式为{"step": [], "loss_value": []}。
- steps_eval：收集 step 和模型精度值的字典，数据格式为{"step": [], "acc": []}。

以下代码会作为回调函数，在模型训练函数 model.train 中调用，用于收集训练过程中 step 数和相对应的 loss 值、精度值等信息，最终使用收集到的信息进行可视化展示。代码如下：

```
from mindspore.train.callback import Callback
# custom callback function
class StepLossAccInfo(Callback):
    def __init__(self, model, eval_dataset, step_loss, steps_eval):
```

```
            self.model = model
            self.eval_dataset = eval_dataset
            self.step_loss = step_loss
            self.steps_eval = steps_eval

    def step_end(self, run_context):
        cb_params = run_context.original_args()
        cur_epoch = cb_params.cur_epoch_num
        cur_step = (cur_epoch-1)*1875 + cb_params.cur_step_num
        self.step_loss["loss_value"].append(str(cb_params.net_outputs))
        self.step_loss["step"].append(str(cur_step))
        if cur_step % 125 == 0:
            acc = self.model.eval(self.eval_dataset, dataset_sink_mode=False)
            self.steps_eval["step"].append(cur_step)
            self.steps_eval["acc"].append(acc["Accuracy"])
```

（4）模型训练。构建完神经网络后即可着手进行训练网络的构建，模型训练函数为 Model.train，参数主要如下：

- 每个 epoch 需要遍历完成图片的 batch 数：epoch_size。
- 数据集 ds_train。
- 回调函数 callbacks 包含 ModelCheckpoint、LossMonitor 和 Callback 模型检测参数。
- 数据下沉模式 dataset_sink_mode，此参数默认为 True，需要设置成 False，因为此功能不支持 CPU 模式。

1）定义损失函数及优化器。

①损失函数。

- 损失函数又叫目标函数，用于衡量预测值与实际值差异的程度。
- 深度学习通过不停地迭代来缩小损失函数的值。
- 定义一个好的损失函数，可以有效提高模型的性能。

②优化器（如代码 5-2 所示）。

- 用于最小化损失函数，从而在训练过程中改进模型。
- 定义了损失函数后，可以得到损失函数关于权重的梯度。
- 梯度用于指示优化器优化权重的方向，以提高模型性能。
- MindSpore 支持的损失函数有 SoftmaxCrossEntropyWithLogits、L1Loss、MSELoss 等。这里使用 SoftmaxCrossEntropyWithLogits 损失函数。
- 参数 ModelCheckpoint：模型保存函数，作为回调函数调用，用于设置保存模型的名称、路径、保存频次和保存模型的数量等信息。

代码 5-2　定义损失函数及优化器

训练完成后，能在 Jupyter 的工作路径上生成多个模型文件，具体名称为 checkpoint_{网络名称}_{第几个 epoch}_{第几个 step}.ckpt。

2）查看损失函数随着训练步数的变化情况。

代码如下：

```
steps = step_loss["step"]
loss_value = step_loss["loss_value"]
steps = list(map(int, steps))
loss_value = list(map(float, loss_value))
plt.plot(steps, loss_value, color="red")
```

```
plt.xlabel("Steps")
plt.ylabel("Loss_value")
plt.title("Loss function value change chart")
plt.show()
```

输出结果如图 5-7 所示。

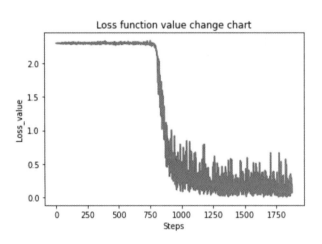

图 5-7　输出结果

从图中可以看出来大致分为三个阶段：

阶段一：开始训练时 loss 值在 2.2 上下浮动，训练收益感觉并不明显。

阶段二：训练到某一时刻，loss 值迅速减少，训练收益大幅增加。

阶段三：loss 值收敛到一定小的值后，开始振荡在一个小的区间上无法趋于 0，再继续增加训练并无明显收益，至此训练结束。

（5）数据测试验证模型精度。

搭建测试网络的过程主要为：

● 载入模型.cptk 文件中的参数 param。

● 将参数 param 载入到神经网络 LeNet5 中。

● 载入测试数据集。

● 调用函数 model.eval 传入参数测试数据集 ds_eval，生成模型。

checkpoint_lenet-{epoch}_1875.ckpt 表示精度值，dataset_sink_mode 表示数据集下沉模式，不支持 CPU，所以这里设置成 False。代码如下：

视频 5-3 数据测试预测

```
# testing relate modules
def test_net(network, model, mnist_path):
    """Define the evaluation method."""
    print("============== Starting Testing ==============")
    # load the saved model for evaluation
    param_dict = load_checkpoint("./models/ckpt/quick_start/checkpoint_lenet-1_1875.ckpt")
    # load parameter to the network
    load_param_into_net(network, param_dict)
    # load testing dataset
    ds_eval = create_dataset(os.path.join(mnist_path, "test"))
    acc = model.eval(ds_eval, dataset_sink_mode=False)
    print("============== Accuracy:{} ==============".format(acc))
test_net(network, model, mnist_path)
```

输出：

```
[WARNING] ME(18800:20044,MainProcess):2021-01-04-14:04:01.733.917 [mindspore\train\model.py:
684] CPU cannot support dataset sink mode currently.So the evaluating process will be performed with
dataset non-sink mode.
============= Starting Testing =============
============= Accuracy:{'Accuracy': 0.9572315705128205} =============
```

经过 1875 步训练后生成的模型精度超过 95%，模型优良。我们可以看一下模型随着训练步数变化精度随之变化的情况。

eval_show 将绘制每 25 个 step 与模型精度值的折线图，其中 steps_eval 存储着模型的 step 数和对应模型精度值信息。代码如下：

```
def eval_show(steps_eval):
    plt.xlabel("step number")
    plt.ylabel("Model accuracy")
    plt.title("Model accuracy variation chart")
    plt.plot(steps_eval["step"], steps_eval["acc"], "red")
    plt.show()
eval_show(steps_eval)
```

输出如图 5-8 所示。

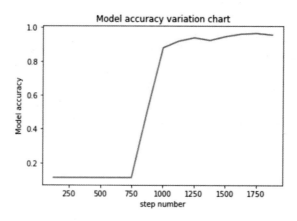

图 5-8　step 与模型精度值的折线图

从图中可以看出训练得到的模型精度变化分为三个阶段：

● 缓慢上升。

● 迅速上升。

● 缓慢上升，在趋近于不到 1 的某个值附近振荡。

说明随着训练数据的增加，会对模型精度有正相关的影响，但是随着精度到达一定程度，训练收益会下降。

（6）模型预测应用。使用生成的模型应用到分类预测单个或单组图片数据上，具体步骤如下：

1）将要测试的数据转换成适应 LeNet5 的数据类型。

2）提取出 image 的数据。

3）使用函数 model.predict 预测 image 对应的数字，需要说明的是 predict 返回的是 image 对应 0～9 的概率值。

4）调用 plot_pie 将预测的各数字的概率显示出来，负概率的数字会被去掉。

5）载入要测试的数据集并调用 create_dataset 转换成符合格式要求的数据集，选取其中一组 32 张图片进行预测。

代码：

```
#步骤 1：需要将要测试的数据转换成适应 LeNet5 的数据类型
ds_test = create_dataset(test_data_path).create_dict_iterator()
#步骤 2：提取 image 的数据
data = ds_test.get_next()
images = data["image"].asnumpy()
labels = data["label"].asnumpy()
#步骤 3：使用函数 model.predict 预测 image 对应的数字。predict 返回的是 image 对应 0～9 的概率值
output = model.predict(Tensor(data['image']))
prb = output.asnumpy()
pred = np.argmax(output.asnumpy(), axis=1)
#步骤 4：调用 plot_pie 将预测的各数字的概率显示出来，负概率的数字会被去掉
err_num = []
index = 1
for i in range(len(labels)):
    plt.subplot(4, 8, i+1)
    color = 'blue' if pred[i] == labels[i] else 'red'
    plt.title("pre:{}".format(pred[i]), color=color)
    plt.imshow(np.squeeze(images[i]))
    plt.axis("off")
    if color == 'red':
        index = 0
        print("Row {}, column {} is incorrectly identified as {}, the correct value should be {}"
                .format(int(i/8)+1, i%8+1, pred[i], labels[i]), '\n')
if index:
    print("All the figures in this group are predicted correctly!")
print(pred, "<--Predicted figures")
print(labels, "<--The right number")
plt.show()
```

输出：

```
Row 3, column 7 is incorrectly identified as 6, the correct value should be
 2
[1 3 1 6 6 6 9 5 5 3 5 3 4 6 7 1 0 1 4 5 7 8 6 1 5 1 6 9 6 1 9 3] <--Predicted figures
[1 3 1 6 6 6 9 5 5 3 5 3 4 6 7 1 0 1 4 5 7 8 2 1 5 1 6 9 6 1 9 3] <--The right number
```

输出结果如图 5-9 所示。

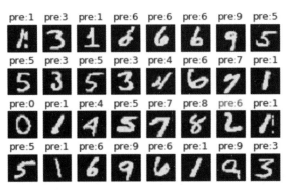

图 5-9　输出结果

构建一个概率分析的饼图函数，本例展示了当前 batch 中的前两张图片的分析饼图。

备注：prb 为上一段代码中存储这组数对应的数字概率。

代码：

```
# define the pie drawing function of probability analysis
#步骤 5：定义函数 plot_pie
def plot_pie(prbs):
    dict1 = {}
    # remove the negative number and build the dictionary dict1. The key is the number and the value is
        the probability value
    for i in range(10):
        if prbs[i] > 0:
            dict1[str(i)] = prbs[i]
    label_list = dict1.keys()
    size = dict1.values()
    colors = ["red", "green", "pink", "blue", "purple", "orange", "gray"]
    color = colors[: len(size)]
    plt.pie(size, colors=color, labels=label_list, labeldistance=1.1, autopct="%1.1f%%", shadow=False,
        startangle=90, pctdistance=0.6)
    plt.axis("equal")
    plt.legend()
    plt.title("Image classification")
    plt.show()
for i in range(2):
    print("Figure {} probability of corresponding numbers [0-9]:\n".format(i+1), prb[i])
    plot_pie(prb[i])
```

输出：

```
Figure 1 probability of corresponding numbers [0-9]:
 [-1.9994848    3.0816467    2.372299    -0.02283105 -1.5082151   -2.0412407
 -1.3614902    0.03996782   2.8755078   -1.6920813 ]
Figure 2 probability of corresponding numbers [0-9]:
 [-8.214755     0.03981748 -2.7029173   16.645077    -8.192992     3.8877273
 -9.586592    -1.255538    4.6613245    0.7725475 ]
```

输出结果如图 5-10 所示。

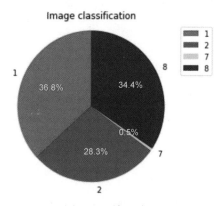

图 5-10　输出结果

【任务小结】

目前主流的深度学习框架的执行模式有两种：静态图模式和动态图模式。静态图模式拥有较高的训练性能，但难以调试。动态图模式相较于静态图模式虽然易于调试，但难以高效执行。MindSpore 前端表示层（Mind Expression，ME）包含 Python API、MindSpore IR（Intermediate Representation，IR）、计算图高级别优化（Graph High Level Optimization，GHLO）三部分。MindSpore 计算图引擎（Graph Engine，GE）部分包含计算图低级别优化（Graph Low Level Optimization，GLLO）和图执行。数据集对训练来说非常重要，加载数据前一般会进行创建函数、数据增强操作、数据处理操作三个步骤。在字体识别上，通常采用卷积神经网络架构（CNN）进行学习预测，最经典的属于 1998 年由 Yann LeCun 创建的 LeNet5 架构。

【考核评价】

评价内容	评分项	自评得分	教师考评得分	备注
学习态度	课堂表现、学习活动态度（40 分）			
知识技能目标	Mindspore 架构（20 分）			
	Mindspore 建模环境（10 分）			
	图像分类建模（20 分）			
总得分				

任务 2　物体检测实践

【任务描述】

目标检测是很多计算机视觉应用的基础，如实例分割、人体关键点提取、人脸识别等，它结合了目标分类和定位两个任务。本任务主要介绍使用 MindSpore 深度学习框架在 COCO 2014 数据集上实现 YOLOv3 网络模型的目标检测，从而帮助我们熟悉 MindSpore 深度学习框架及业务代码开发的整体流程，实现模型训练与推理的实战。

【任务目标】

- 了解目标监测。
- 了解 YOLOv1、YOLOv2、YOLOv3 网络的特点。
- 使用 Darknet-53 的 YOLOv3 网络进行物体检测实践。

【知识链接】

1. 目标检测

（1）目标检测概述。目标检测是很多计算机视觉应用的基础，如实例分割、人体关键点提取、人脸识别等，它结合了目标分类和定位两个任务。

目标检测是机器视觉领域的核心问题之一，如给定一张图像或一个视频帧，让计算机找出其中所有目标的位置，并给出每个目标的具体类别。

为训练目标检测算法，需要一个已经框出目标的图像训练集。通过训练，算法去学习如何在目标上放置矩形以及放置在何处。

最小化推断的边界框和真实标注边界框之间的误差，以优化模型达到正确地检测目标的效果。

（2）目标检测发展历程。在利用深度学习做物体检测之前，传统算法通常将目标检测分为 3 个阶段：区域选取、特征提取和特征分类。

1）区域选取。选取图像中可能出现物体的位置，由于物体位置、大小都不固定，因此传统算法通常使用滑动窗口（Sliding Windows）算法，但这种算法会存在大量的冗余框，并且计算复杂度高，如图 5-11 所示。

图 5-11　区域选取

2）特征提取。在得到物体位置后，通常使用人工精心设计的提取器进行特征提取，如 SIFT 和 HOG 等。由于提取器包含的参数较少，并且人工设计的鲁棒性较低，因此特征提取的质量并不高，如图 5-12 所示。

图 5-12　特征提取

3）特征分类。对上一步得到的特征进行分类，通常使用如 SVM、AdaBoost 的分类器。

2．YOLOv1、YOLOv2、YOLOv3 网络

（1）YOLO 网络介绍。YOLO 的意思是只需要浏览一次就可以识别出图中物体的类别和位置，是一种先进的实时目标检测系统，在 2016 年被提出，发表在计算机视觉与模式识别会议（Computer Vision and Pattern Recognition，CVPR）上。

YOLO 是单阶段方法的开山之作。它将检测任务表述成一个统一的、端到端的回归问题，并且以只处理一次图片便得到位置和分类而得名。

（2）YOLOv1 网络介绍。YOLOv1 的特征提取层借助于训练好的图像分类神经网络 GoogLeNet，这个网络先在 ImageNet 数据集上进行 1000 次分类训练，再迁移到当前标注数据集上训练，可以在不同级别的卷积神经网络中提取不同尺寸目标的信息。一般来说，图像分类神经网络前几层的神经网络代表的是局域的特征，因此可以获取尺寸比较小的物体的信息；中间几层可以获取中等尺寸物体的信息；最后几层可以获取大尺寸物体的信息。每个特征提取层提取得到的特征会分别送入目标选框的回归层和分类层，其中回归层负责根据输入的特征预测目标选框在图像中的位置，分类层则根据输入的特征预测目标选框代表的物体种类。

检测框，每个框的 Confidence；每个格子预测一共 C 个类别的概率分数，在 YOLOv1 论文中，选用了 S=7，B=2，由于使用的 Pascal VOC 数据集有 20 个类别标签，因此 C=20，于是模型最终预测输出一个 $7 \times 7 \times 30$ 的 tensor，如图 5-13 和图 5-14 所示。

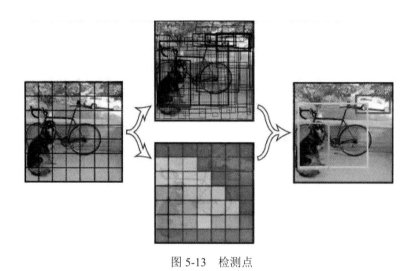

图 5-13　检测点

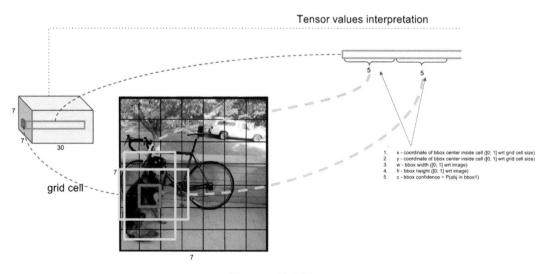

图 5-14　输出图

（3）YOLOv2 网络介绍。YOLOv2 选择了 5 个锚作为召回率和模型复杂度之间的良好折中，其关键特点为：

1）使用 BN 层。BN 在模型收敛方面有显著的提升，同时也能够消除一些其他形式的正则化需求，在 YOLO 每个卷积层后面添加 BN 层，mAP 提升 2%。除此之外，BN 也有助于正则化模型，使用 BN 能够去除避免模型过拟合的 dropout 步骤。

2）提高训练网络分辨率。原来的 YOLO 提取特征分类网络都是通过 224×224 来训练的，但是 YOLO 最后检测训练的时候都是 448×448 的分辨率。这样会导致准确度下降，所以 YOLOv2 在分类网络训练的时候添加 10 个 epoch 训练让检测网络更快适应高分辨率。

对 YOLOv2，预训练之后，在 ImageNet 数据集上用 448×448 像素大小的图片对分类网络进行微调，大约 10 个 epoch，目的是让网络先学习高分辨率的图片后再应用到检测网络中，这个举措使得 mAP 提升大概 4%。

3）使用锚点代替全连接。YOLOv1 使用全连接，再 reshape 得到 7×7 的结果，用来同时预测类别和回归框，这样会损失部分空间信息。YOLOv2 没有全连接，这样有两个好处，第一是不需要固定输入的图片大小，第二是可以保留空间信息。每一个 cell 类似于 Faster RCNN 的锚点预测，每个 cell 都选择 5 个预选框（每个预选框预测 4 个偏移量和一个置信度以及 n 个类别），这个预选框的尺寸并不是手工挑选的，而是由聚类的方式生成的。

4）预测定位。为了延续使用原始 YOLO 中预测位置相对于当前网格的偏移量，使用一个 sigmoid 激活函数将偏移量限制在 (0,1) 中。在输出特征图中，每一个网格输出 5 个 bbox，对每一个 bbox 有 5 个参数值。

在 YOLO 中，4 个偏移量是对于 cell 左上角的偏移量，以及相对于整个图片的 w、h 比例，作为 tx、ty、tw、th，其中 tx、ty 是预测的坐标偏移值，tw、th 是尺度缩放，有了这 4 个 offset（偏移量），这样计算导致了模型不稳定，很难收敛，主要是因为 tx 的不确定性，比如有可能为 1 的情况下，那么定位就转移到了 cell 的右边，如果是 -1 就定位到了候选框的左边，如果不加以限制就会导致训练困难。

5）多尺度特征融合。在 13×13 特征图上进行目标检测，对于一些大的目标是足够的，但是对于小物体的检测还需要细粒度的特征，为此，YOLOv2 添加一个 passthrough layer，将浅层的特征和深层的特征通过 stack adjacent feature 方法连接起来，将 26×26×512 的特征图和 13×13×2048 的特征图连接起来，再在扩展的特征图上进行目标检测。

YOLO 里面有个问题就是对于小目标的目标检测效果不好，YOLOv2 为了解决这个问题，将前面 26×26×f 层的特征 reshape 转换成 13×13×4f 的特征再和最后 13×13×n 的结果做一个 concat，这样就调用到了前面的细节特征，对小目标检测效果会提升很多（图 5-15）。

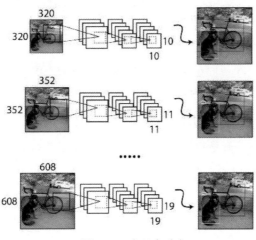

图 5-15　多尺度融合

（4）YOLOv3 网络简介。YOLOv3 提出了新的网络架构 Darknet-53 提取特征，新的架构借鉴了 v2 版本的 Darknet-19 和 ResNet 网络，整个网络没有池化层，是在 5 个卷积上定义步长为 2 来下采样，总步长为 32。YOLOv3 是在 3 个不同尺寸的特征图上进行预测的，如果输入图像大小为 416×416，那么特征图大小分别为 13×13、26×26、52×52。

在一个特征图上的每一个网格预测 3 个 box，每个盒子需要 x、y、w、h、confidence 五个基本参数，并对每个类别输出一个概率。在 v3 中，因为有 3 种特征图，base net 只能输出一种尺寸的特征图，为了得到另外两种尺寸的特征图，对前两层的特征图进行上采样，之后将上采样后的特征图和之前的特征图进行连接，具体结构如图 5-16 所示。

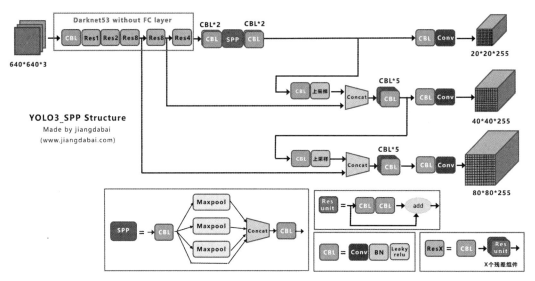

图 5-16　YOLOv3

【任务实施】

使用 MindSpore 深度学习框架实现 YOLOv3 网络模型的目标检测。

（1）实验准备。

1）创建 OBS 桶。需要使用华为云 OBS 存储实验脚本和数据集，可以参考快速通过 OBS 控制台上传或下载文件了解使用 OBS 创建桶、上传文件、下载文件的使用方法。华为云新用户使用 OBS 时通常需要创建和配置"访问密钥"，可以在使用 OBS 时根据提示完成创建和配置。

2）数据集准备。COCO 数据集是一个可用于图像检测、语义分割和图像标题生成的大规模数据集。这个数据集以 scene understanding 为目标，主要从复杂的日常场景中截取图像中的目标，通过精确的 segmentation 进行位置的标定。COCO 数据集有 91 类，虽然比 ImageNet 和 SUN 类别少，但是每一类的图像多，这有利于获得更多的每类中位于某种特定场景的能力，对比 Pascal VOC，其有更多类和图像。该数据集主要解决 3 个问题：目标检测、目标之间的上下文关系、目标在二维上的精确定位。

本实验使用 COCO 2014 数据集，可直接从官网下载。由于数据集较大，具体操作可参考：

- 创建 notebook，推荐使用 Ascend:1*Ascend 910 CPU:24 核 96GIB 规格。
- 打开 notebook，使用 moxing 接口将数据复制到刚才创建的 OBS 桶，代码如下：

```
ort moxing as mox
#dst_url 需要填写刚才创建的 OBS 桶名+"yolov3"文件夹名
mox.file.copy_parallel(src_url='s3://professional-construction/deep-learning/yolov3/',
    dst_url='s3://object-detection8/yolov3/')
```

相应的界面如图 5-17 所示。

图 5-17 复制到 OBS 桶

在华为 OBS 上查看上传的数据，如图 5-18 和图 5-19 所示。

图 5-18 查看大小

图 5-19 上传数据目录

（3）模型训练。本任务采用了基于 Darknet-53 的 YOLOv3。使用 COCO 2014 数据集对定义的 YOLOv3 模型进行训练，训练过程可以调整训练参数以获取更好的训练结果。

注意：为了缩短训练时长，将默认训练 320 个 epoch 的参数改为 1 个 epoch，仍需训练一个小时以上。

1）进入 ModelArts。训练过程所使用到的是 Modelarts 上的训练作业。在华为云主页搜索 Modelarts，单击 "AI 开发平台 ModelArts" 中的 "进入控制台"，如图 5-20 所示。

图 5-20　进入 ModelArts

2）选择训练作业。选择"北京四"地区，在左侧下拉列表中单击"训练管理"中的"训练作业"。

3）创建训练作业。单击"创建"按钮创建训练作业，创建"训练作业"的配置如下：

- 名称：yolov3-train。
- 算法来源：常用框架。
- 代码目录：选择上述新建的 OBS 桶中的/yolov3 /yolov3_darknet53/。
- 启动文件：选择 train.py。
- 输出：选择上述新建的 OBS 桶中的/yolov3/output/。
- 作业日志路径：选择上述新建的 OBS 桶中的/yolov3/log/。
- 计算资源：保持默认。
- 作业参数名称：yolov3-train。

创建界面如图 5-21 所示。

图 5-21（一）　选择及配置参数

图 5-21（二）　选择及配置参数

4）开始训练。单击"下一步"按钮后再单击"提交"按钮提交训练，如图 5-22 所示。

图 5-22　训练

5）训练结果示例。训练过程中会有大量的警告信息，不需要在意，如图 5-23 所示。

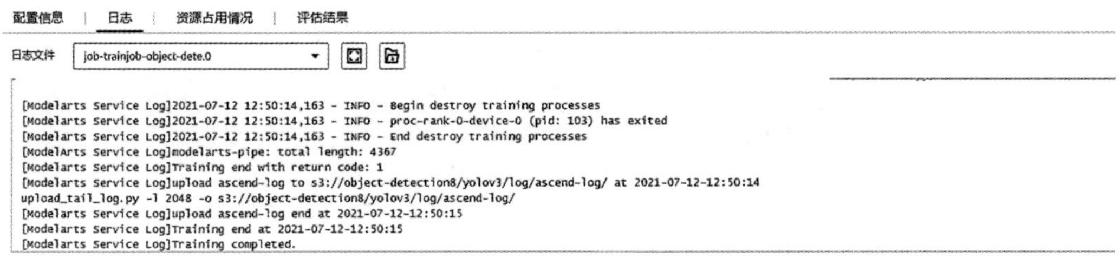

图 5-23　产生警告信息

（4）模型预测。本任务可以选择使用训练后的 YOLOv3 模型（本任务用设置为 1 个 epoch 训练后获取的校验点一）对测试数据集进行推理，或者使用预训练的模型进行推理。

注意：由于只训练了一个 epoch，因此模型表现不佳，推荐使用预训练的模型进行推理。

说明：推理过程时间较长，在一个半小时左右。

1）进入 ModelArts。

①训练过程所使用到的是 Modelarts 上的训练作业。在华为云主页搜索 Modelarts，单击"立即使用"按钮转到"进入控制台"，如图 5-24 所示。

图 5-24　进入控制台

②点"训练管理"按钮进入"训练作业"。

2）创建训练作业。创建"训练作业"配置如下：

- 名称：yolov3-test。
- 算法来源：常用框架。
- AI 引擎：Ascend-Powered-Engine（MindSpore）。
- 代码目录：选择上述新建的 OBS 桶中的/yolov3 /yolov3_darknet53/。
- 启动文件：选择 eval.py。
- 数据来源：数据存储位置（选择上述新建的 OBS 桶中的/yolov3/coco2014/）。
- 训练输出位置：选择上述新建的 OBS 桶中的/yolov3/output/。
- 添加一条运行参数："pretrained" = "选择上述新建的 OBS 桶中的/yolov3/checkpoint/yolov3-darknet53.ckpt"。
- 作业日志路径：选择上述新建的 OBS 桶中的/yolov3/log/。
- 计算资源：保持默认。
- 勾选"保存作业参数"复选项。
- 作业参数名称：yolov3-test。

3）开始预测。单击"下一步"按钮和"提交"按钮，如图 5-25 所示。

推理结果示例：

```
========coco eval reulst=========
Average Precision (AP) @[ IoU=0.50:0.95 | area= all | maxDets=100 ] = 0.314
Average Precision (AP) @[ IoU=0.50 | area= all | maxDets=100 ] = 0.531
Average Precision (AP) @[ IoU=0.75 | area= all | maxDets=100 ] = 0.325
Average Precision (AP) @[ IoU=0.50:0.95 | area= small | maxDets=100 ] = 0.129
Average Precision (AP) @[ IoU=0.50:0.95 | area=medium | maxDets=100 ] = 0.327
Average Precision (AP) @[ IoU=0.50:0.95 | area= large | maxDets=100 ] = 0.433
Average Recall (AR) @[ IoU=0.50:0.95 | area= all | maxDets= 1 ] = 0.261
Average Recall (AR) @[ IoU=0.50:0.95 | area= all | maxDets= 10 ] = 0.401
Average Recall (AR) @[ IoU=0.50:0.95 | area= all | maxDets=100 ] = 0.426
```

Average Recall (AR) @[IoU=0.50:0.95 | area= small | maxDets=100] = 0.224

Average Recall (AR) @[IoU=0.50:0.95 | area=medium | maxDets=100] = 0.447

Average Recall (AR) @[IoU=0.50:0.95 | area= large | maxDets=100] = 0.556

2021-06-29 10:40:16,930:INFO:testing cost time 1.38h

[ModelArts Service Log]modelarts-pipe: total length: 42885

[Modelarts Service Log]Training end with return code: 0

[Modelarts Service Log]handle outputs of training job

[ModelArts Service Log]modelarts-pipe: will create log file /tmp/log/trainjob-c493.log

[ModelArts Service Log]modelarts-pipe: will write log file /tmp/log/trainjob-c493.log

[ModelArts Service Log]modelarts-pipe: param for max log length: 1073741824

[ModelArts Service Log]modelarts-pipe: param for whether exit on overflow: 0

[Modelarts Service Log]2021-06-26 10:40:38,305 - INFO - Begin destroy FMK processes

[Modelarts Service Log]2021-06-29 10:40:38,305 - INFO - FMK of device0 (pid: [178]) has exited

[Modelarts Service Log]2021-06-29 10:40:38,305 - INFO - End destroy FMK processes

=== begin proc exit ===

=== begin stop slogd ===

=== end pro exit ===

[Modelarts Service Log][modelarts_logger] modelarts-pipe found

[ModelArts Service Log]modelarts-pipe: total length: 175

作业名	训练信息		价格
	算法	--	
	预置镜像	Ascend-Powered-Engine | mindspore_1.7.0-cann_5.1.0-py_3.7-euler_2.8.3-aarch64	
	代码目录	/d746197631aa45d9ad2c70ceeb9c70aa-hilens-skill/hrc/	
	启动文件	/d746197631aa45d9ad2c70ceeb9c70aa-hilens-skill/hrc/eval.py	
yolov3-test	本地代码目录	/home/ma-user/modelarts/user-job-dir	¥ 19.50 /小时
	工作目录	/home/ma-user/modelarts/user-job-dir	
	规格	Ascend: 1*Ascend 910(32GB) | ARM: 24 核 96GB 3200GB	
	计算节点个数	1	
	作业日志路径	/d746197631aa45d9ad2c70ceeb9c70aa-hilens-skill/out/	
	模式选择	普通模式	

图 5-25　提交测试

【任务小结】

目标检测是机器视觉领域的核心问题之一。给定一张图像或一个视频帧,让计算机找出其中所有目标的位置,并给出每个目标的具体类别。YOLO 只需要浏览一次就可以识别出图中物体的类别和位置,是一种先进的实时目标检测系统。YOLOv1 的特征提取层借助于训练好的图像分类神经网络——GoogLeNet,这个网络先在 ImageNet 数据集上进行 1000次分类训练,再迁移到当前标注数据集上训练,可以在不同级别的卷积神经网络中提取不同尺寸目标的信息。YOLOv2 将浅层和深层两个不同尺寸的特征通过 stack adjacent feature方法连接起来,将 26×26×512 的特征图和 13×13×2048 的特征图连接起来,再在扩展的特征图上进行目标检测。将前面 26×26×f 层的特征 reshape 转换成 13×13×4f 的特征再和最后 13×13×n 的结果做一个 concat，这样就调用到了前面的细节特征，从而对大目标和小目标都有很好的检测。YOLOv3 整个框架可以划分为 3 个部分：Darknet-53 结构、特征层融合结构，以及分类检测结构。

【考核评价】

评价内容	评分项	自评得分	教师考评得分	备注
学习态度	课堂表现、学习活动态度（40分）			
知识技能目标	目标检测的原理（10分）			
	YOLO 网络系列的原理（20分）			
	VOLOv3 物体检测试验（30分）			
总得分				

任务 3　智能语音和 NLP

【任务描述】

问答系统是人与机器交互最常见的形式，随着知识图谱技术的不断完善，基于知识库的问答系统越来越多地开始应用在各种问答场景中，本任务将使用 BERT 算法实现一个基于知识库的问答系统。

那么什么是自然语言？自然语言是如何处理的？它的关键处理技术是什么？循环神经网络算法又是什么？本任务将对这些问题进行讨论，并通过实验来加深对智能语音的理解以及开发使用。

【任务目标】

- 了解自然语言处理的基础知识。
- 了解循环神经网络的算法。
- 了解自然语言处理的关键技术。
- 使用 BERT 算法开发智能问答系统。

【知识链接】

1. 自然语言处理的基础知识

（1）自然语言。自然语言是以语音为物质外壳，由词汇和语法两部分组成的符号系统。文字和声音是语言的两种属性。语言是人类交际的工具，是人类思维的载体；人类历史上以语言文字形式记载和流传的知识占人类知识总量的 80%以上。自然语言是约定俗成的，有别于人工语言，如 Java、C++等程序设计语言。

（2）自然语言处理。自然语言处理（Natural Language Processing，NLP）就是利用计算机为工具对人类特有的书面形式和口头形式的自然语言的信息进行各种类型处理和加工的技术。

1）能力模型。能力模型通常是基于语言学规则的模型，建立在人脑中先天存在语法通则这一假设的基础上，认为语言是人脑的语言能力推导出来的，建立语言模型就是通过建立人工编辑的语言规则集来模拟这种先天的语言能力，又称"理性主义的"语言模型，代表人物有 Chomsky 和 Minsky。建模步骤如下：

①语言学知识形式化。

②形式化规则算法化。

③算法实现。

2）应用模型。根据不同的语言处理应用而建立的特定语言模型，通常是通过建立特定的数学模型来学习复杂的、广泛的语言结构，然后利用统计学、模式识别和机器学习等方法来训练模型的参数，以扩大语言使用的规模，又称"经验主义的"语言模型，代表人物有 Shannon 和 Skinner。建模步骤如下：

①在大规模真实语料库中获得不同层级语言单位上的统计信息。

②依据较低级语言单位上的统计信息运用相关的统计推理技术来计算较高级语言单位上的统计信息。

3）自然语言处理研究方向。自然语言处理是计算机科学领域以及人工智能领域的一个重要的研究方向，是一门交叉性学科，包括了语言学、计算机科学、数学、心理学、信息论、声学等。

4）自然语言处理的难点。

①词法歧义。

a）分词：词语的切分边界比较难确定，例如：

- 严守一/把/手机/关/了
- 严守/一把手/机关/了

b）词性标注：同一个词语在不同的上下文中词性不同，例如：

- 我/计划/v 考/研/
- 我/完成/了/计划/n

c）命名实体识别：人名、专有名称、缩略词等未登录词的识别困难，例如：

- 高超/nr/a
- 华明/nr/nt
- 移动/nt/v

②句法歧义：句法层面上的依存关系受上下文的影响，例如：

- 咬死了猎人的狗。
- 那只狼咬死了猎人的狗。
- 咬死了猎人的狗失踪了。

5）自然语言处理的发展现状。

①已开发完成一批颇具影响的语言资料库，部分技术已达到或基本达到实用化水平，

并在实际应用中发挥巨大作用。如北大语料库、HowNet。

②许多新研究方向不断出现。如阅读理解、图像（视频）理解、语音同声传译。

③许多理论问题尚未得到根本性的解决，如：

- 未登录词的识别、歧义消解的问题，语义理解的难题。
- 缺少一套完整、系统的理论框架体系。

2．神经网络语言模型

（1）语言模型。语言模型（Language Model，LM）在自然语言处理中占有重要的地位，它的任务是预测一个句子在语言中出现的概率。截至目前，语言模型的发展先后经历了文法规则语言模型、统计语言模型、神经网络语言模型。我们来看一下语言模型的两个目标：

- 为一个句子或词序列赋予一个概率。
- 预测下一个词的概率，也就是说它预测下面最有可能出现的一个词。

任何一个具有上面任务的模型称为语言模型。如 word2vec 通过当前词预测上下文词，或通过上下文词去预测当前的目标词。

（2）神经网络语言模型。神经网络语言模型（Neural Network Language Model，NNLM）在约书亚·本吉奥于 2003 年发表的 *A Neural Probabilistic Language Model* 中被提出。本吉奥将神经网络引入语言模型的训练中，并得到了词向量这个副产物。词向量对后面的深度学习在自然语言处理方面有很大的贡献，也是获取词的语义特征的有效方法。传统的 NNLM 架构如图 5-26 所示。

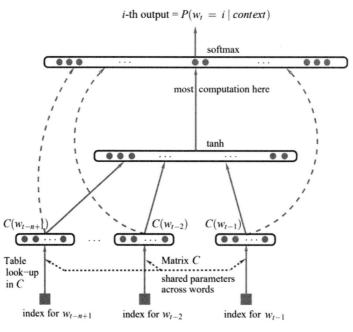

图 5-26　NNLM 架构

数学符号说明：

$C(i)$：单词 w 对应的词向量，其中 i 为词 w 在整个词汇表中的索引。

C：词向量，大小为 $|V| \times m$ 的矩阵。

$|V|$：词汇表的大小，即语料库中去重后的单词个数。

m：词向量的维度，一般是 50～100。

H：隐藏层的权重（weight）。

d：隐藏层的偏移值（bias）。

U：输出层的权重（weight）。

b：输出层的偏移值（bias）。

W：输入层到输出层的权重（weight）。

h hh：隐藏层神经元个数。

从整体上看，上述模型属于比较简单而传统的神经网络模型，主要由输入层、隐藏层、输出层组成，经过前向传播和反向传播来进行训练。理解图 5-24 的关键点是先理解词向量，即图中的 $C(w_{t-n+1})\sim C(w_{t-1})$ 等，从下往上为输入层、隐藏层、输出层。

计算方式：

● 首先将输入的 $n-1$ 个单词索引转换为词向量，然后将这 $n-1$ 个词向量进行 concat，形成一个 $n-1*w$ 的向量，用 X 表示。

● 将 X 送入隐藏层进行计算，hiddenout=tanh($d+X*H$)。

● 输出层共有|V|个节点，每个节点 y_i 表示预测下一个单词 i 的概率，$y=b+X*W+$ {hidden}_{out}*U。

（3）BERT 模型学习。BERT 是 2018 年 10 月由 Google AI 研究院提出的一种预训练模型，BERT 的全称是 Bidirectional Encoder Representation from Transformers。BERT 在机器阅读理解顶级水平测试 SQuAD1.1 中表现出惊人的成绩：两个衡量指标上全面超越人类，并且在 11 种不同 NLP 测试中创出 SOTA 表现，包括将 GLUE 基准推高至 80.4%（绝对改进 7.6%），MultiNLI 准确度达到 86.7%（绝对改进 5.6%），成为 NLP 发展史上的里程碑式的模型成就。

BERT 模型的目标是利用大规模无标注语料训练获得文本的包含丰富语义信息的 Representation，即文本的语义表示，然后将文本的语义表示在特定 NLP 任务中作微调，最终应用于该 NLP 任务。

【任务实施】

利用 BERT 模型实现自动问答机器人开发。

（1）了解知识库和 KBQA。基于知识库的问答（Knowledge Base Question Answering，KBQA）即给定自然语言问题，通过对问题进行语义理解和解析，进而利用知识库进行查询、推理得出答案。从应用领域的角度，知识库问答可以分为：开放域的知识问答，如百科知识问答；特定域的知识问答，如金融领域、医疗领域、宗教领域等，以客服机器人，教育/考试机器人或搜索引擎等形式服务于我们的日常生活。

"第 74 届奥斯卡金像奖的最佳影片是《美丽心灵》"可以用三元组表示为（第 74 届奥斯卡金像奖，最佳影片，美丽心灵）。

这里我们可以简单地把三元组理解为（实体 entity，关系属性 attribute，属性值 value），即"第 74 届奥斯卡金像奖"为实体，"最佳影片"为关系属性，"美丽心灵"为属性值。进一步地，如果我们把实体看作节点，把实体关系（包括属性、类别等）看作一条边，那么包含了大量三元组的知识库就成为了一个庞大的知识图，如图 5-27 所示。

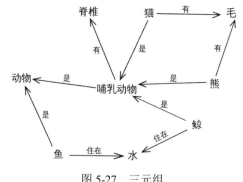

图 5-27　三元组

（2）把基于知识库的问答（KBQA）拆分为两个主要步骤：命名实体识别步骤和属性映射步骤。其中，命名实体识别步骤的目的是找到问句中询问的实体名称，而属性映射步骤的目的在于找到问句中询问的相关属性。流程图如图 5-28 所示。

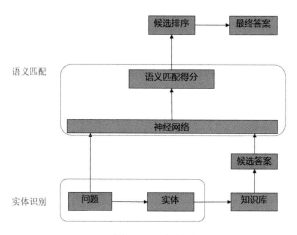

图 5-28　流程图

本次实施主要包含两个核心模块：命名实体识别模块提取问题中的关键实体，根据候选实体在知识库中查找候选答案；语义匹配模块用来计算问题和候选答案的匹配程度，最终以匹配度最高的作为答案。

（3）数据准备。从 OBS 下载数据，部分代码如下：

```
from modelarts.session import Session
session = Session()
if session.region_name == 'cn-north-4':
    bucket_path = 'professional-construction/NLP/kbqa.zip'
else:
    print("请更换地区到北京四")
session.download_data(bucket_path=bucket_path, path='./kbqa.zip')
```

输出如图 5-29 所示。

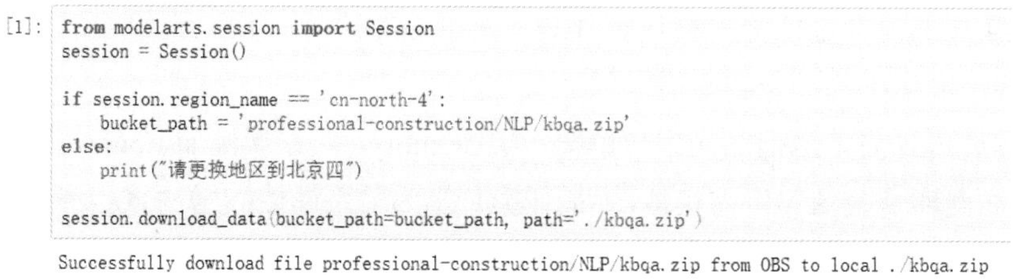

```
[1]: from modelarts.session import Session
     session = Session()

     if session.region_name == 'cn-north-4':
         bucket_path = 'professional-construction/NLP/kbqa.zip'
     else:
         print("请更换地区到北京四")

     session.download_data(bucket_path=bucket_path, path='./kbqa.zip')

Successfully download file professional-construction/NLP/kbqa.zip from OBS to local ./kbqa.zip
```

图 5-29　输出

解压数据代码：

```
! unzip kbqa.zip
```

安装依赖代码：

```
! pip install tensorflow-hub
! pip install bert-for-tf2
! pip install seqeval
```

（4）命名实体识别。命名实体识别（Named EntitiesRecognition，NER）是 NLP 中的一项很基础的任务，就是指从文本中识别出命名性指称项，为信息抽取、信息检索、机器翻译、问答系统等任务做铺垫。其目的是识别语料中的人名、地名、组织机构名等命名实体。在特定的领域，会相应地定义领域内的各种实体类型。在本任务中，命名实体识别的目的是找到问句中询问的实体名称。

构造 NER 的数据集，需要根据三元组 Enitity 反向标注问题，给数据集中的问题标注标签。我们这里采用 BIO 的标注方式，将每个元素标注为 B-X、I-X 或 O：B-X（Begin）表示此元素所在的片段属于 X 类型并且此元素在此片段的开头；I-X（Inside）表示此元素所在的片段属于 X 类型并且此元素在此片段的中间位置；O（Outside）表示不属于任何类型。其中 X 为 LOC 代表地名，为 PER 代表人名，为 ORG 代表组织机构名。由于本任务无须区分地点名、人名和组织名，只需要识别出实体，因此用 B-ENT、I-ENT 代替其他的标注类型，即 B-ENT 表示实体首字，I-ENT 表示实体非首字。

1）使用本任务的数据集进行标注。标注前示例：

《机械设计基础》这本书的作者是谁？机械设计基础

《高等数学》是哪个出版社出版的？高等数学

标注后如图 5-30 所示。

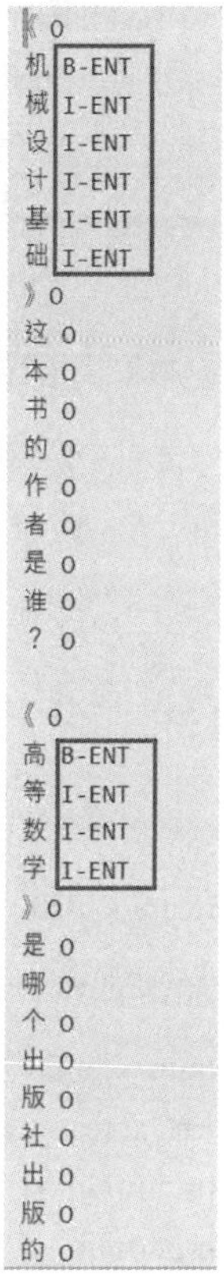

图 5-30　标注后

2）导入实验环境，代码如下：

```
import os
import json
import numpy as np
import pandas as pd
import tensorflow as tf
import tensorflow_hub as hub              #导入 tensorflow_hub，用于加载 BERT 模型
from bert import bert_tokenization        #导入 bert 分词器
from tensorflow.keras.models import load_model
from seqeval.metrics.sequence_labeling import get_entities, classification_report
# 导入序列标注任务相关的后处理以及性能评估函数
```

3）加载数据。定义数据加载函数，代码如下：

```
def read_conll_format_file(file_path: str,
                           text_index: int = 0,
                           label_index: int = 1):
    """"""
```

```
conll 格式数据读取
Args:
    file_path: 文件路径
    text_index: 输入所在列的索引，默认是 0，第一列
    label_index: 标签所在列的索引，默认是 1，第二列
Returns:
"""
x_data, y_data = [], []
with open(file_path, 'r', encoding='utf-8') as f:
    lines = f.read().splitlines()
    x, y = [], []
    for line in lines:
        rows = line.split()
        if len(rows) == 0:
# 如果当前行为空格，则表示上一句结束，把上一句的序列数据加入到数据中
            x_data.append(x)
            y_data.append(y)
            x = []
            y = []
        else: # 添加输入和标签
            x.append(rows[text_index])
            y.append(rows[label_index])

return x_data, y_data
```

加载训练，测试数据：

```
train_x, train_y = read_conll_format_file('./kbqa/Data/NER_Data/train.txt')
test_x, test_y = read_conll_format_file('./kbqa/Data/NER_Data/test.txt')
print(train_x[1])
print(train_y[1])
```

输出如图 5-31 所示。

```
In [5]: train_x, train_y = read_conll_format_file('./kbqa/Data/NER_Data/train.txt')
        test_x, test_y = read_conll_format_file('./kbqa/Data/NER_Data/test.txt')

        print(train_x[1])
        print(train_y[1])

['《', '高', '等', '数', '学', '》', '是', '哪', '个', '出', '版', '社', '出', '版', '的', '？']
['O', 'B-ENT', 'I-ENT', 'I-ENT', 'I-ENT', 'O', 'O', 'O', 'O', 'O', 'O', 'O', 'O', 'O', 'O', 'O']
```

图 5-31　输出图

4）定义参数配置，代码如下：

```
class BERT_NER_Config():
    max_seq_length = 64           # 输入序列的最大长度，用于把输入 padding 成统一长度
    bert_dir = './kbqa/bert/bert_zh_L-12_H-768_A-12_2' # bert 预训练模型的路径
    epochs = 8                    # 训练轮数
    batch_size = 256
bert_ner_config = BERT_NER_Config()
```

5）构建预处理器（如代码 5-3 所示）。

输出结果如图 5-32 所示。

代码 5-3 构建预处理器

```
In [35]:  ner_preprocessor = NER_Preprocessor(bert_ner_config)
          ids, masks, segments = ner_preprocessor.online_transform("《高等数学》？")
          print("id: {}".format(ids))
          print("masks: {}".format(masks))
          print("segments: {}".format(segments))
```

```
id: [[ 101  517 7770 5023 3144 2110  518 8043  102    0    0    0    0    0
         0    0    0    0    0    0    0    0    0    0    0    0    0    0
         0    0    0    0    0    0    0    0    0    0    0    0    0    0
         0    0    0    0    0    0    0    0    0    0    0    0    0    0
         0    0    0    0    0    0    0    0]]
masks: [[1 1 1 1 1 1 1 1 1 0 0 0 0 0 0 0 0 0 0 0 0 0 0 0 0 0 0 0 0 0 0 0
         0 0 0 0 0 0 0 0 0 0 0 0 0 0 0 0 0 0 0 0 0 0 0 0 0 0 0 0 0 0 0 0]]
segments: [[0 0 0 0 0 0 0 0 0 0 0 0 0 0 0 0 0 0 0 0 0 0 0 0 0 0 0 0 0 0 0 0
            0 0 0 0 0 0 0 0 0 0 0 0 0 0 0 0 0 0 0 0 0 0 0 0 0 0 0 0 0 0 0 0]]
```

图 5-32　预处理器输出

6）模型构建。定义模型类，使用 BERT 和 BiLSTM 架构（如代码 5-4 所示）。

7）模型训练，代码如下：

```
bert_ner = BERT_LSTM_NER(bert_ner_config)
bert_ner.fit(train_x, train_y, test_x, test_y)
```

代码 5-4　模型构建 1

输出结果如图 5-33 所示。

```
In [38]:  bert_ner = BERT_LSTM_NER(bert_ner_config)
          bert_ner.fit(train_x, train_y, test_x, test_y)

Model: "model_3"
_____
Layer (type)                    Output Shape         Param #     Connected to
================================================================================
input_word_ids (InputLayer)     [(None, 64)]         0
_____
input_mask (InputLayer)         [(None, 64)]         0
_____
segment_ids (InputLayer)        [(None, 64)]         0
_____
keras_layer_5 (KerasLayer)      [(None, 768), (None, 102267649   input_word_ids[0][0]
                                                                 input_mask[0][0]
                                                                 segment_ids[0][0]
_____
bidirectional_5 (Bidirectional) (None, 64, 256)      918528      keras_layer_5[0][1]
_____
dense_layer_1 (Dense)           (None, 64, 64)       16448       bidirectional_5[0][0]
_____
output (Dense)                  (None, 64, 3)        195         dense_layer_1[0][0]
================================================================================
Total params: 103,202,820
Trainable params: 935,171
Non-trainable params: 102,267,649
_____
Train on 13637 samples, validate on 9016 samples
Epoch 1/8
13637/13637 [==============================] - 40s 3ms/sample - loss: 0.0983 - accuracy: 0.9588 - val_loss: 0.0187 - val_accuracy: 0.9949
Epoch 2/8
13637/13637 [==============================] - 31s 2ms/sample - loss: 0.0129 - accuracy: 0.9962 - val_loss: 0.0095 - val_accuracy: 0.9973
```

图 5-33　输出结果

8）模型评估，代码如下：

```
bert_ner.evaluate(test_x, test_y)
```

输出结果如图 5-34 所示。

```
In [39]:  bert_ner.evaluate(test_x, test_y)

               precision    recall  f1-score   support

        ENT         0.95      0.96      0.96      9027

  micro avg         0.95      0.96      0.96      9027
  macro avg         0.95      0.96      0.96      9027
```

图 5-34　模型评估

9）模型保存，代码如下：

```
bert_ner.save('kbqa/output_ner/')
```

10）模型加载、预测，代码如下：

```
bert_ner = BERT_LSTM_NER(bert_ner_config)
bert_ner.restore('kbqa/output_ner/')
bert_ner.inference("《高等数学》的价格多少？")
```

输出结果如图 5-35 所示。

```
In [42]: bert_ner = BERT_LSTM_NER(bert_ner_config)
         bert_ner.restore('kbqa/output_ner/')
         bert_ner.inference("《高等数学》的价格多少？")

         [['O', 'B-ENT', 'I-ENT', 'I-ENT', 'I-ENT', 'O', 'O', 'O', 'O', 'O', 'O', 'O', 'O', 'O', 'O', 'O', 'O', 'O', 'O', 'O', 'O', 'O', 'O',
         'O', 'O', 'O', 'O', 'O', 'O', 'O', 'O', 'O', 'O', 'O', 'O', 'O', 'O', 'O', 'O', 'O', 'O', 'O', 'O', 'O', 'O', 'O', 'O', 'O', 'O', 'O', 'O',
         'O', 'O', 'O', 'O', 'O', 'O', 'O', 'O', 'O', 'O', 'O', 'O']]

Out[42]: {'entities': [{'end': 4, 'entity': 'ENT', 'start': 1, 'value': '高等数学'}],
         'text': '《高等数学》的价格多少？'}
```

图 5-35   模型输出

（5）属性映射。属性映射的目的在于找到问句中询问的相关属性，转换成文本相似度问题，即采用 BERT 作二分类问题。

构造用于分类的训练集和测试集，构造测试集的整体关系集合，通过提取和去重获得若干关系集合；每个 sample 由"问题句+关系属性+label"构成，原始数据中的关系属性的 label 为 1；从关系集合中随机采样 5 个属性作为 Negative Samples，label 为 0，示例如下：

```
0    《机械设计基础》这本书的作者是谁？    作者    1
1    《机械设计基础》这本书的作者是谁？    输入    0
2    《机械设计基础》这本书的作者是谁？    是否处方药    0
3    《机械设计基础》这本书的作者是谁？    相机类型    0
4    《机械设计基础》这本书的作者是谁？    作  者    0
5    《机械设计基础》这本书的作者是谁？    硬盘类型    0
6    《高等数学》是哪个出版社出版的？    出版社    1
7    《高等数学》是哪个出版社出版的？    结构    0
8    《高等数学》是哪个出版社出版的？    外文名    0
9    《高等数学》是哪个出版社出版的？    拍摄时间    0
10   《高等数学》是哪个出版社出版的？    所属国家    0
11   《高等数学》是哪个出版社出版的？    荣誉    0
12   《线性代数》这本书的出版时间是什么？    出版时间    1
13   《线性代数》这本书的出版时间是什么？    节日饮食    0
14   《线性代数》这本书的出版时间是什么？    编码    0
15   《线性代数》这本书的出版时间是什么？    坐落于    0
16   《线性代数》这本书的出版时间是什么？    相对分子质量    0
17   《线性代数》这本书的出版时间是什么？    fifa排名    0
```

1）加载数据。定义数据加载函数，代码如下：

```
def load_data(file_path):
    """加载"""
    data_df = pd.read_csv(file_path, sep='\t', header=None, names=['question', 'attribute', 'label'])
    sent_pairs = data_df.apply(lambda row: (row.question, row.attribute), axis=1).tolist()
    labels = data_df.apply(lambda row: int(row.label), axis=1).tolist()
    return sent_pairs, np.asarray(labels)
```

2）加载并测试输出，代码如下：

```
x_train, y_train = load_data("./kbqa/Data/Sim_Data/train.txt")
x_valid, y_valid = load_data("./kbqa/Data/Sim_Data/dev.txt")
```

```
x_test, y_test = load_data("./kbqa/Data/Sim_Data/test.txt")
x_train[0], y_train[0]
```

输出结果如图 5-36 所示。

```
In  [45]:   x_train, y_train = load_data("./kbqa/Data/Sim_Data/train.txt")
            x_valid, y_valid = load_data("./kbqa/Data/Sim_Data/dev.txt")
            x_test, y_test = load_data("./kbqa/Data/Sim_Data/test.txt")

            x_train[0], y_train[0]

Out[45]:   (('请问有没有其他出版社出版了东京暗鸦?', '版权信息'), 0)
```

图 5-36　输出结果

3）定义配置参数，代码如下：

```
class BERT_Sim_Config():
    bert_dir = "./kbqa/bert/bert_zh_L-12_H-768_A-12_2"    #预训练 BERT 模型的路径
    max_seq_length = 128    #最大序列长度，用于 padding 成统一的长度
    epochs = 5
    batch_size = 256


bert_sim_config = BERT_Sim_Config()
```

4）构建预处理器，定义预处理类（如代码 5-5 所示）。

5）测试输出，代码如下：

```
sim_preprocessor = Sim_Preprocessor(bert_sim_config)


sent1 = "我爱中国"
sent2 = "我爱杭州"
print("按字符切分：")
print(sim_preprocessor.tokenize(sent1, sent2))
print("把字符编码成对应的字符 id、mask id 以及句段 id：")
print(sim_preprocessor.transform(sent1, sent2))
```

代码 5-5　构建预处理器

输出结果如图 5-37 所示。

```
In  [48]:   sim_preprocessor = Sim_Preprocessor(bert_sim_config)

            sent1 = "我爱中国"
            sent2 = "我爱杭州"
            print("按字符切分：")
            print(sim_preprocessor.tokenize(sent1, sent2))
            print("把字符编码成对应的字符id、mask id以及句段id：")
            print(sim_preprocessor.transform(sent1, sent2))

            按字符切分：
            ['[CLS]', '我', '爱', '中', '国', '[SEP]', '我', '爱', '杭', '州', '[SEP]']
            把字符编码成对应的字符id、mask id以及句段id：
            ([101, 2769, 4263, 704, 1744, 102, 2769, 4263, 3343, 2336, 102], [1, 1, 1, 1, 1, 1, 1, 1, 1, 1, 1], [0, 0, 0, 0, 0, 0, 1, 1, 1, 1, 1])
```

图 5-37　输出结果

6）模型构建，定义模型类（如代码 5-6 所示）。

7）模型训练，代码如下：

代码 5-6　模型构建 2

```
bert_sim = BertSim(bert_sim_config)
bert_sim.fit(x_train, y_train, x_valid, y_valid)
```

训练过程输出如图 5-38 所示。

```
In [64]: bert_sim = BertSim(bert_sim_config)
         bert_sim.fit(x_train, y_train, x_valid, y_valid)
```

Model: "model_8"

Layer (type)	Output Shape	Param #	Connected to
input_word_ids (InputLayer)	[(None, 128)]	0	
input_mask (InputLayer)	[(None, 128)]	0	
segment_ids (InputLayer)	[(None, 128)]	0	
keras_layer_10 (KerasLayer)	[(None, 768), (None,	102267649	input_word_ids[0][0] input_mask[0][0] segment_ids[0][0]
dense_6 (Dense)	(None, 128)	98432	keras_layer_10[0][0]
dense_7 (Dense)	(None, 1)	129	dense_6[0][0]

```
Total params: 102,366,210
Trainable params: 98,561
Non-trainable params: 102,267,649

Train on 75628 samples, validate on 12005 samples
Epoch 1/5
75628/75628 [==============================] - 251s 3ms/sample - loss: 0.0991 - accuracy: 0.9655 - val_loss: 0.0910 - val_accuracy: 0.97
01
Epoch 2/5
75628/75628 [==============================] - 246s 3ms/sample - loss: 0.0788 - accuracy: 0.9742 - val_loss: 0.0872 - val_accuracy: 0.97
13
Epoch 3/5
75628/75628 [==============================] - 246s 3ms/sample - loss: 0.0747 - accuracy: 0.9754 - val_loss: 0.0841 - val_accuracy: 0.97
21
```

图 5-38　输出

8）模型评估，代码如下：

```
bert_sim.evaluate(x_test, y_test)
```

评估输出如图 5-39 所示。

```
[65]: bert_sim.evaluate(x_test, y_test)

59212/59212 [==============================] - 166s 3ms/sample - loss: 0.0828 - accuracy: 0.9739
```

图 5-39　模型评估

9）模型保存，代码如下：

```
bert_sim.save('kbqa/output_sim/')
```

10）模型恢复及预测，代码如下：

```
bert_sim = BertSim(bert_sim_config)
bert_sim.load('kbqa/output_sim/')
bert_sim.predict_similarity("《机械设计基础》这本书的作者是谁？", "作者")
```

输出结果如图 5-40 所示。

```
In [68]: bert_sim = BertSim(bert_sim_config)
         bert_sim.load('kbqa/output_sim/')
         bert_sim.predict_similarity("《机械设计基础》这本书的作者是谁？", "作者")

Out[68]: 0.9931365
```

图 5-40　输出结果

（6）问答系统。整合（4）和（5）就可以完成一个简单的基于知识库的问答系统。具体说明如下：

1）命名实体识别：输入问题，使用 BERT 模型得到问题中的实体，在知识库中检索出包含该实体的所有知识组合。

2）属性映射：在包含实体的知识组合中进行属性映射寻找答案，又可分为非语义匹配和语义匹配。

- 非语义匹配：如果一个知识三元组的关系属性是输入问题的子集（相当于字符串匹配），则该三元组对应的答案匹配为正确答案。非语义匹配步骤可以大大加速匹配。
- 语义匹配：即可转化为分类问题，利用 BERT 模型计算输入问题与知识三元组的相似度，将最相近的三元组对应的答案匹配为正确答案。

原数据集中知识库数据量庞大（2.3GB），共 43063796 个三元组，由于教学需要，在本任务中选择使用测试集的 9870 个问答对及其三元组生成知识库，用于完成简易 KBQA 任务。若需要使用完整知识库，请自行下载 Task 5: Open Domain Question Answering 使用（由于原知识库较大，建议使用数据库进行存储、查找等操作）。

3）问答系统构建。

①定义问答类（如代码 5-7 所示）。

②实例化问答对象。

代码 5-7　定义问答类

```
# 加载实体识别模型
bert_ner_config = BERT_NER_Config()
bert_ner = BERT_LSTM_NER(bert_ner_config)
bert_ner.restore('kbqa/output_ner/')

# 加载属性映射模型
bert_sim_config = BERT_Sim_Config()
bert_sim = BertSim(bert_sim_config)
bert_sim.restore('kbqa/output_sim/')

# 实例化问答对象
kbqa = KBQA(kb_path="./kbqa/Data/test.csv", ner_model=bert_ner, semantic_model=bert_sim)
```

③知识库方式问答。

```
kbqa.query('《机械设计基础》的价格是多少', method='kb')
```

输出结果如图 5-41 所示。

```
In [77]: kbqa.query('《机械设计基础》的价格多少', method='kb')

你的问题是:《机械设计基础》的价格多少
[['O', 'B-ENT', 'I-ENT', 'I-ENT', 'I-ENT', 'I-ENT', 'I-ENT', 'O', 'O', 'O', 'O', 'O', 'O', 'O', 'O', 'O', 'O', 'O', 'O', 'O', 'O', 'O',
'O', 'O', 'O', 'O', 'O', 'O', 'O', 'O', 'O', 'O', 'O', 'O', 'O', 'O', 'O', 'O', 'O', 'O', 'O', 'O', 'O', 'O', 'O', 'O', 'O', 'O',
'O', 'O', 'O', 'O', 'O', 'O', 'O', 'O', 'O', 'O', 'O', 'O', 'O', 'O']]
识别的实体是:机械设计基础
结果可能来自: ['机械设计基础的isbn码是什么？', '机械设计基础', 'isbn', '9787040192094']
结果可能来自: ['机械设计基础的定价是多少？', '机械设计基础', '定价', '24.50元']

知识三元组1: 机械设计基础 isbn 9787040192094
问句—属性匹配度为: 0.23782665

知识三元组2: 机械设计基础 定价 24.50元
问句—属性匹配度为: 0.8926219

答案是: 24.50元
答案来自三元组: 机械设计基础 定价 24.50元
```

图 5-41　输出结果

④FAQ 问题答案对式问答，部分代码如下：

```
kbqa.query('《机械设计基础》的价格是多少', method='faq')
```

输出结果如图 5-42 所示。

In [78]: kbqa.query('《机械设计基础》的价格多少', method='faq')

```
你的问题是:《机械设计基础》的价格多少
[['0', 'B-ENT', 'I-ENT', 'I-ENT', 'I-ENT', 'I-ENT', 'I-ENT', '0', '0', '0', '0', '0', '0', '0', '0', '0', '0', '0', '0',
 '0', '0', '0', '0', '0', '0', '0', '0', '0', '0', '0', '0', '0', '0', '0', '0', '0', '0', '0', '0', '0', '0', '0',
 '0', '0', '0', '0', '0', '0', '0', '0', '0', '0', '0', '0', '0', '0']]
识别的实体是: 机械设计基础
结果可能来自: ['机械设计基础的isbn码是什么?', '机械设计基础', 'isbn', '9787040192094']
结果可能来自: ['机械设计基础的定价是多少?', '机械设计基础', '定价', '24.50元']
句子_1: 机械设计基础的isbn码是什么?
问句-问句相似度为: 0.9966949
句子_2: 机械设计基础的定价是多少?
问句-问句相似度为: 0.9984249

答案是: 24.50元
答案来自三元组: 机械设计基础 定价 24.50元
```

图 5-42　输出结果

【任务小结】

自然语言处理的 3 个层面:词法分析、句法分析、语义分析。语言模型在自然语言处理中占有重要的地位,它的任务是预测一个句子在语言中出现的概率。词向量,大小为 $|V| \times m$ 的矩阵。M 为定义,一般是 50~100。NNLM 架构分为输入层、隐藏层和表示层。BERT 模型的目标是利用大规模无标注语料训练获得文本的包含丰富语义信息的 Representation。中文分词(Chinese Word Segmentation)指的是将一个汉字序列切分成一个个单独的词。分词就是将连续的字序列按照一定的规范重新组合成词序列的过程。BERT 算法实验核心实体识别的主要步骤有数据导入、加载数据、定义参数配置、构建预处理器、模型构建、模型训练、模型评估、模型保存、模型加载预测。

【考核评价】

评价内容	评分项	自评得分	教师考评得分	备注
学习态度	课堂表现、学习活动态度(40 分)			
知识技能目标	自然语言处理(20 分)			
	语言模型(20 分)			
	BERT 语言模型实践(20 分)			
总得分				

项 目 拓 展

1. 打开网址 https://support.huaweicloud.com/bestpractice-hilens/hilens_06_0003.html,了解华为 HiLens 技能开发的过程。

2. 打开网址 https://support.huaweicloud.com/api-hilens/hilens_07_0008.html,了解 API 的调用方法。

3. 打开网址 https://www.mindspore.cn/tutorials/zh-CN/r1.8/advanced/dataset/sampler.html,了解几种常用 MindSpore 采样器的使用方法。

4. 打开网址 https://www.mindspore.cn/tutorials/zh-CN/r1.8/advanced/train/save.html?highlight=yolo,了解保存 CheckPoint 格式文件和导出 MindIR、AIR 和 ONNX 格式文件的方法。

5．打开网址 https://zhuanlan.zhihu.com/p/90741508，了解语言模型的相关知识。

思考与练习

1．MindSpore 核心架构是什么？

2．什么是目标检测？

3．什么是 YOLOv3 模型？

4．如何在 MindSpore 平台上实现 YOLOv3 网络模型的目标检测任务？

5．什么是自然语言处理？

6．什么是神经语言网络？

7．如何利用 BERT 模型构建问答系统？

参 考 文 献

[1] 中国电子技术标准化研究院. 人工智能标准化白皮书（2018 版）[R/OL]. （2018-01-24）
    [2022-12-12].

[2] 昇思 MindSpore. MindSpore 教程[EB/OL]. https://www.mindspore.cn/tutorials/zh-CN/
    r1.9/index.html.

[3] 程庆华. 华为鲲鹏云部署与运维[M]. 北京：中国水利水电出版社，2022.

[4] 华为云. HiLens Kit 注册流程[EB/OL]. https://support.huaweicloud.com/usermanual-hilens/
    hilens_02_0048.html#hilens_02_0048__section11822101318475.

[5] 袁彬，肖波，侯玉伴，等. 移动智能终端语音交互技术现状及发展趋势[J]. 信息通
    信技术，2014，8（2）：39-43+51.

[6] 华为云. Atlas 200 HiLens Kit 用户指南 06[EB/OL]. https://support.huawei.com/
    enterprise/zh/doc/EDOC1100112066/2347bab9.

[7] 人人都是产品经理. 语音交互：从语音唤醒（KWS）聊起[EB/OL]. https://www.woshipm.
    com/pd/4098761.html.

[8] 华为云. 什么是对话机器人服务[EB/OL]. https://support.huaweicloud.com/productdesc-
    cbs/cbs_04_0001.html.

[9] 华为云. 适用场景[EB/OL]. https://support.huaweicloud.com/productdesc-cbs/cbs_04_
    0002.html.

[10] 华为云. 创建流程简介[EB/OL]. https://support.huaweicloud.com/qs-cbs/cbs_05_0009.html.

[11] 华为云. 开发者使用 HiLens Studio 开发技能[EB/OL]. https://support.huaweicloud.com/
     qs-hilens/hilens_04_0007.html.

[12] 课工场. Keras 深度学习与神经网络[M]. 北京：人民邮电出版社，2022.

[13] 杨虹，谢显中. ensorFlow 深度学习基础与应用[M]. 北京：人民邮电出版社，2022.

读书笔记